"十四五"职业教育国家规划教材

创新潜能开发 实用教程

陈爱玲 编著

PRACTICAL TUTORIALS ON THE DEVELOPMENT OF INNOVATION POTENTIAL CAPABILITY

化学工业出版社

·北京·

内容简介

本书提出创新潜能开发课程的教学观："成物、成思、成才"，聚焦于如何通过课程引导和训练"使学习者内在属性发生改变"，明确"让创新成为学生的思维习惯、行为习惯、养成创新的悟性，成为创新型人才"的教学目标，给出引领学生成为创造强者的施教方向："发现别人看不到的、想到别人想不到的、做到别人做不到的"。

基于创造学人的创造力开发理论，首创"创造学＋可拓学＋TRIZ"多理论融合的创新潜能开发课程内容体系，包括认识创新与自身的创新潜能、创新思维与训练、创新方法、创新实践共四个单元18个学习课题：针对高职学生的本质特征，循从心理层面的唤醒到工具层面的培养直至哲学层面的整合的创造力开发逻辑主线，从创新意识激发、创新潜能唤醒、创新思维拓展、创新人格完善到创造性解决问题的效率提升、创新成果取得、创新能力提升直至创新悟性养成提出逐层递进全方位多维度训练方案。

书中基于体验学习理论，从教与学两个视角，建构"体验（感知）—反思（领悟）—应用—拓展—评价"五重递进"创新过程亲历"创造力开发教学模式，为每个课题创设一系列操作性强的课内体验、课外训练与拓展项目，建构"影响世界可持续发展问题创造性解决"的互动体验训练情境，提出"在创新行动体验中让学习自然而然发生"的教学方法与策略。

书中的创新范例及所建构的问题解决训练情境为教师提供了丰富的课程思政教学资源。配套在线开放课程"创新能力拓展"在国家职业教育智慧教育平台上线。

本书适用于本科、高职、中职等学生创新素质教育课程，也可用于其他各类教育中对个体创新潜能的开发、创新能力培养。

图书在版编目（CIP）数据

创新潜能开发实用教程/陈爱玲编著. —北京：
化学工业出版社，2013.5（2023.9重印）
（高等学校创新素质教育规划教材）
ISBN 978-7-122-16951-8

Ⅰ.①创…　Ⅱ.①陈…　Ⅲ.①创造性思维-思维方法-教材　Ⅳ.①B804.4

中国版本图书馆CIP数据核字（2013）第070801号

责任编辑：高　钰	文字编辑：杨　帆	
责任校对：徐贞珍	装帧设计：张　辉	

出版发行：化学工业出版社（北京市东城区青年湖南街13号　邮政编码100011）
印　　装：三河市延风印装有限公司
787mm×1092mm　1/16　印张16½　字数360千字　2023年9月北京第1版第22次印刷

购书咨询：010-64518888　　　　　　售后服务：010-64518899
网　　址：http://www.cip.com.cn
凡购买本书，如有缺损质量问题，本社销售中心负责调换。

定　　价：32.00元

致读者

致学生

欢迎阅读《创新潜能开发实用教程》，本书将帮助你认识创新的本质和机理、唤醒自己沉睡的创新潜能、体验并认识自身妨碍创新的思维障碍、个性心理障碍，学会运用发散思维找到与众不同的解答、在别人认为没有任何联系的事物之间、在事物内部的属性之间找到联系，放飞想象为知识和技能插上翅膀、能够为面临的难题找到诱捕灵感的途径。知道创新的起点、掌握提高创新效率的列举法、头脑风暴法、组合法、移植法、类比法、质疑法。你将经历多种创新实践活动，既有广告创意、又有发明实践，了解为创业做哪些准备，我们还带你推开解决发明问题的理论TRIZ的大门，有兴趣的学习者可步入其中。

在《创新潜能开发实用教程》的学习中，你会体验到观念的碰撞、思维的拓展、潜能的开发，能够发现别人看不到的、想到别人想不到、做到别人做不到的，由被动适应别人的创新成果、到结合你的专业知识与技能主动发现创新目标，并有足够的方法与手段达到目标。在创新实践活动中体验创造的真谛，由不断超越自我到超越他人，体验创新的乐趣、养成创新的思维习惯与行为习惯，学习能力与创新能力同步提升，在取得属于自己的创新成果的同时养成创新的悟性，成为社会不可或缺的创新者、创造属于自己的美好人生。

期待你能收获颇丰，同样是上大学，这将会是多么的不同！

本书学习特色

➢ 创新就是要发现别人看不到的、想到别人想不到的、做到别人看不到的，本书将引领你首先发现自己看不到的，再发现别人看不到的；首先想到自不去想的、自己想不到的、再进一步想到别人想不到的，尝试自己以前从不去做的或自认为做不到的，再进一步去做别人做不到的。苟日新、日日新、又日新、总有一天在超越自我的基础上会超越别人，脱颖而出。

➢ 每个项目开篇的"学习目标"引领学习的方向。

> ➢ 每个项目中设计的课内体验问题，需要你全身心投入解决，从中悟出属于自己的方法。

> ➢ 每个项目中设计的拓展训练要你不断挑战自我的极限，在团队项目中唤醒协作精神，在交流与沟通中发展个性。

> ➢ 书中丰富的"实例"是你的学习榜样，是给你提供模仿、参照、超越的示范。

> ➢ 书中案例与参阅资料涉及的网站及"学习强国APP"引领你得到更多的培根铸魂资源要按教程指导的方式，学会检索、整理、归纳、分析典型创新案例，可以建立自己的网络空间，在Web3.0时代做出知识创新的贡献，养成利用网络的好习惯。

> ➢ 要不断反思随时记下内心的感悟：受到的触动、得到的启发、产生的创意、捕捉的灵感等等，养成习惯，对你是一份非常宝贵的创新潜能开发足迹档案，是留给未来自己的宝贵财富。

> ➢ 要牢记创新潜能的开发不是学来的，而是做来的！

致教师

当你决定通过开设专门课程提升学生创新能力时，《创新潜能开发实用教程》将成为你的有力助手。

本书的教学内容设计与创新

《创新潜能开发实用教程》在教学观及教学理念、教学目标设计、教学内容设计、教学内容逻辑结构设计、教学模式设计、教学方法设计及考核测评体系设计中全方位融入课程思政的理念与思政元素。

本书的内容源于作者近25年来在高校、中小学和国家机关、企事业单位、社会团体中实施创新教育，进行个体创新潜能开发的教学研究与实践，这一系列研究与教学实践成果两次获得河北省的教学成果奖、一次获得中国创造学会的创造成果奖。作者被授予为河北省优秀发明创造指导教师荣誉。依据《创新潜能开发实用教程》所建构的课程体系所取得系列教学成果为河北化工医药职业技术学院2017年被评为全国深化创新创业教育改革示范校、2019年被评为全国创新创业典型经验单位提供有利支撑。

作者根据国内外创新潜能开发的理论与实践研究成果，结合大学生的多元智能的心理特点和知识层次，根据应试教育背景下学生习惯于接受和服从、习惯于标准答案，思维僵化，个性压抑的表现，根据对学生创新潜能开发现状的调查，我们以增加信心、树立志向、转变观念、转变思维方式、转变行为方式为手段，以让创新成为学生的思维习惯、行为习惯、养成创新的悟性为目标，构建了《创新潜能开发实用教程》内容体系，共有四单元18个教学项目组成。

第一单元是认识创新与自身的创新潜能，本单元学习感知创新及其相关概念、唤醒沉睡的创造潜能、认识妨碍创新的自我障碍，认识妨碍创新的思维障碍。让学生打开创新的黑箱，认识创新、认识自我。

第二单元是创新思维与训练，本单元的学习拓展思维的视角打开思维的闸门——发散思维与训练、搭建思维立交桥，能学会让思路跳一跳——联想思维与训练、给知识与技能插上翅膀，异想天开——想象思维与训练、恍然大悟——灵感思维与训练。提升创造性思维能力和培养创造个性。

第三单元是创新方法，本单元的学习头脑风暴法、列举法、组合法、移植法、类比法、设问法、TRIZ的主要思想和四十个发明原理等，提高创新的效率。

第四单元是创新实践，引领学生进行广告创意实践、发明实践及创业准备。让学生在实践中体验到创新能力的增长，增强成为有创造性的人的信心。

本书的教学运行特色与创新

➢ 本书每个项目基于体验学习理论，按着作者首创的"体验（感知）——反思（领悟）——实践——拓展——评价"五重递进"创新过程亲历"创造力开发教学模式构建教学内容，不拘泥于理论研讨侧重于引导学生去体验、去实践，在做中学，能够达到让学习自然而然发生的目的。

➢ "创新过程亲历"创造力开发教学模式的教学策略如下图所示，旨在引导学习者在"体验"中唤醒沉睡的创新潜能，在"反思"中领悟属于自己的创新方法论，在"应用"中取得创新成果、在"拓展"中提升创新能力、在"评价"中养成受益终身的创新悟性。

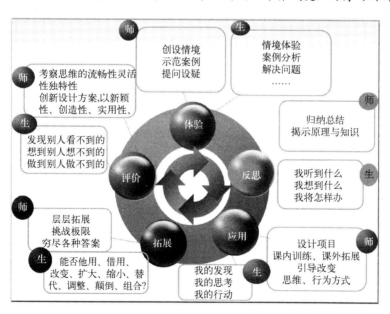

要知道学生的创新潜能开发不是讲课讲出来的，而是用设计教学项目，构建教学情境引导学生去做，学生自己悟出来的。当然我们从学生的表现中也能观察到，学生创新能力增长的情况，要求我们不断据此修正教学设计。至于如何体验（感知）？如何反思（领悟）？如何实践？如何拓展？如何评价？都需要借助教育学、心理学、人才学、创造学理论去指导，依赖你的亲身实践去感悟。

➢ 本书为每个项目设计新颖、独特的课内体验、基本训练、课外拓展系列实训题目，这些题目是经过25年教学实践不断筛选、调整、补充、完善，并经过教学实践检验具有显著成效的。体验与训练按课堂教学诸环节程序编排，具有很强的可操作性，这些题目涉及要求创造性解决人类可持续发展所面临的方方面面问题，具有丰富的内涵，能够为你建立互动体验式教学提供资源。通过课内、课外引领学生全身心的投入体验，在反复多次训练中，在多次成功与失败的经历中，达到我们的目的：

> 激发学生强烈的创造欲望和激情；
>
> 培养创新意识：变被动适应为主动创新，求变、求新、求优；
>
> 完善人格：体验到成功、重新认识自我、找到自信；
>
> 发展思维：由不去想、不敢想、不会想、想不到到敢想、会想、会有序的想、多角度想到想得妙。
>
> 最终达到学会发现别人看不到的、想到别人想不到的、做到别人做不到的教学目的，让学生悟出属于自己的创造性解决问题的方法，养成创新思维习惯和行为习惯。

➢ 通过引导学生建立"创新潜能开发足迹"档案（见下图），构建过程化、个性化、动态观察的创造能力增长测评体系，并展示学生作品，树立学习榜样。

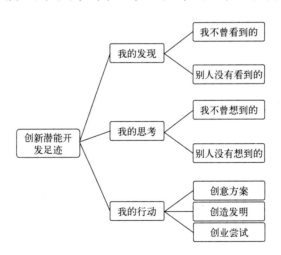

➢ 参照教程指导的方式要求并鼓励学生检索、整理、归纳、分析典型创新案例，构建自己的网络空间，养成利用网络的好习惯，营造有利于创新的校园文化。

➢ 本书提供了丰富的教学案例和参阅资料，本书所选案例是作者25年教学资源积累中优选出的，所选案例新颖、独特、典型、每个案例都是经过多次课堂教学运用甄别教学效果，既有正例予以示范，又有反例予以警示。为给教师留出足够的教学空间，书中只对少量案例给予分析，见仁见智，你可尽情发挥。

➢ 本书给出的案例与资料的背后是丰富的网络资源链接，期待你能从中找到更有价值的教学素材，少走弯路，节省精力用于与学生的沟通与创新实践项目指导。

教育的作用由低到高分为三个层次：

（1）使受教育者知道世界是什么样的，成为一个有知识的人；

（2）使受教育者知道世界为什么是这样的，成为一个会思考的人，一个有分析能力的人；

（3）使受教育者知道怎样才能使世界更美好，成为一个不仅敢于探索和创造，而且具备创新能力的人。

从人类认知发展的角度看，培养具有创新精神和创造能力的人，是教育的最高境界和最终目的。

同为教师，我热情的欢迎你加入创教育工作者的行列，我们首先完善自我、让自己成为创新者、再以百倍的热情投入这功在当代，利在千秋的创新人才培养事业中，期待你能有更多反馈（daerwench@126.com）。

"立德树人"、"培根铸魂"创新教育有你同行，让我们合作、共赢。

作　者

创 新 潜 能
开发实用教程

目 录

CONTENTS

第一单元 认识创新与人的创新潜能

第二单元　创新思维与训练

第三单元　创新方法

第四单元 创新实践

第一单元
认识创新与人的创新潜能

创 新 潜 能
开发实用教程

课题1 感知创新及其相关概念

学习目标

破除对创造、创意、创新、创业的神秘感；
理解创造、创意、创新、创业的涵义、特征、价值。

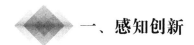

学习内容

一、感知创新

创新是人类特有的属性，从类人猿到现代人，人类在不断进化的同时，也在不断创化，前人难以数计的科学发现、技术发明创造了今天的物质世界，瀚若星辰的文化创意丰富了我们的精神生活，而今天的你、我、他又将成为历史的创造者，责无旁贷，让我们把握机会在人类文明史上写下自己的名字吧。

感知创新，请看以下实例：

【案例1】科学家的发现与工程师的发明——神奇的导电塑料

在1977年以前，大家都认为塑料是绝缘体。日本白川英树教授在实验中偶发灵感，向聚乙炔塑料中添加碘杂质，实验结果让他大吃一惊：添加碘杂质后的聚乙炔塑料能像金属那样具有导电性，且导电率很高。

以这项重大的科学发现为契机，推动了导电塑料的发明与应用研究。富有远见的企业纷纷把握导电性塑料研究进入实用化阶段的机遇，改进已有产品或研发新产品。此后，数十种导电性塑料脱颖而出：有研究人员利用导电塑料代替在电路中具有蓄电作用的液体电容器电解质，成功地使电路的电阻降低到百分之一以下；还有人根据导电塑料的原理开发出新型显示器，这种显示器的画面切换速度比液晶显示器提高了近1000倍，因此非常清晰；此外，研究人员还利用导电塑料制作分子大小的电路，进行作为计算机计算基础的二进制的研究。2000年，白川教授以导电塑料的科学发现，当之无愧地荣获了诺贝尔化学奖。

【案例2】艺术家的创意——2008年奥运会开幕式的画卷

2008年奥运会开幕式向世人展开了一幅精美绝伦的画卷：无论是用烟花描绘的脚印，还是太阳伞撑出的笑脸；无论是立起的五环会标，还是平铺的LED显示屏；无论是气吞山河的击缶，还是气定神闲的太极。一个又一个的好创意，在表演者的努力下，展示在世人面前。中国的艺术家，为世界奉上了空前奇美的创意盛宴。

【案例3】中职生的创业尝试——彩色个性钥匙

斑斓的色彩，独特的造型，使得千篇一律的钥匙有了自己的个性，这一有趣的创意让中职生小飞获得美国国家创业指导基金会（NFTE）颁发的全球青年创业精神大奖。

事情还得从小飞的住宿生活说起，在上海学习生活的小飞经常注意到查寝的老师手里拿着好几把一模一样的寝室钥匙，每把钥匙上虽然都标注着寝室号，但时间一长标注就模糊了。老师时常一边找钥匙一边口中抱怨："怎么长得都一样，分也分不清楚。"

说者无意听者有心，老师的这句话激起了小飞的一个想法：有没有一种方法能够区别每把钥匙，让它有个性呢？小飞不仅想了而且去做了。他经过调查，惊喜地发现，全国只有两个厂家有这方面生产技术，并没有进入上海市场。

有了点子，要获得项目启动的各种资源却是个不小的挑战，他跑遍了上海的大街小巷，最终找到了一家钥匙生产厂家开设的类似的实体店铺，与店主谈妥了合作条件，共同设计出了不同色彩、不同造型的钥匙图纸，并制作出了几把个性钥匙样品。

一开始，个性钥匙是以色彩区分，到后来，有了不同的造型，再后来，就是"你想要什么，我就能为你定制。"钥匙的"把"被制成各种各样造型：各种动植物造型、纪念日、姓名字母缩写、车牌号等，只要顾客想得到，都能量身定做。这种"独一无二的个性钥匙"一出来就大受欢迎，没几个月就在全校卖出了500多把。

在老师的推荐下，凭借"个性钥匙"的创业企划和实践，他荣获了当年全国创业精神大赛第一名。评委们觉得，作为一个中职生，能结合自己的专业提出这样简单可行又有一定商机的创意，很不简单。

紧接着，小飞又得到了去美国参加创业展示的机会。在美国，一把把富有创意的精致钥匙令许多国外的老师赞不绝口，甚至有人当场愿意出高价买下特色钥匙，具有中国文化特色的钥匙一下子就卖出几十把。

"我当时一下子觉得特别有信心。"这个今年18岁的男孩，从未想过自己会到美国，会在全世界瞩目的创业赛事中获奖，这让他对未来创业之路充满自信。

从上述实例可见，创新、创造、创意、创业并不神秘。正如陶行知所言，天天是创新之时，处处是创新之地，创新人人可为。

二、创新及其相关概念的内涵

（一）创造

1. 创造的概念

什么是创造？由于创造这一概念具有丰富的内涵，因此人们对它可以做出多种解释。《辞海》中将创造定义为"首创前所未有的事物"；《现代汉语词典》则解释为"创造是想出新方法、建立新理论、做出新的成绩或东西"；韦氏字典解释"创造"的含义是赋予存在、无中生有或开创。

创造学的研究者更从不同视角界定创造，给出多种解释，从观察与研究创造者在创造活动中思维与行为的角度，我国创造学研究者李嘉增将创造定义为"创造是人第一次产生崭新的精神成果或物质成果的思维与行为"。这个定义包含三层意义[1]：

第一，创造是人的思维与行为，人是创造的主体。人的创造活动有两种形式，一种是人的思维活动，即通过大脑思考在认识世界的过程中创造；另一种是人的行为，即在思维指导下具体的行动，是在实践的过程中进行创造。大多数情况下，作为创造活动的思维与行为是有机结合在一起，相辅相成，难以分割的。

第二，人通过思维和行为进行创造一定要产生成果，且成果一定是有价值的，即对人类是有益的。各种各样的创造成果可划分为两种类型，一类是精神性的，即新的认识；另一类是物质性的，即新的事物。有时，一个事物本身也具有功能价值与观念价值两个方面。

第三，人的创造成果都是首次获得的新成果。创造成果的内容是非常丰富的，但不论以哪种形式表现出来，都必须是前所未有的、超越以往的，都具有一个共性——新。"新"是创造的核心或本质属性。而"新"又有两层含义，一是创造的成果相对个人而言是新的，即为相对新颖，这种创造，是以个体的有无来定新旧，是日新月异的自我实现式的创造，我们每个人都可成为这样的创造者，虽然在文化史上没有地位，却可以具有创造的人生；二是创造成果超越了任何人，即为绝对的新颖，指产生出历史上从未存在过的事物，是层次较高的创造。

2. 创造的动因

创造的动因源于人类生存与生活的需求。

美国心理学家马斯洛认为：需求是人类内在的、天生的、下意识存在的，而且是按先后顺序发展的，满足不了的需求是创造的激励因素。人有五个需求层次，由低到高呈金字塔形，如图1-1所示。

❶ 李嘉曾. 创造学与创造力开发【M】. 2版. 南京：江苏人民出版社，2002.

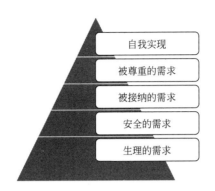

图1-1　金字塔形的需求层次

① 生理的需求：这类创造是为了满足人类维持自身生存最基本需要的创造，比如满足衣、食、住、行等需求的创造。

② 安全的需求：这类创造是为了满足人类切身的安全，免于生理上的伤害，免于心理上的恐惧与伤害，防范和化解事业危机、财产损失的威胁等方面需求的创造。

③ 被接纳的需求：这类创造是为了满足被爱和有归属感、以一个人的本像被接纳所需求的物品、习俗与制度等方面的创造。

④ 被尊重的需求：被尊重的需求是人类普遍的心理取向，尊重包括自尊、他尊与权力欲三种类型，追求自我的价值感和满足别人的价值感是创造的一大动因。

⑤ 自我实现：自我实现的需求是人类需求层次的最高阶层，表现为理想的实现、抱负的施展、个人潜能的最大限度发挥及完成力所能及的一切事情的需求。为满足他人自我实现需求和追求个人自我实现需求，人在不断地进行创造。

马斯洛认为，人类创造的动因和人类的发展和需求的满足有密切的关系，需求的层次有高低的不同，低层次的需求是生理需求，向上依次是安全、爱与归属、尊重和自我实现的需求。自我实现指创造潜能的充分发挥。追求自我实现是人的最高动机，它的特征是对某一事业的忘我献身，高层次的自我实现具有超越自我的特征，具有很高的社会价值。人类社会应该为全人类的自我实现创造条件。

3. 创造的过程

关于创造过程，创造学的研究者有多种描述。

（1）"三阶段说"　我国近代文学家、哲学家、史学家，国学大师王国维先生在《人间词话》中写道：古今凡成大事、大学问者，必须经过三种之境界，昨夜西风凋碧树，独上高楼，望尽天涯路，此第一境也；衣带渐宽终不悔，为伊消得人憔悴，此第二境也；众里寻她千百度，蓦然回首，那人却在灯火阑珊处，此第三境也。这可以看做是我国学者对于创造活动过程的一种形象生动的描述。

（2）"四阶段说"　目前，学术界比较流行的是美国创造学家沃勒斯的四阶段过程模式。沃勒斯认为，无论是科学或是艺术的创造，一般都要经过以下四个阶段。

第一阶段（准备期）：主要指发现问题，收集有关资料，参考别人或前人的知识、经验并从中得到一定的启示等。

第二阶段（酝酿期）：这一阶段主要是冥思苦想，对问题做出各种试探性地解决。

第三阶段（明朗期）：是指在上一阶段酝酿成熟的基础上豁然开朗，产生了灵感或顿悟。

第四阶段（验证期）：即对灵感或顿悟得到的新想法进行检验和证明。

创造过程的逻辑结构可用图1-2表示。

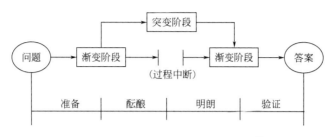

图1-2 创造过程"四阶段说"模型 ❶

由图1-2可见，创造过程也就是创造性地解决问题的过程。其中，所谓渐变阶段，就是运用熟悉的知识和经验去解决问题的阶段。如果是一般的问题，这样渐变阶段就可以直接解决问题，直达问题的答案。如果这个问题具有挑战性，运用熟悉的知识和经验无法解决，渐变阶段中断。这时就需要新的思路或观念来连接中断的过程，而新观念或新思路一般不能自然发生，要酝酿、要等待、要积累，等待突变阶段的发生。突变阶段完成后，打通中断的过程，新观念新思路就出现了，就又一次进入了渐变阶段，直至最后得到经过验证的正确答案。通常认为，突变阶段的出现是创造过程的显著特征。

（3）"七阶段说" 美国著名的创造学研究者奥斯本提出创造过程的"七阶段说"——即定向、准备、分析、观念、沉思、结合、估价。

定向：强调某个问题；

准备：搜集有关材料；

分析：把有关材料分类；

观念：用观念来进行各种各样的选择；

沉思：通过"松弛"促使产生启迪；

结合：把各个部分结合在一起；

估价：判断所得到的思想成果。

4．创造的成果类型

在人类活动的各个创造的成果，有多种类型，这里仅谈其中的两种：

（1）科学发现 《现代汉语词典》认为，科学发现是指经过研究、探索等，看到（或找到）前人没有看到（或找到）的事物或规律。《辞海》则解释说，本有的事物或规律，经过探索、研究才开始知道，叫做科学发现。由此可见，科学发现所获得的成果都是前人没有认识或没有得到的东西，具有新颖性。因此，科学发现应该是一种创造，是获得天然性新成果的一类创造。科学发现的成果或者是客观存在的物质，或者是物质的性质与规律。前一种情况如找到新的矿藏，分析出一种新的化学元素，观测到新的天体等，后一种情况如首次认识到人类基因的双螺旋结构，总结出元素周期性变化规律等。总之，科学发现是揭示出已有的，但不为人们所知的事物或规律。

---

❶ 肖云龙.创造学基础【M】.湖南：中南大学出版社，2001.

科学发现的类型从层次上由低到高可分为现象、事实、原理与规律四种。科学发现是科学知识积累和创新的手段，没有科学发现便没有科学的生命，也没有全新型发明创造的源头活水。依靠科学发现的成果，人类在认识客观世界和改造客观世界方面才能大踏步前进。

（2）发明　《现代汉语词典》认为，发明就是创造出新事物或新方法。《辞海》则认为，发明是指"创制新的事物，首创新的制作方法"。发明的成果不是自然界原来就有的，而是人耗费脑力与体力设计和制造出来的，是首创的有价值的实用的事物。例如，设计出第一台个人电脑，制造出新的数控机床，找出一种新的抗生素的制造方法。发明的成果既可能是物质性的（如新产品、新工具），又可能是认识性的（新工艺、新方法）。由于发明的东西都是新的，因此发明也应该是一种创造，是获得人为性成果的一种创造。

我国专利法规定，发明的类型有实用新型和发明两种（详细内容见课题17发明实践）。

【案例4】手机"闪电贴"

需要通话时手机却没电了，你遇到过这样的麻烦事吗？你怎么解决的？是无奈、抱怨、还是被动接受，认为"就是这样的"。

针对这一问题，某大学的学生研究团队设计了一次性超薄打印电池"闪电贴"。"闪电贴"是一次性高能纳米超薄手机电池，外形是一张薄片粘纸，当手机没电时，将它贴于电池板背面，就立马来电。这种超薄打印电池所含能量大，持续待机时间为34～38h，不仅可以临时应急，更可作为手机备用电池使用。

5. 创造的层次

美国创造心理学研究者泰勒根据创造成果的新颖程度、复杂性、新产品的性质以及对社会的贡献，将创造分为以下五个层次：

（1）表露式的创造。这种创造是指即兴而发，因境而生，但确有创意的思维或行为。这种创造老少皆宜，参与者率性而为，不计产品的作用与效果，是一种自得其乐的创造活动。

（2）技术性的创造。这种创造是指对于物品的功能、结构、式样、花纹、色彩等加以改变，相当于我国专利法上所谓实用新型与外观设计。创造者改变已有的产品，设计、制造出更简便、更有效、更经济、更美观或更适用的产品。

【案例5】环保口香糖瓶——绿色的种子

某大学工业设计系的小姜自小就有个习惯，喜欢把平时看到的有些让他觉得不爽的事记录下来，这其中就包括随地吐口香糖的行为。为什么不能把吃过的口香糖随身带着，等有垃圾箱的时候再扔呢？

一次参加国际工业设计大赛时，他提交了环保口香糖瓶的作品（见图1-3）：瓶中间有隔板，瓶底部有开关，上半层盛放口香糖，下半层存放吃过的口香糖残渣，瓶外贴着可分解口香糖的纸片，用它包裹的口香糖残渣，就像一颗绿色的种子一样被回收到了瓶子中。

（a）　　　　　　　　　　（b）

图1-3　环保口香糖瓶

这个作品从源头上，避免口香糖残渣的污染，一颗被包裹的口香糖像一颗绿色的种子，在使用者心中种下环保的理念。

小姜的环保型双层口香糖瓶在这次国际比赛中获得文化与生活用品组一等奖。

（3）发明式的创造。这种创造是应用科学技术原理、原则或方法以改进现有的事物。这种创造不产生新的原理、原则，但新产品与现有技术相比有突出的实质性特点和显著的进步，有较强的创造性，有较重要的社会价值。属于我国专利法规定的发明专利类的成果。

广义地讲，属于这一层次的创造还包括文学与艺术，两者之间在过程上有许多共通之处，但通常将文艺产品说成文艺创作而不是文艺发明。

【案例6】改变大世界的小发明

科学技术发展到现在，使得人类已摆脱茹毛饮血、风餐露宿的生活，住进设施现代化的住宅，随时都可以用到来自水龙头的自来水。可是，由于水龙头只能向下出水，使得人类仍然要用几万年前原始人捧水的方式来洗脸，而且只要打开水龙头，龙头里的水就自然而然地冲向下水道，在捧水洗脸的过程中，少部分水被捧到脸上，另有大量的水白白被浪费。一次洗脸大约用水6kg——这是因为欧洲人发明的洗脸盆水龙头是向下出水的，而且一直以来大家都认为这很正常。

昆明的机械工程师老姜在注意到这个问题后，经过反复的设计、试验和改进完善，终于研发出一种向上喷水洗面龙头（见图1-4），当人们打开这种水龙头时，水向上喷出形成一个喷泉，向上喷出的水流有20cm高，出水量只是下向出水量的1/4，人们洗脸时略微低头水便可直接喷在面部，不仅舒适方便还省去了来回用手捧水的时间。经实际测量，用这种水龙头洗脸，每次洗脸用水量在量杯中显示只有1kg左右，节水效果更是特别显著，甚至刷牙漱口也不需要用杯子盛水。

老姜发明的"上喷水"节水龙头，已获得包括发明专利在内的13项中国专利，产品已实现产业化。拥有自主知识产权的向上喷水的水龙头已出口美国、印度尼西亚等10多个国家和地区。有关专业人士论证认为，在全球水资源日益紧缺的今天，若能广泛普及和推广节水洗脸龙头这一专利技术产品，全世界每年就可节约上百亿吨的水资源。由此，我们看到了小发明所产生的巨大价值。

图1-4　向上喷水的洗面水龙头

（4）革新式的的创造。这种创造是指不仅在旧事物基础上产生出了新事物，而且在否定旧事物或旧观念前提下创造出新事物或提出新观念，是革旧出新的创造。

（5）突现式的创造。这种创造是指"从无到有"地突然产生新观念的创造。这一层次的创造最为复杂、深奥。创造者必须具有处理复杂资料的能力，并能以简御繁，将资料中的抽象的概念整理成崭新的原理、原则或系统的新学说。各学科领域荣获诺贝尔奖的重大科学发现、技术发明，均属于这一层次的创造。

（二）创新

创新是一个专用性与通用性相结合的概念。

1.经济学范畴的创新解释

美籍奥地利经济学家熊彼特1912年在《经济发展理论》中最早提出创新的概念：创新是一个从新思想的产生，到产品设计、试制、生产、营销和市场化的一系列的活动，也是知识的创造、转换和应用的过程，其实质是新技术的产生和商业应用。经济学范畴的创新其本质是知识、技术的价值体现。

由此可见，经济学意义上的创新，作为一种人类行为，其主体是企业家，创新的关键是对生产要素进行重新组合，能否为企业带来超额利润是检验创新成功与否的标准，创新是一种过程。

经济学家一般认为，创新可通过五种途径实现：

（1）开发一种新产品或提高原有产品的质量。开发新产品属于原创性创新，即把科学技术引入生产领域，生产出市场需要的产品。比如莱特兄弟发明飞机就属于原创性创新。但原创性创新是很难的，少有的。现实中更多的是组合式创新，即提高原有产品的质量。比如20世纪60年代，波音公司在737基础上生产出747飞机，每架飞机的载客量从几十人增至几百人，结果很快便击败了众多小型飞机制造商，最终成就霸业。通过这种途径创新，必须掌握两条原则：一是了解市场需求，二是运用科学技术。

（2）采取一种新的生产方法。其目的是提高质量、降低成本，这也需要把科学技术引入生产领域。

（3）开发一个新的市场。例如，上市公司太原刚玉砂轮厂主要生产砂轮，而刚玉是生产砂轮的原料，由于市场竞争力不强，太原刚玉砂轮厂濒临破产，后来被附近一家企业兼并。这家企业负责人经考察认为，如果继续生产砂轮，企业难以为继，不如直接把刚玉作为产品，因为刚玉用来铺高速公路、飞机场跑道效果很好，可以达到100年不变形。结果，太原刚玉以质优价廉很快畅销市场。通过这种途径创新，一是要眼观六路，耳听八方，通过收集、处理信息发现市场；二是要根据市场形势，在生产链中随时组合产品。

（4）获得一种原料或半成品的新来源。这是一种逆向思考的创新途径。此种创新是逆生产链往上游走，在供应商身上打主意，说到底也是一种市场意识，比如集体采购、互联网采购等，都可以有效降低成本。现代物流使企业做到零库存，也可以达到同样的目的。

（5）实现一种新的企业组织形式。例如，麦当劳的成功一是因为它实现了标准化制作，二是实现连锁经营的形式。而连锁经营就属于组织形式的创新。

创新是一个周而复始、循环往复的过程。这个过程包括了开拓性创新、模仿性创新和适应性创新三种类型。找到一种原来没有的产品、生产方法、市场、原材料、组织结构等，都属于开拓性创新。开拓性创新一旦成功，必然占领100%的市场份额，取得超额利润。面对超额利润，必然有人进行模仿性创新；而模仿性创新多了，同行业必然进行适应性创新；适应性创新多了，又必然产生第二轮开拓性创新。如此循环往复，不断创新，推动社会经济发展。

【案例7】优盘

以前市场并没有这种产品，优盘的出现缘于计算机的普及，人们迫切需要信息容量大、安全方便的存储介质，这时深圳朗科科技有限公司发明制造了闪存盘——优盘，一炮打响，占领了100%的市场。但很快，很多厂家都来生产优盘，市场一下子被撕开。到如今，世界上生产优盘的厂家有几十家。

朗科当然属于开拓性创新，其他厂家则是模仿性创新，而现在众多的优盘企业生产出各种不同的优盘，都属于适应性创新。从经济效益来说，模仿性创新可取得最大的经济效益，因为它不需要支付创新成本，更不需承担创新风险。模仿性创新最适合于中小型企业赶超行业老大，但当与行业巨头取得平等地位后，则必须进行开拓性创新，否则企业很难进一步发展。

2．创新的通用性广义解释

创新也泛指创造新的东西或具有创造性。《现代汉语词典》中对创新的释义是：①抛开旧的，创造性新的。②指创造性；新意。从这个角度来看，创新和创造的意义就比较接近了。人们平时用到这个词时，较多的就是这种广义的用法。如"培养创新精神"，"在工作中创新"等。

3．创新与创造的联系与区别

（1）从创新用作通用型词汇的角度看，创新与创造都具有新颖性，都是过程与结果相结合的产物；创造与创新的新颖性本质与积极意义是相同的，因此两者没有本质区别。

（2）从创新的经济学内涵理解，创造强调过程而创新强调结果，两者确有区别。

比如，一件物品被发明出来，我们可称其为创造，但该发明创造只有先变成产品、再变成商品才能获得利润，而完成商品交换后各环节都获得了利润，才叫创新。此时，创新是创造的经济价值体现。当然，上述的每一步都包含创造性工作，创新过程就是创造性劳动的过程，没有创造就谈不到创新。

（3）从实施创造或创新活动的人的角度观察，不论是从无到有，还是从有到好，不论是从事哪种具有新颖性的活动，都需要突破自我，都需具有创造性。从对人的创造性要求的视角看创新与创造，二者并没有本质区别，因此创新能力与创造能力，创新人才与创造人才，创新思维与创造性思维也可通用。

总之，创造与创新的新颖性本质与积极意义是相同的。今天，在很多场合，人们已打破了对于创造与创新这两个概念原先的局限而互相通用了。

（三）创意

1．感知文化创意

【案例8】文化创意——旧鞋摇身变成艺术品

一个偶然的机会，法国的美术家多明尼奎·博登纳夫发现垃圾桶旁边的一只旧皮鞋，很像一张皱纹满布的人脸，可怜兮兮的。刹那间一个艺术的灵感在他的脑海里闪现，于是他如获至宝似的将旧皮鞋拾起来将其改头换面，使其变成一件有鼻子有眼睛、有表情、栩栩如生的人像雕塑作品。一次游戏之作，让多明尼奎·博登纳夫看到了一双双被遗弃的"废物"潜在价值，经过他那丰富的想象力和神奇的艺术之手的加工，残旧的破皮鞋变成奇妙谐趣的皮鞋脸谱艺术品。后来，博登纳夫在巴黎开设了皮鞋人像艺术馆，引起了一场轰动，生意异常火爆。

无独有偶，我国松原市民李景奎慧眼识金，用一双双穿破、穿小的鞋子创作出大量的充满中国传统文化意趣的作品，成为"中国鞋塑第一人"，如图1-5所示。

在许多人不屑一顾的小事情中，往往隐藏着一些成功的因素，这全靠多一个心眼去发掘。博登纳夫、李景奎的成功，就在于他们比别人多了一个"创意"心眼。

图1-5　李景奎鞋塑作品：济公与八戒

2. 创意的通用含义

创意一词被广泛运用是近些年的事。创意的中文原意是指写文章有新意，也就是有好的想法和巧妙的构思。它一般是指有新意的点子、想法、主意、念头和打算；也被扩展为"策划"、"设计"、"科学研究"、"技术开发"等；有时也会与"创新"、"创造"与"艺术创作"同义。应该说这些都是创意的应有之义。一句话概括，创意就是创出新意。

3. 经济学中的创意

从经济学来看，把任何想法转化成效益的过程都是创意。

1986年美国经济学家约翰·罗默指出，新创意会衍生出无穷的新产品、新市场和创造财富的新机会，因此创意才是推动一国经济成长的原动力。从这个角度看，创意是起点，创造是过程，创新是结果。

【案例9】连接虚拟网络和现实世界的创意

某大学的毕业生小林1993年开始经营一家生产牛肉干的食品公司。他首先给牛肉干注册商标，并在超市模仿跨国公司的促销模式进行推广。小林注意到，几乎每个著名食品企业都有悠久的历史，每个品牌都有许多故事。由此，小林专门安排员工来撰写古希伯来人或春秋战国时期各族战士吃牛肉干补充能量的故事，并把它们印在了产品包装袋上。如此一来，牛肉干这一休闲食品变得既可食用又可阅读，更加有趣味。

后来，小林发现牛肉干的包装袋是一尚待利用的媒体资源。原来他们生产的牛肉干是切成小块用糖果纸独立包装，再装入大包装袋出售的，那时每年他们卖掉的包装大大小小有两亿个之多，这相当于发行量60万份的日报一整年的发行量。

恰巧近期小林的同学小郭正在某团队开发一个3D网络游戏，小林找到小郭打算把牛肉干的整个包装的封面免费让给这个3D网络游戏的发主角做形象推广，作为回报，小郭把这种牛肉干编入此3D网络游戏的游戏系统，让他们在游戏情境中开一家该品牌牛肉干的店铺，游戏中的人物如果吃了小林推广的牛肉干，能量大增。

这次合作让小林开拓了一个全新的市场推广渠道，一个新的"网络食品"诞生了，他特地为此设计了全新的产品——"QQ能量枣"，不出所料，该产品在超市上架之后，青少年消费者数量迅速增加。

这个创意不仅推动了牛肉干的销售，对小郭团队新开发3D网络游戏也是受益多多。游戏最初测试的时候玩家反映一般。如今，不光摆满货架的牛肉干在推广这款3D网络游戏，有一方便面厂家索性把一个干脆面产品改为该3D网络游戏干脆面，一家茶馆也主动成为3D网络游戏的主题茶馆，专门设计了一套"这种3D网络游戏茶道"，供玩家在虚拟与现实之间游历。

更有甚者，一个旅游景点的开发商愿意把名下3万亩森林40%的股份转让到小郭的游戏名下，让他们在游戏中推广新开发的森林公园。3D网络游戏玩家在游戏中体验了亦真亦幻的森林公园场景，会被吸引到实地去看看。

从这一独特的合作模式出发，他们继而创办了共合网——将虚拟网络和现实世界连接起来。共合网认为，天下资源无处不在，每个社会体系、每个市场和产品都拥有特定的人群、载体或通道资源；这些特定的人群、载体或通道，是面向市场经济的现实资源，而在其背后还蕴涵着巨大的可以与其他社会体系、市场和产品共享的潜在能量，具有巨大的潜在商机，即虚拟资源；各种资源持有方之间可以通过资源的共享整合，以多种有效的创新经济模式，建立非竞争性战略联盟，激活释放潜在资源能量，创造新价值，实现双赢和多赢。

4．文化创意产业

文化创意产业是以创造力为核心的新兴产业，是依靠个人或团队的智慧通过技术、创意以产业化的方式开发、营销知识产权的行业。

文化创意产业主要包括广播影视、动漫、音像、传媒、视觉艺术、表演艺术、工艺与设计、雕塑、环境艺术、广告装潢、服装设计、软件和计算机服务等方面的产业群体。

5．创意的特点

创意的特点：新奇，惊人，震撼，实效。创意决不能重复。

【案例10】"破烂王"的创意

有一个收废品的人，他发现收到的易拉罐转手卖掉挣不到多少钱，有一天，他把剪碎的易拉罐，融化成一个小团块，送到冶金研究所去化验，发现易拉罐的材料是非常好的铝镁合金，一吨铝镁合金市场价大约是一吨易拉罐的六倍！想想看，接下来，他会做什么呢？

（四）创业

1. 创业的涵义

"创业"是由"创"和"业"组成的复合词。"创"具有创建、创办、创立、创造、创新等含义；"业"有家业、职业、事业、企业、产业等内涵。

① 狭义创业是指"创建一个新企业的过程"，即个人或团体依法登记设立企业，以营利为目的，从事诸如生产、加工、销售、服务、分销等商业活动。创办企业就是如何做生意的问题。狭义创业主要是指开创个体和家庭的小业。

② 广义创业是指"创立新的事业的过程"。换句话说，所有创造新的事业的过程都是创业。无论是创建新企业还是企业内创业，都离不开事业。但对事业的创造并不局限于企业内的事业。如果从广义的角度去理解，创业既包括营利性组织，又包括非营利性组织；既包括官方设置的部门和机构，也不排斥非政府组织；既包括大型的事业，又包括小规模的事业，甚至"家业"。

2. 创业的意义

可以从个体和经济两个方面来理解创业的意义。

从个体来看，创业是用自己的想法去支配资源，通过商业活动成就一番事业，放大个体的能量。其意义可以归纳为以下4点：

① 追求事业，创业是为实现一个梦想去奋斗。

② 化解困局，通过聚拢资源，可以化解个人生存和发展的障碍与困境，可以共同实现利润和事业。

③ 完善社会，为人们适应世界变化提供方法。通过提供专业化产品或服务解决问题，消除人们对社会的不满意之处。

④ 传承名声，为实现个人价值而努力。通过创业留下一个可以承载个人名声的事业。

从经济来看，融知识、技术、管理、资本与创业精神于一体的创业型经济，对于我国加快转变经济发展方式，调整优化经济结构以及缓解就业压力等都具有深刻的现实意义和长远的战略意义。

3. 创业的五个要素

创业的五个要素是：创业者、商机、资源、组织、价值。这是创办企业不可或缺的条件。

 **基本训练**

1. 感悟创新：经过本课题的学习，阅读陶行知的《创造宣言》，写出你所听、所想、所悟和今后的打算。

《创造宣言》节选

陶行知

创造主未完成之工作，我们接过来，继续创造。

有人说：环境太平凡了，不能创造。平凡无过于一张白纸，八大山人挥毫画它几笔，便成为一幅名贵的杰作。平凡也无过于一块石头，到了菲狄亚斯、米开朗基罗的手里可以成为不朽的塑像。

有人说：生活太单调了，不能创造。单调无过于坐监牢，但是就在监牢中，产生了《易经》之卦辞，产生了《正气歌》，产生了苏联的国歌，产生了《尼赫鲁自传》。单调又无过于沙漠了，而雷赛布（Lesseps）竟能在沙漠中开凿出苏伊士运河，把地中海与红海贯通起来。单调又无过于开肉包铺子，而竟在这里面，产生了平凡而伟大的平老静。可见平凡单调，只是懒惰者之遁词。既已不平凡不单调了，又何须乎创造。我们是要在平凡上造出不平凡；在单调上造出不单调。有人说：年纪太小，不能创造，见着幼年研究生之名而哈哈大笑。但是当你把莫扎特、爱迪生，及冲破父亲层层封锁之帕斯卡尔（Pascal）的幼年研究生活翻给他看，他又只好哑口无言了。

有人说：我是太无能了，不能创造。但是鲁钝的曾参，传了孔子的道统，不识字的慧能，传了黄梅的教义。慧能说："下下人有上上智"，我们岂可以自暴自弃呀！可见无能也是借口。蚕吃桑叶，尚能吐丝，难道我们天天吃白米饭，除造粪之外，便一无贡献吗？

有人说：山穷水尽，走投无路，陷入绝境，等死而已，不能创造。但是遭遇八十一难之玄奘，毕竟取得佛经；粮水断绝，众叛亲离之哥伦布，毕竟发现了美洲；冻饿病三重压迫下之莫扎特，毕竟写了《安魂曲》。绝望是懦夫的幻想。歌德说：没有勇气一切都完。是的，生路是要勇气探出来，走出来，造出来的。这只是一半真理，当英雄无用武之地，他除了大无畏之斧，还得有智慧之剑，金刚之信念与意志，才能开出一条生路。古语说：穷则变，变则通。要有智慧才知道怎样变得通，要有大无畏之精神及金刚之信念与意志才变得过来。

所以处处是创造之地，天天是创造之时，人人是创造之人，让我们至少走两步退一步，向着创造之路迈进吧。

像屋檐水一样，一点一滴，滴穿阶沿石。点滴的创造固不如整体的创造，但不要轻视点滴的创造而不为，呆望着大创造从天而降。

2.课堂报告：自由组合5～8人的团队（小组），合作搜寻学校周边市场中出售的属于发明或文化创意的产品，分析其具有的创造性、新颖性、实用性所在，了解该产品的生产、销售情况，经过比较找出创新价值高的产品，并在班级交流展示。

我的发现——案例分析

1.目的

理解创新，寻找可供学习、借鉴、模仿的榜样。

2.训练内容

利用互联网搜集科学发现、技术发明、文化创意及创业案例并作出分析，案例类型与关注点见表1-1。

表1-1 案例类型与关注点

案例类型	重点关注
科学发现	①科学家改变人类文明进程的科学发现 ②大学生、技术人员、中小学生改变人类认识科学发现
技术发明	专业技术人员、大学生、中小学生、改变人类生活的创造发明
企业创新	①改变人类文明进程的科技创新 ②改变人类生活的科技创新
文化创意	文化创意产业中的典型案例 ①创意改变人的命运 ②创意改变生活
大学生创业	创业成功的案例

3. 实施策略

① 个性化。学生根据自己的兴趣选择项目，查阅文献资料，自主拟定分析方案，撰写案例分析报告。

② 双渠道。课内、课外双渠道。既可将老师展示的案例进行分析，又可课外利用互联网、日常生活实验、实训、实习自己发现的案例进行分析。尤其欢迎实习实训观察、识别、发现案例。

③ 三要求。所选案例典型且适度综合、语言表达流畅、图片有震撼力。

④ 四层次。案例分析有四个不同层次的深度：

第一层次，案例分析与基本概念相符；

第二层次，基于所分析的案例，提出自己的独到见解；

第三层次，将案例中包含的创新思维或方法移植到其他领域解决其他的问题，由此产生新的创意；

第四层次，将创造性设想进一步设计形成有价值的技术方案。

4. 案例分析报告呈现形式

有两种呈现形式可供选择：

① 用Word文档，可借鉴下表的形式，表格尺寸根据内容调整。

作者	学号	班级	作品编号
案例名称			
基本内容			
创新点			
产生的价值			
你受的启发			
由此产生的创造性设想			

② 用幻灯片呈现自己设计格式分析案例：基本内容、创新点、产生的价值、对你的启发、由此产生的造性设想。

5.以下网站供参考：学习强国、中国公众科技网、中国专利信息网、视觉中国、新华网科技频道、"挑战杯"官网、专利之家等。

参阅资料

『资料1』第三次工业革命

第一次工业革命发生在19世纪，以蒸汽机为标志。第二次工业革命出现在20世纪以电气化为基础。如今，新型通信技术与新型能源系统相结合，预示着我们已经进入以绿色科技为领先的第三次工业革命。

第三次工业革命的五大支柱：

1.从化石燃料结构向可再生能源转型。

2.用世界各地建筑收集分散的可再生能源。

3.在建筑和其他基础设施中储存这些可再生新能源。

4.将互联网技术与可再生能源相结合建立起来新的能源互联网。人们通过能源互联网把成千上万栋建筑生产、存储的电能输送到电网中去，实现与他人的资源共享。

5.以插电式或燃料电池动力为交通工具的交通物流网络。

『资料2』人类最伟大的十个科学发现

科学发现名称	科学发现内容
一、勾股定理	在每个直角三角形中，斜边的平方等于两直角边平方之和
二、微生物的存在	17世纪末，荷兰透镜制造商列文·虎克通过显微镜观看从自己的牙齿刮下一些污物中有"小微生物"在动。约两个世纪后，巴斯德提出了疾病的微生物理论，这一理论使医生攻克了多种疾病：伤寒、小儿麻痹症及白喉等。此后，人类对传染病、心脏病及癌症等疾病的认识发生了变化
三、三大运动定律	牛顿提出了运动的三大定律，解释了宇宙中所有物体的运动
四、物质的结构	1789年，法国化学家拉瓦锡推翻燃素说，首先提出"元素"说，基于他的工作，科学家们提出近代的看法：即所有物质能被分解为109种元素，所有元素是由原子构成，所有原子由质子、中子和电子构成，等等
五、血液循环	每一个人拥有固定量血液，以固定方向绕其身体循环。这个事实在12世纪，首先由阿拉伯医生Ibnal-Nafis发现。17世纪，又被英国医生哈维再次予以发现
六、电流	19世纪，伏打等科学家们让"电"流动。使人们了解到电流是一种性质截然不同的力。发现电流要比其实际应用意义重大得多，科学家发现，电、磁、无线电波和光是各种不同形式的电磁力
七、物种进化	19世纪达尔文提出进化论，揭示出地球上生命的动态性质
八、基因	奥地利传教士孟德尔首先发现了遗传定律，在预先可测知规律下控制的组合，父母可将其独特的特性传给子女。科学家随后判定必然是某些实际的物质携带这种特性，于是创立了基因这个词。1953年，克里克和沃森发现DNA的双螺旋结构
九、热力学四大定律	18世纪，卡诺等科学家发现在诸如机车、人体、太阳系和宇宙等系统中，从能量转变成"功"的四大定律。没有这四大定律的知识，很多工程技术和发明就不会诞生
十、光的波粒二象性	牛顿认为光的行为像波，后来其他科学家认为，光的行为像粒子流。光是波还是粒子？20世纪初，波尔、普朗克和爱因斯坦发现，光是波也是粒子，这种似是而非的观点导致了量子力学的诞生。量子力学是20世纪物理学的重大成就

『资料3』近200年四次重大的产业革命

1.第一次产业革命是以蒸汽机的发明为代表，1781年瓦特发明了蒸汽机，1800年实现了工业化生产，1803年便用于火车上，此后，在工业生产中蒸汽机开始成为主要的动力来源。

2.第二次产业革命是以电力的发现为代表，1879年爱迪生发明电灯泡以后，建成世界第一个发电厂，此后，电力成为工业生产的主要动力。

3.第三次产业革命是以原子能的发现为代表，1945年美国在日本广岛扔下了第一颗原子弹，此后便转向和平利用，1951年美国建成了第一座核电站，到目前不少国家核电的比重已超过30%～50%，有的国家甚至达到70%。

4.第四次产业革命是以高新技术为代表，以信息技术及生物技术等的发展为标志。1945年美国研制出第一台计算机，到20世纪末，计算机已广泛应用于生产和人类生活的各个方面，信息技术成为经济发展的主要原动力。1944年美国科学家O.T.埃弗里等人发现了作为生物遗传信息的载体DNA，2000年破译了人类基因密码，生物技术在经济发展和人类生活中开始展示出它无限的发展前景和巨大的生命力。由于科学技术的发展，特别是高新技术的发展，人类社会将进入知识经济时代。

『资料4』二十世纪最伟大的20项工程技术成就

由美国工程院历时半年、与30多家美国专业工程协会一起评出的20世纪对人类社会生活影响最大的20项工程技术成就，这些成就展示了工程技术对改变人类生产和生活方式，提高生活质量所产生的巨大影响。

序号	项目	作用影响
一	电气化	电气化对城乡人民生产和生活的各方面产生了根本性影响。如果没有电力，20世纪的科技、经济成就是不可能取得的
二	汽车	汽车发明于19世纪，而大批量工业生产是20世纪。小轿车、运货卡车成为全世界中、近程主要运输工具，成为社会生产和生活须臾不能离开的工具
三	飞机	飞机发明于1903年，随后开始用于军事目的。20世纪下半叶成为远程主要运输手段，大大拉近了洲际、国家和城市间距离
四	自来水	为人类提供干净和充足的饮用水，大大减少了疾病的传染，显著提高了人类的生活质量和平均寿命
五	电子技术	从真空管到晶体管、集成电路，成为当代各行各业智能工作的基石
六	无线电和电视	虽然马可尼于1895年即表演了无线电的功能，但直到1901年才发出第一个越洋广播信号。现在世界上看不到电视的是少数人
七	农业机械化	20世纪世界人口从16亿增加到60亿，如果农业没有实现机械化，很难养活这么多的人口。农业机械化使从事农业的人口比例急剧下降，更多人从事其他重要工作
八	计算机	计算机对人类的生产活动和社会活动产生了极其重要的影响，并以强大的生命力飞速发展。它的应用领域从最初的军事科研应用扩展到目前社会的各个领域，已形成规模巨大的计算机产业，带动了全球范围的技术进步，由此引发了深刻的社会变革

序号	项目	作用影响
九	电话	使家庭成员、公司之间在世界任何地方和任何时间保持瞬时联系，使地球变小，工作节奏加快
十	空调制冷技术	成为人们的健康、运输、食品保鲜的不可缺少的设施。借助此技术人们可以在地球上最冷和最热的地方工作和生活
十一	高速公路	数万公里的多车道、无红绿灯的公路，使工程技术追求效率的梦想得以实现
十二	航天技术	空间飞行是20世纪工程技术最伟大的成就之一
十三	因特网	因特网于1969年诞生于美国。如今它不仅是一个巨大的信息资料库，更像一个包揽全球用户的大家庭，共同享用着人类自己创造的资源，并衍生出特有的网络文化，期待未来会完全显示出来它的社会功能和更灿烂前景
十四	成像技术	成像技术对医疗诊断、天气预报、超声探测、地质勘探的作用有目共睹
十五	家用电器	极大地减轻了家庭作业的辛劳强度，节省了大量时间
十六	保健技术	人工假肢、心脏起搏器、人工瓣膜和晶状体移植给亿万人延长了生命，提高了生活质量
十七	石油化工	石化产品充满了社会生活的每一个角落。现代运输业、能源、化工、人造纤维、农业肥料都以石油化工为基础
十八	激光和光纤	激光是复印机、勘测技术、条码识别、光盘的关键。激光与光纤结合使通信线路的速度和容量急剧增长
十九	核技术	核能技术的社会影响虽然有争论，如核威慑，但核技术用于发电、医学诊断和治疗是无可争议的。核聚变是地球上未来取之不尽的清洁能源
二十	高性能材料	20世纪早期就制成了人造树脂。塑料今天已无处不在。20世纪下半叶，人造聚合物、复合材料、陶瓷材料已得到广泛应用

创新潜能
开发实用教程

课题2　唤醒沉睡的创新潜能

学习目标

认识自身的创新潜能，认识创造力、创新能力与创新型人才，找到自己的人生目标。

学习内容

一、人脑的创新潜能

1.体验潜能

1.在玻璃杯中注满了纯净水，用纸巾轻轻地擦干杯子的边缘。请你想一想在水不溢出杯子的情况下还能不能在其上面放入面值1分的硬币？能放入几枚？

2.假如你正在看一场演唱会，你喜爱的歌星正向你走来，你兴奋的鼓起掌来。设想一下，你1分钟能拍手多少次，请把想到的数字写在纸上，把纸反过来。现在计时开始，实测你1分钟能拍手多少次，与想出的数对比，你发现了什么？

所谓潜能，是指某种潜在的能力或某种内在的可能性。人具有其他自然物所不可比拟的几乎是无限的潜能，人的潜能主要来源于自然进化的浓缩、社会发展的积淀、祖先基因的遗传。

2.大脑的秘密

研究表明，人脑蕴藏着巨大的创新潜能。整个宇宙还没有什么东西的结构之复杂和机能之高超可以与人的大脑相比。

① 脑的潜能。成人的脑是湿润、易碎的物质，重量约为1.5kg，大小如柚子，形状如核桃，恰好可以放在手掌上。脑由保护性的膜包裹，镶嵌在头颅中，位于脊柱的顶端。人脑在不停地工作，即使人睡着了也是如此。人的一切活动，包括精神活动和行为动作均受大脑支配。人类的学习认知、自我意识的产生、对事物的分析判断、创造性思维和行为的实质都属于大脑的高级神经活动。

神经元是构成大脑的基本单位，神经元之间的接触区叫突触。突触依靠"电—化学"反应形成联系，思维就在这样的电化学反应中进行。每一对相邻神经元之间在一瞬间就有10万到100万个电化学反应发生。人的大脑共有约140亿个神经元，大脑皮质细胞间发生的电化学反应高达10的2783000次方之多，其作用远远超过了任何超大规模集成电路。

科学家推算，人脑的一个神经元每秒钟可接受的信息量为14bit（比特），所有神经元可以容纳的信息量相当于5亿到7.5亿册图书所包容的信息总量。遗憾的是，人脑的相当大的一部分潜力未被发挥出来。实际上，人脑潜能只利用了5%左右。其实，信息储存量只是衡量脑潜能的一个方面，而且，脑潜能并不是天生具备和固定不变的，脑潜能是在遗传因素与环境因素相互作用中能够得到发展的。学习和思考的过程不仅可以改变脑神经的连接，甚至可以改变脑的生理结构，人脑的进化就是这样实现的。

② 脑的能量供给。脑细胞消耗氧气和葡萄糖作为能量。脑要完成的任务越具有挑战性，就越需要消耗大量的能量。因此，脑要想在理想的状态下发挥功能必须有足够的能量供给，这是非常重要的。血液中的氧气和糖分的含量低，将导致困倦和嗜睡。摄取一定含糖量的食物可以提高记忆力、注意力以及运动能力。水分也是人脑健康活动必需的物质，它是神经信号在脑内的传递所必需的。水分浓度低会降低这些信号的传递速度和效力。而且水可以保持肺的湿润，使它可以有效地将氧气运送到血流中。因此我们要吃含有足够糖分的早餐，一天内所喝的水也要足以维持功能的健康运转。目前一般的建议量是，每天应当饮用8杯（每杯250mL）的水。

有趣的是，尽管脑重量只约占身体的2%，所消耗的热量却是人体的20%。人们越动脑筋，消耗的热量也就越多。或许这将成为新的节食时尚，我们可以将"我思故我在"改编为"我思故我瘦"。

③ 脑的关键期和可塑性。人脑发育和思维发展过程中，各个阶段是不均衡的。在某一时期，人脑对外界刺激的变化特别敏感，容易接受特定影响而获得某种能力，这就是人脑与思维发展的关键期。例如，即使儿童的脑是正常的，如果在两岁之前，没有接受视觉刺激，那么就会永久性失明。如果在10岁之前没有听到字词，那么将无法学习语言。当这些关键期过去后，执行这些任务的脑细胞将失去这种能力。关键期比其他的发展时期有较大的可塑性，认识这点具有重要意义。需要注意的是，即使过了关键期，这些方面在以后的生活中仍然可以学习，但是发展水平可能不会很高。且一旦人脑受到伤害会带来严重后果，请看下面的实例。

【案例1】历史上一个著名的真实故事

历史上曾经发生过的一个著名的真实故事至今在警示着人们，1848年在美国东北

部一个小城镇附近，睿智能干、温和善良的班长盖奇带领一群工人建造铁路。为了炸开拦路的巨大岩石，盖奇亲自在岩石上钻孔并装入炸药，由于摩擦产生火花而误点燃炸药，强大的爆炸力使得来压实炸药的铁针从孔洞中高速飞去，恰好穿入盖奇的大脑前额叶从头顶射出，使得他的大脑受到严重伤害。

经过医生抢救和有效的治疗，他身体康复了，但精神方面产生了巨大变化，受伤前后判若两人。他变成一个喜怒无常、粗鲁无礼、冷漠孤僻、没有工作责任心的人，因无法应付正常的工作而失业，流浪街头。他死后的头颅骨和那根击伤他头颅的铁针一同陈列在美国哈佛大学医学院，不断提示人们保护自己的大脑，由此事实进一步揭示我们的大脑前额叶对性格、才能、行为、智力有重要作用。

由此可见，我们首先要保护脑，才能开发脑的潜能。

二、聪明的不同类型——人的多元智能

经过多年研究，美国哈佛大学教育研究院的心理发展学家加德纳在1983年提出多元智能理论。他认为，人类的智能是多元化而非单一的，主要是由语言智能、数学逻辑智能、空间智能、身体运动智能、音乐智能、人际智能、自我认知智能、自然认知智能八项组成，我们每个人都拥有不同的智能优势组合。

1．语言智能

包括口头语言运用及文字书写的能力，能够把句法、音韵学、语义学、语言实用学结合并运用自如。这类人在学习时是用语言及文字来思考，喜欢文字游戏、阅读、讨论和写作。

2．数学逻辑智能

是指可以有效运用数字和推理的智能，具有这种智能的人可从事与数字有关的工作。他们靠推理来进行思考和学习，喜欢提出问题并执行实验以寻求解答，善于寻找事物的规律及逻辑顺序，对科学的新发展有兴趣，甚至在别人的言谈及行为中寻找逻辑缺陷，比较容易接受能够被测量、归类、分析的事物。

3．空间智能

空间智能是指对色彩、线条、形状、形式、空间及它们之间关系的敏感性很高，能准确地感觉视觉空间，并把所知觉到地表现出来。这类人用意象及图像来思考和学习。

空间智能可以划分两种能力——形象的空间智能和抽象的空间智能。画家擅长形象的空间智能。几何学家擅长抽象的空间智能。建筑学家形象和抽象的空间智能都具特长。

4．身体运动智能

善于运用整个身体来表达想法和感觉，以及擅长运用双手灵巧地生产或改造事物的人具有肢体运作智能。肢体运作智能强的人是透过身体感觉来思考和学习的，他们很难长时间坐着不动，对建造东西感兴趣，喜欢户外活动，常用手势或其他肢体语言

与人交流、谈话。

5．音乐智能

音乐智能强的人能察觉、辨别、改变和表达音乐，对节奏、音调、旋律或音色较具敏感性。擅长透过节奏旋律来思考和学习。

6．人际智能

人际智能强的人对人的脸部表情、声音和动作较具敏感性，能察觉并区分他人的情绪、意向、动机及感觉。他们比较喜欢参与团体性质的活动，通常在团体中扮演领导者角色，能依靠他人的回馈进行思考。较愿意找别人帮助或教人如何做事，在人多的地方他们才感到舒服自在。

7．自我认知智能

自我认知智能强的人能自我了解，意识到自己内在情绪、意向、动机、脾气和欲求，以及具有自律、自知和自尊的能力。他们会从各种回馈渠道中了解自己的优劣，常静思以规划自己的人生目标，爱独处，以深入自我的方式进行思考。

自我认知智能可以划分为事件层次和价值层次。对于事件成败的总结内省指向事件层次。将事件的成败和价值观联系起来进行自审属于价值层次。

8．自然认知智能

自然认知智能是能认识植物、动物和其他自然环境（如云和石头）的能力。自然认知智能强的人，在打猎、耕作、生物科学上的表现较为突出。

在传统上，学校一直只强调学生在数学（逻辑）和语文（主要是读和写）两方面的发展，可这并不是人类智能的全部。不同的人会有不同的智能组合。例如：建筑师及雕塑家的空间感（空间智能）比较强、运动员和芭蕾舞演员的身体运动智能较强、公关人员的人际智能较强、作家的自我认知智能较强等。

依照多元智能理论，我们在发展自己各方面智能的同时，必须挖掘自己在某一两方面特别突出的智能，将其运用到我们的职业选择、人生目标的制订上；而当我们未能在其他方面追上大多数人步伐时，不要因此失望和自责，这只是发现自己的短板而已，只要扬长避短就可以了。

三、创造力与创新能力

1．创造力

关于创造力，专家学者从不同角度给出了各种解释。我国学者庄寿强认为，创造力包括创新潜能和创新能力两部分，在活动中表现出的为创新能力，未表现出的为创新潜能。创新潜能是隐性的创造力，是每个人头脑中都具有的一种自然属性，它是人类在长期的进化过程中随着大脑进化而形成的自然结果，既有遗传提供的生理的基础，又带有后天学习教育的烙印。

人之所以能成为自然界中最具生存优势的动物种类，人类社会之所以能进步得越来越快，是因为人具有了创造力，并且在进化的过程中，创造力得到不断发展和提升。具有创造力是人类与其他动物种类的本质区别。同时，创造活动可以满足人的兴趣，

愉悦人的心情，人还具有"为了创造而创造"、"为了探究而探究"的行为动机，这说明创造活动也是人类获得精神幸福的源泉，是人类的精神需求。由此说来，培养和发展创造力不仅是社会的需要，更是增强人自身幸福感的需要。

2．创新能力

创新能力是指一个人（创造主体）在一定的活动中取得新颖性成果的能力。关于创新能力的构成要素，不同学者有不同的表述，但其中基本的精神是一致的。除人的创新潜能外，创新能力主要由有关领域的专业知识技能、相应的创新思维和创造人格等三方面的要素构成。庄寿强提出的创新能力构成的经验公式是：

创新能力＝创新潜能×创造性×专业知识技能

创造性＝创造人格＋创新思维＋创造方法

由此可见，在接受传统教育的同时，发展创新能力要考虑以下三个重要因素：

① 掌握专业知识技能。任何创造都离不开知识与技能，人具有不同领域的知识技能就形成了不同领域的创新能力。有关领域的知识技能，可以看作是一套解决某个特定问题或从事某项特定工作的途径。很显然，途径越多，产生新东西和形成新观念的办法就越多。有关领域的知识技能主要包括：谙熟该领域的实际知识，掌握这一特定领域所需要的专门技能，如实验技术、写作技巧、作曲能力等；还有关领域的特殊天赋等。

【案例2】大国工匠赵正义的创新之路❶

2012年农民工出身的赵正义以他的发明"赵氏塔基"获得中国科技进步奖二等奖，"赵氏塔基"解决了八十多年来困扰建筑业的一个大难题，而赵正义是唯一的获奖人，也是历年来获得国家科技进步奖的唯一农民工。

a.他是如何做的？

让我们回溯他的创新历程，看他是什么样的人，才创造了如此奇迹？

赵正义1946年出生，初中毕业后回乡务农，1976年他30岁时进入乡镇建筑企业，成为一名瓦工。入行后他从砌砖开始学起，不但上班时向同行老师傅学习，而且每天晚饭后他会在自家院中挑灯夜战自我操练，每天砌300块砖，坚持上了3年的砌砖"自习课"，不仅如此，他每天晚上一定要再读书两个小时，吸收专业书籍中他人的操作技巧，并在自己的实践应用，形成了他独有的砌砖操作程序，3年后他的技术水平就超过了从业十几年的师傅，成为一名优秀的瓦工。

经过持续不断学习，从瓦工、班组长、质检员到项目负责人，1982年赵正义成长为建筑企业的经理。

1997年6月赵正义在工作中发现国内外固定式塔机无一例外地配置了少则几十吨、重则200吨的整体现浇混凝土基础，施工结束后整体塔基永久遗留在施工工地上，形成永久的地下障碍物，既浪费资源，也影响建筑物室外管线工程的施工和维护，甚至影响到室外的绿化。

他向50多个国内塔机厂家的技术部门发出询问"有没有变革这种传统基础的可能性，使之可以反复使用？"得到的答复是国内外都无人能解决。

---

❶ http://news.cntv.cn/special/zghryczt/zghrcpzzy/

赵正义下定决心自己要试一试，他要自行设计可移动的新型塔基。

从此，他历时3个多月废寝忘食，先后十余次修改设计方案，终于第一套可拆卸分解、可组合、可移动的"赵氏塔基"诞生了，在建筑工地试用两个月后，工程顺利完工，塔基被拆下转运到另一个工地，再次组装投入使用，效果良好。他看到了希望，一个困扰建筑领域80多年的难题被他攻克。

"赵氏塔基"彻底破解了有80年历史的桅杆式机械设备传统整体混凝土基础的严重资源浪费、环境污染的世界性技术难题，不仅用于建筑领域，适用于所有需要建设高塔地基的领域。

赵正义多次拒绝了国外的高薪转让请求，"赵氏塔基"已经在我国成功实现产业化，作为"中国节能减排发明项目"，在全国推广应用。

以"赵氏塔基"为规范对象，以清华、同济、中国建科院等专业院校专家组成的编制组完成了国家行业标准的编制，而赵正义担纲主编。

b.为什么赵正义能做到？

首先，他热爱学习并养成了学习习惯。

几十年来，每天不管白天有多忙，晚上，赵正义一定要学习两个小时以上，历时15年的自主创新中，在高校和科研院所业内专家帮助下，赵正义先后自学了工程力学、材料力学、土力学地基基础、预应力装备、钢结构等多7个领域中多个学科的知识。

2006年已经60岁的赵正义又上了中央党校研究生班，他要学习科学技术哲学专业，他要掌握最先进的世界观和方法论，把塔基研发的过程中遇到的技术难题上升到哲学层面思考，他要占领了塔基技术领域的制高点。2009年他研究生毕业，用他自己的话说，经过研究生班学习他的思维更加敏捷、更加系统、更加科学合理认识问题，申请专利的质量和层次也比以前提高很多，对以后的创造确实起了很好的指导作用。"

其次，他不怕困难敢于挑战并形成自己创新方法论。

直面世界上从未有人解决的问题，赵正义没有任何畏惧，不懂就学，不会就问，废寝忘食，殚精竭虑，并主动去学习科学技术哲学，掌握最先进的世界观和方法论。赵氏塔基零部件设计，更是跨界综合7个领域多个学科的相关知识。

第三，他求优求变，追求卓越。

1997年赵正义完成移动式可拆卸塔基的设计后，并没有满足于他的发明，他进一步思索改进的可能"能否降低成本？能否改善性能？能否增加寿命？……"从1997到2012历时15年，经过了9次升级换代，他设计了塔基的一千多个部件、40多个整体结构的技术方案，撰写115万字的专利申请文件，绘制1200幅专利的插图，申请102项专利，直至赵氏塔基臻于完善。

② 提高创新思维能力。创新思维能力是创新能力的核心，既有使思维具有流畅性、变通性、独特性，产生新认识的能力，又有运用创造方法提出新措施的能力。此外，创新思维能力还包括敏锐、独特的观察力，高度集中的注意力，高效持久的记忆力和灵活自如的操作力。

【案例3】黄粉虫吃泡沫塑料的观察与实验

小光家里为饲喂小鸟而养着黄粉虫。她无意间发现铺在虫盒子里的泡沫塑料上有

细小的噬咬痕迹，是黄粉虫在吃塑料吗？小光在当生物教师的父亲支持下，开始留心观察，她把黄粉虫分为对照组和试验组，对照组喂麦麸和菜叶，试验组逐渐加喂泡沫塑料餐盒片。她发现虫子确实在吃塑料餐盒，通过称量还证明虫子体重在增加。

虫子吃塑料消化得了吗？她又对虫粪做静电、燃烧、浸水等试验，结果表明虫粪不产生静电吸附、不可燃烧、不漂浮并能产生腐败臭味，证明虫粪中塑料成分已变得极少。经过一年多时间的试验，她得出这样的结论：黄粉虫可以噬食有机塑料并能消化和吸收，吸收塑料后可以正常生长并繁殖，黄粉虫体内存在着可以消化有机塑料的活性物质，还可发展和强化。

小光的这一发现在省市青少年科技创新大赛中获得一等奖，在全国第18届科技创新大赛中获得二等奖，又选送参加全国小小科学家大赛。她设想可以进一步利用这一发现解决白色污染。目前，她还在继续做更深入的探索。

③ 完善创造人格。在心理学中，人格也称为个性，是指一个人比较稳定的个性倾向性和个性心理特征的总和，它反映着一个人独特的心理面貌。个性倾向性包括人的需要、动机、兴趣和信念，决定着人对现实的态度、趋向和选择；个性心理特征包括人的气质和性格等，决定着人的行为方式上的个人特征。创造人格是能在后天学习活动中逐步养成，在创新活动中表现和发展起来的，对促进人的成才和促进创造成果的产生起导向和决定作用。

关于创造性人格的研究，在国际上较著名的有两位名家，分别是吉尔福特和斯腾伯格。吉尔福特提出具有高创造性人格者表现出8条特点：

① 有高度的自觉性和独立性。

② 有旺盛的求知欲。

③ 有强烈的好奇心，对事物的运动机制有深究的动机。

④ 知识面广，善于观察。

⑤ 工作中讲求条理性、准确性、严格性。

⑥ 有丰富的想象力，敏锐的直觉，喜好抽象思维，对智力活动与游戏有广泛的兴趣。

⑦ 富有幽默感，表现出卓越的文艺天赋。

⑧ 意志品质出众，能排除外界干扰，长时间地专注于某个感兴趣的问题上。

斯腾伯格提出创造人格特质，有7个因素组成：

① 对含糊的容忍。

② 愿意克服障碍。

③ 愿意让自己的观点不断发展。

④ 活动受内在动机的驱动。

⑤ 有适度的冒险精神。

⑥ 期望被人认可。

⑦ 愿意为争取再次被人认可而努力。

知道了创造新人格的特点，那么，我们就可以对照自我，不断做出调整与完善。从神经科学的角度讲，创造就是脑神经网络的改变或重构。培养人的创新能力，最重要的一点，关键就是构建一个丰富的、可塑的大脑。从后天教育角度讲，发展创新能力就是在具备专业知识技能的同时，培养创造思维能力掌握创新方法，完善创造人格。其中创造思维能力是创新能力的核心。

 # 四、创新型人才的特征

1．人才的定义

中共中央、国务院2010年6月6日印发的《国家中长期人才发展规划纲要（2010—2020年）》中指出，人才是指具有一定的专业知识或专门技能，进行创造性劳动并对社会作出贡献的人，是人力资源中能力和素质较高的劳动者。

2．创新型人才

所谓创新型人才，是指富于独创性、具有创造能力，能够提出、分析并解决问题，开创事业新局面，对社会物质文明和精神文明建设作出创造性贡献的人。

创新意识是指具有为人类的文明与进步作出贡献的远大理想，有为科学与技术事业的发展而献身的高尚精神和进行创造发明的强烈愿望；创新能力则是指具有把上述理想、精神、愿望转化为有价值的、前所未有的精神产品或物质产品的实践能力。创新意识主要解决"为什么要创新"，即创新的动力问题，创新能力则解决"如何创新"的问题。

3．创新型人才的特征

一般认为创新型人才的特征为：有可贵的科学精神，有敏锐的观察力和强烈的好奇心，有坚韧的意志品质，有超前的创新思维，有科学的学习方法，有超常的创新成果。

 **基本训练**

1．以你的亲身感受和体会，你认为提高自己的创新能力的要解决的实质问题是什么？

2．阅读以下实例并思考。

厦门八旬老人潜心50载发明生态房❶

厦门市80岁的退休老人蒋老苦心研究近50年，发明出节能环保的"生态房"。目前已建成两座，一座位于厦门市湖滨一里花卉市场门口，另一座位于厦门市环岛路的景观绿化带。这种被蒋老称作"镶接组装式隔热绿化生态房"的小屋子，以钢架为柱，内壁贴有铝塑板，外壁架上立体绿化盆，依靠一套小型的自动化微灌系统，不仅四面墙壁长满绿色植物，连房顶上也是绿草如茵。据蒋周操介绍，"生态房"能够起到造氧、吸收废气、隔热、降温、通气等作用。

---

❶ http://www.stdaily.com/oldweb/gb/misc/2005-11/19/content_457568.htm

请思考：①你能下决心用50年来研究你感兴趣的问题吗？

② 从老人的发明中你能看到哪些商机？

3.运用多元智能理论发现自己的优势智能、根据"国家职业分类大典"，结合自己的专业，形成自己职业锚定认知，写出职业生涯规划书1.0。

 拓展训练

课堂报告：小组合作，查阅有关文献资料，搜集创新型人才的成长及贡献事迹，并写出由此受到的启发，老师随机抽签选出同学用ppt向全体同学汇报。

『测试1』尤金创造力测试

美国心理学家尤金·劳德赛，设计了下面的测验题，并指出试验者只需10分钟左右的时间，就可测出自己的创造性水平。试验时，只需在每一句话后面，用一个字母表示同意或不同意，同意的用A，不同意的用C，不清楚或吃不准许的用B。回答必须准确、忠实。

（1）我不做盲目的事，我总是有的放矢，用正确的步骤来解决每一个具体问题。　　　　　　　　　　　　　　　　　　　　　（　　）

（2）我认为，只提出问题而不想获得答案，无疑是浪费时间。　（　　）

（3）无论什么事情要我发生兴趣，总比别人困难。　　　　　　（　　）

（4）我认为合乎逻辑的、循序渐进的方法，是解决问题的最好方法。（　　）

（5）有时，我在小组里发表的意见，似乎使一些人感到厌烦。　（　　）

（6）我花大量时间来考虑别人是怎样看我的。　　　　　　　　（　　）

（7）我自信是正确的事情，不必得到别人的赞同。　　　　　　（　　）

（8）我不尊重那些做事似乎没有把握的人。　　　　　　　　　（　　）

（9）我需要的刺激和兴趣比别人多。　　　　　　　　　　　　（　　）

（10）我知道如何在考验面前，保持自己的内心镇静。　　　　（　　）

（11）我能坚持很长一段时间来解决难题。　　　　　　　　　（　　）

（12）有时我对事情过于热心。　　　　　　　　　　　　　　（　　）

（13）在特别无事可做时，我倒常常想出好主意。　　　　　　（　　）

（14）解决问题时，我常凭直觉来判断"正确"或"错误"。　（　　）

（15）解决问题时，我分析问题较快，而综合所搜集的资料较慢。 （　　）

（16）有时我打破常规去做我原来并未想到要做的事。 （　　）

（17）我有搜集东西的癖好。 （　　）

（18）幻想促进了我许多重要计划的提出。 （　　）

（19）我喜欢客观而有理性的人。 （　　）

（20）在职业选择上，我宁愿当一个实际工作者，而不当探索者。 （　　）

（21）我能与我的同事或同行们很好地相处。 （　　）

（22）我有较强的审美感。 （　　）

（23）在我一生中，我一直在追求着名利地位。 （　　）

（24）我喜欢那些坚信自己结论的人。 （　　）

（25）我认为灵感与成功无关。 （　　）

（26）即使是与我观点不同的人，我也愿意与之交朋友。 （　　）

（27）我更大的兴趣在于提出建议，而不在于设法说服别人接受建议。 （　　）

（28）我乐意自己一个人整日"深思熟虑"。 （　　）

（29）我往往避免做那种使我感到"低下"的工作。 （　　）

（30）在评价资料时，我觉得资料的来源比其内容更为重要。 （　　）

（31）我不满意那些不确定和不可预计的事。 （　　）

（32）我喜欢埋头苦干的人。 （　　）

（33）一个人的自尊比得到别人敬慕更为重要。 （　　）

（34）我觉得力求完美的人是不明智的。 （　　）

（35）我宁愿和大家一起工作，而不愿意单独工作。 （　　）

（36）我喜欢那种对别人产生影响的工作。 （　　）

（37）在生活中，我常碰到不能用"正确"或"错误"来加以判断的问题。 （　　）

（38）对我来说，"各得其所"、"各在其位"是很重要的。 （　　）

（39）我认为那些使用古怪和不常用词语的作家，纯粹是为了炫耀自己。 （　　）

（40）许多人之所以感到苦恼，是因为他们把事情看得太认真了。 （　　）

（41）即使遭到不幸、挫折和反对，我仍能对我的工作保持原来的精神状态和热情。 （　　）

（42）我认为想入非非的人是不切实际的。 （　　）

（43）我对"我不知道的事"比"我知道的事"印象更深刻。 （　　）

（44）我对"这可能是什么"比"这是什么"更感兴趣。 （　　）

（45）我经常为自己在无意中说话伤人而闷闷不乐。 （　　）

（46）纵使没有报答，我也乐意为新颖的想法花费大量时间。 （　　）

（47）我认为"出个主意没什么了不起"这种说法是中肯的。 （　　）

（48）我不喜欢提出那种显得无知的问题。 （　　）

（49）一旦任务在肩，即使受到挫折，我也要坚决完成。 （　　）

（50）从下面描述人物性格的形容词中，挑选出10个你认为最能说明你性格的词。

精神饱满　热情　骄傲自大　有朝气　孤独　泰然自若　虚心　脾气温和
自信　实惠　不屈不挠　有独创性　具说服力　具高效率　好交际　束手束脚

不拘礼节　机灵　严格　好奇　乐于助人　观察敏锐　老练　不满足　有主见
严于律己　易预测　复杂　性急　思路清晰　谦逊与求是　足智多谋　时髦
有理解力　感觉灵敏　柔顺　创新　谨慎　拘泥形式　有献身精神　有远见
善良　坚强　一丝不苟　无畏　实干　漫不经心　有组织力　有克制力

尤金创造力测试题参考答案

选择	A	B	C	选择	A	B	C
（1）	0	1	2	（26）	−1	0	2
（2）	0	1	2	（27）	2	1	0
（3）	4	1	0	（28）	2	0	−1
（4）	−2	1	3	（29）	0	1	2
（5）	2	1	0	（30）	−2	0	3
（6）	−1	0	3	（31）	0	1	2
（7）	3	0	−3	（32）	0	1	2
（8）	0	1	2	（33）	3	0	1
（9）	3	0	−1	（34）	−1	0	2
（10）	1	0	3	（35）	1	2	1
（11）	4	1	0	（36）	1	2	3
（12）	3	0	−1	（37）	2	1	0
（13）	2	1	0	（38）	0	1	2
（14）	4	0	−2	（39）	−1	0	2
（15）	−1	0	2	（40）	2	1	0
（16）	2	1	0	（41）	3	1	0
（17）	0	1	2	（42）	−1	0	2
（18）	3	0	−1	（43）	2	1	0
（19）	0	1	2	（44）	2	1	0
（20）	0	1	2	（45）	−1	0	2
（21）	0	1	2	（46）	3	2	0
（22）	3	0	−1	（47）	0	1	2
（23）	0	1	2	（48）	0	1	3
（24）	−1	0	2	（49）	3	1	0
（25）	0	1	3				

下列每个形容词得2分：
精神饱满的　观察敏锐的　不屈不挠的　柔顺的　足智多谋的　有主见的
有献身精神的　有独创性的　感觉灵敏的　无畏的　创新的　好奇的
有朝气的　热情的　严于律己的

下列每个形容词得1分：

自信的　有远见的　不拘礼节的　一丝不苟的　虚心的　机灵的　坚强的

其余：得0分。☆将分数累计起来，分数在：

110～140　　　创造力非凡

85～109　　　创造力很强

58～84　　　　创造力较强

30～55　　　　创造力强

15～29　　　　创造力弱

–21～14　　　　创造力很弱

『测试2』目标意识测量表

具有目标意识是成功的重要心理基础。没有这种意识，即使良机到来，也会失之交臂。对于你要实现的目标，抱有怎样的追求意识、成就意识和必胜信念，会产生不同的潜意识活动，继而产生一种自动导航机制。

下面有14个命题，表示肯定计0分，表示否定计1分。

最后将总分与结果对照。

1.时刻都想到要实现目标。

2.用数字和文字表示目标。

3.对于没能实现的目标不感到焦躁不安。

4.经常想到实现目标的一切手段。

5.在睡梦中常常得到众人的帮助。

6.对正在做的事总抱有必胜的信心。

7.做什么事都习惯于具体地思考与分析。

8.能明确地给自己规定将来的目标。

9.常常闭目想象目标。

10.常常习惯于在大脑里描绘目标。

11.你有很多把自己一直向往的事变成现实的经历。

12.做任何事都能主动地使用潜意识。

13.把意识集中在额前，有时好像能看到什么东西。

14.从来没有过"我不行"的念头。

测试结果倾向：

0～3分：目标意识很强，不大受周围环境的影响，善于迅速改变自己的注意力，从而捕捉到所希望的机会。

4～6分：目标意识较强，能切合实际地选择力所能及的目标，并且灵活性很强。

7～9分：目标意识一般，时强时弱，不太稳定。或者目标意识不十分明显，不期望自己有太大的成功。

10～12分：目标意识较弱。即使有，也是一种不切实际的幻想。

13～14分：目标意识很弱，没有进取心，常常错过机会，不善于随机应变。

参阅资料

『资料1』诺贝尔奖获得者通常有几个共同点

有专家研究揭示，诺贝尔奖获得者通常有几个共同点：都对所从事的研究有浓厚的兴趣，并且都固守在这个领域，没有多少跳槽的；都有很好的科学素养，受教育的大学和工作的大学以及周围的老师和同事都是一流的；都具有献身科学的精神；都有创新性的思维、丰富的想象力和科学的先进的研究方法；都有平静的生活，都有宽松的环境和闲适的心态；都充满了对他人、对社会、对自然的爱心和责任感。

『资料2』石油大王的故事

美国的石油大王约翰·洛克菲勒年轻时在一家石油公司工作，因为学历不高、缺乏技术，只能做极其简单的工作：巡视石油罐盖有没有焊接好。石油罐在流水线上，由输送带传送到旋转台上，焊接剂自动滴下，盖子回转一圈，焊接完成。他没有因为工作单调、枯燥而混日子，他仔细观察工作流程，他发现，盖子转一圈，焊剂滴落39滴。那么，能否少用一点焊剂以节约成本呢？经过反复观察思考，他先是试用"37滴技术"结果偶有漏焊，他没有放弃，又投入新的试验，终于拿出"38滴技术"。虽然仅仅节约一滴焊剂，但公司每年因此新增利润5亿美元，效益显著。

由此可见，洛克菲勒能成长为"石油大王"绝非尽是机遇使然。

『资料3』生产技能的基本要素

1.动作的准确性。就是指动作方向能准确指向目的物，肢体移动轨迹准确。

2.动作的协调性。就是自己对动作的控制与调节。四肢与心智等方面的反映正对目标，协调一致，有条不紊地进行操作。

3.动作的速度。在准确协调的基础上还要有速度，这是提高工效的主要方面。此外，还表示一定的熟练程度。

4.动作的自动化。当外界情景对生产技能产生刺激时，产生近乎条件反射式的动作就是自动化阶段。作为一个熟练的操作工的注意力并不集中在如何掌握工具、姿态等低级状态，而是要考虑提高工效和下面的工作。

5.动作的创造性。技能的最高境界是熟能生巧，是前四项的综合。是运用多种技巧提高熟练程度并形成创造性的阶段。

『资料4』小柴昌俊：态度决定一切

2002年诺贝尔物理学奖授予美国科学家雷蒙德·戴维斯、日本科学家小柴昌俊和美国科学家里卡尔多·贾科尼，他们在天体物理学领域做出的先驱性贡献，打开了人类观测宇宙的两个新"窗口"。

小柴昌俊从大学物理系毕业时，成绩只是下游，除了实验课得过两个A外，其他科目考得都不怎么好——10个B，4个C。这么一个"差生"怎么就攀上了科学的高峰呢？小柴是这样回答的："决定人的一生的，也许不是学习，而是积极工作的态度。"

从1987年开始，小柴就开始在东京大学基本粒子物理国际中心做研究工作。科学研究需要耐心和毅力，更需要合作，甚至需要几代人的努力。小柴昌俊告诉记者："取得今天的成果，和我助手们的艰苦工作是分不开的。我在项目开始时就培养年轻的研究者，因为我知道没有他们接上荐，研究很难成功。"在接受《朝日新闻》记者采访时，小柴重点提到了"责任"这个词。他说："我不止一次地告诉我的学生，他们必须树立责任感，时刻想到自己的研究在花着纳税人的钱，半点都马虎不得。"

『资料5』职高生带着"发明"好求职

开春正是毕业生忙着找工作的时候，高三毕业生小龙可一点都不焦急，坐在家里就有十多家电子、电器企业找上门，争相开出高薪聘请。让企业"尽折腰"的是小龙在校期间的四五项小发明，他手头上正在研发电饭煲等家电的"心脏"——单片机，有望为当地企业带来丰厚利润。

像他这样，该校学生几乎人人都有创新点子或者小发明。近三年来，全校职高生就业率高达100%。"让职高生带着发明走出学校，利于学生就业。"学校相关负责人介绍说。学校调研发现，企业最需要的是动手能力强、有创新意识的实用型人才，培养职高生创造发明能力是求职的一大资本。为此，学校成立"机器人研究所"、"化学研究室"等30个"研发所"，去年还把机器人研究引入普通课堂，每学期开设一个独立的"机器人班"，学生可以自主报名参加。机器人技术综合了程序设计、电子、机械等多种学科知识，因此"机器人研究所"是该校的"明星班"。学校对机器人兴趣小组在设备、材料、比赛费用等方面投入的资金超过50万元，添置了20余套机器人套件，还专门辟出近500平方米的实验场地，鼓励学生参与研发。至今，已有三四百人从"机器人班"毕业，诞生了四五十项小发明，获专利的就有10项。带着"发明"，找工作也能"三级跳"。职高毕业生一般从基层做起，工资一千元左右，但有四五项小发明的谢科奇，一毕业就被企业相中做技术主管，开出2500元工资，直接当上了企业"中层干部"。企业负责人说："企业最需要的实用型发明最容易在一线诞生，但普通工人没有研发能力，招到一个研发型蓝领，当然放到最重要的岗位。"

『资料6』信念是什么？

数千年来，人类便一直认为要4分钟跑完一英里（约1609米）是件不可能的事。但在1954年，罗杰·班纳斯特就打破了这个信念障碍。他之所以能够创造这项佳绩，一得益于体能上的苦练，二归功于精神上的突破。在此之前，他曾在脑海里多次模拟4分钟跑完一英里，长久下来便形成极为强烈的信念，因而对神经系统有如下了一道绝对命令，必须完成这项使命。他果然做到了大家都认为不可能的事。谁也没想到，在班纳斯特打破纪录后的两年里，竟然有近400人进榜。

有了班纳斯特这样的信念，人就能够发挥无比的创造力。当然，信念也可能是破坏力，看你从哪个角度去认识。

人类对生活中的遭遇会很主观地赋予某种意义。积极的信念可使人重拾破碎的心，继续往前迈进，而消极的信念很可能就此便毁掉人的一生。

哈佛大学的亨利·毕其尔博士研究了信念对身体的影响。他把100个医学院学生平均分为两组，第一组分配了红色胶囊包装的兴奋剂，第二组则分配了蓝色胶囊包装的

镇静剂。实际上胶囊里的药粉调了包而并未让学生知道。结果吃了红色胶囊的一组很兴奋，吃了蓝色胶囊的一组则很平静，此可见他们的信念压制了身体服用药物的化学反应。

这门研究人类身心互动关系的"心理神经免疫学"证实了数个世纪以来的疑惑：信念在医疗的过程中扮演着极其重要的角色，甚至比治疗本身还重要。

心理学上有一个名词：无用意识。指一个人在某方面失败的次数太多，便自暴自弃地认为是个无用的人，从而停止了任何的尝试。

宾州大学的马丁·塞利格曼教授对这种现象做过深入研究后指出：有3种特别模式的信念会造成人们的无力感，最终毁掉自己的一生。这3种信念是：永远长存、无所不在及问题自我，即相信困难永远长存，某方面失败后就相信处处都是困难，并把不幸的失败归结为自己能为的不足。

创 新 潜 能
开发实用教程

课题3 认识妨碍创新的自我障碍

学习目标

体验个性心理障碍，受到触动，得到启发；

认识自我；

走出个性心理障碍的误区。

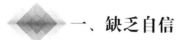

学习内容

金无足赤，人无完人，每个人在自我认知上或多或少都存在误区，让我们从心理学的角度，分析、看到自己的不足，自我提醒、自我教育，在创新之路上走得更顺畅吧！常见的心理障碍有以下几种：

一、缺乏自信

古人云"知人易，知己难"。许多人在自我认识和自我评价上往往是片面的，自贬的，甚至自暴自弃，认为自己不是"创造发明的料"。

1. 人为什么会缺乏自信

心理学家研究指出，缺乏自信是在孩童时期形成的，造成我们缺乏自信的首要原因，是因为我们的父母不够自信。他们会透过态度、行为和举止等，把对待错误的观念、看法和价值观像传染病一样传染给自己的孩子。如果我们的父母没自信或感到自

卑，作为孩子的我们也会深受影响，认为自己应付不了家里和学校那些最简单的问题。

其次，当父母拿我们和兄弟姐妹或其他孩子做比较时，我们的自卑感就会增强。会把缺点视为自己性格的一部分，习惯于以己之短比人之长，相信别人的力气比自己大、能力比自己强、比自己讨人喜欢、比自己更自信等等。于是，自卑的乌云开始笼罩在自己的头上。

再者，我们做错了事在受父母的斥责中，会把自己和"坏孩子"画上等号。再加上，如果自己独特的个性和特长得不到欣赏，慢慢地也会使自己觉得一无所长。外表也是导致自信不足的主要原因之一，这点人们还没有足够的了解。许多孩子因为与众不同或畸形的外表而身心饱受折磨。如果你常常提醒他们"太矮"、"太高"或"反应太慢"之类的话，会形成他们难以克服的自卑感。

缺乏自信的表现就是自卑，自卑者往往怀疑自己，否定自己，心态很消极，常常把自己界定在"我不行"的范围之内，以致自己的才能得不到积极的开发。正如德国哲学家黑格尔所讲的那样：自卑往往伴随着懒惰，是为自己在平庸的生活中苟活下去作辩解。缺乏自信的人经常把一句话"我不行"挂在嘴边，其实不是你不行，关键是你怎样认识你自己，请看艺术家黄美廉是怎样认识她自己的。

【案例1】你怎么看你自己

黄美廉站在台上，不时不规律地挥舞着她的双手；仰着头，脖子伸得好长好长，与她尖尖的下巴扯成一条直线；她的嘴张着，眼睛眯成一条线，和蔼地看着台下的学生；偶然她口中也会依依唔唔的，不知在说些什么。基本上她是一个不会说话的人，但是，她的听力很好，只要对方猜中，或说出她的意见，她就会乐得大叫一声，伸出右手，用两个指头指着你，或者拍着手，歪歪斜斜地向你走来，送给你一张用她的画制作的明信片。

她是一位自小就染患脑性麻痹的病人。脑性麻痹夺去了她肢体的平衡感，也夺走了她发声讲话的能力。从小她就活在诸多肢体不便及众多异样的眼光中，她的成长充满了血泪。然而她没有让这些外在的痛苦，击败她内在奋斗的精神，她昂然面对，迎向一切的不可能。终于获得了加州大学艺术博士学位。她用她的手当画笔，以色彩告诉人"寰宇之力与美"，并且灿烂的"活出生命的色彩"。全场的学生都被她不能控制自如的肢体动作震慑住了。这是一场倾倒生命、与生命相遇的演讲会。

"请问黄博士"，一个学生小声地问："你从小就长成这个样子，请问你怎么看你自己？你都没有怨恨吗？"我的心头一紧，真是太不成熟了，怎么可以当着面，在大庭广众之下问这个问题，太刺人了，很担心黄美廉会受不了。

"我怎么看自己？"美廉用粉笔在黑板上重重地写下这几个字。她写字时用力极猛，有力透纸背的气势，写完这个问题，她停下笔来，歪着头，回头看着发问的同学，然后嫣然一笑，回过头来，在黑板上龙飞凤舞地写了起来：

一、我好可爱！

二、我的腿很长很美！

三、爸爸妈妈这么爱我！

四、上帝这么爱我！

五、我会画画！我会写稿！

六、我有只可爱的猫！

七、还有……

八、……

忽然，教室内一片寂静，没有人敢讲话。她回过头来定定地看着大家，再回过头去，在黑板上写下了她的结论：我只看我所有的，不看我所没有的。掌声由学生群中响起，看看美廉倾斜着身子站在台上，满足的笑容，从她的嘴角荡漾开来，眼睛眯得更小了，有一种永远也不被击败的傲然，写在她脸上。我坐在位子上看着她，不觉两眼湿润起来。走出教室，美廉写在黑板上的结论，一直在我眼前跳跃，"我只看我所有的，不看我所没有的"，十几天过去了，我想这句话将永远鲜活地印在我心上。

"我只看我的所有的，不看我所没有的"，读到这里，你怎么想？"我有一个幸福的家庭，我的爸妈很爱我，我与兄弟姊妹们相处和睦，有很多认识的朋友支持我，我可以做我喜欢的事情，可以自由地表达我的看法，可以上网……"，那你还有什么理由抱怨啊！

众所周知，骏马行千里，耕田不如牛；坚车可载重，渡河不如舟。我们每个人都有属于自己的那一点特长，想想看自己的优势和所长，你只要把属于自己的"那一点"发挥到极致，就足够了。

让我们把"认识你自己"，这是一条镌刻在德尔斐的智慧神庙上的箴言，时刻回响在耳边吧。

2.怎样找到自信

树立自信，首先要注意自信不等于骄傲，谦虚也不是自卑。其次要采取一些措施，增强自信。

① 心理暗示。自信是一种心理状态，可以用成功暗示予以诱导。对一个人的潜意识重复灌输正面和肯定性语言，是强化自信心的有效方式。日本一些企业在训练员工的创造性时，大都有一种做法，即是每天早晨起来大声喊几声"我一定能成功！"就是利用心理暗示法来提高员工的自信心，效果是很明显的。

② 寻找榜样。榜样的力量是无穷的。多从成功人物的传记和成功自励故事中寻找勇气和力量，从而增强自信。

③ 自我分析。人们常说：比上不足，比下有余。当被自卑情绪困扰时，要正确分析自己反思自我，寻找产生自卑的原因是什么。同时采取"下比法"："当你担心没有鞋时，却有人没有脚"（戴尔·卡耐基语）。或者采取列举个人已往成就法，回味自己曾经的辉煌。由此跳出自卑，恢复自信。

【案例2】摩西老母效应与才能盲点

摩西老母是美国的一位著名艺术家。在她的青年、中年时期，谁人也不知道她是何等人士。退休之后，她爱上了下棋，每天着迷地与棋为友，每天着迷地与棋友较量，倒也得到不少乐趣。一天，棋友未到，她感到手痒，不知为什么抓起画笔一抹，竟然

画出一幅绝妙图画来。

迟暮之年，竟然发现了自己杰出的绘画才能，不能不令人惊异。美国的大小传媒纷纷报道，并将此现象名之为"摩西老母效应"。

其实，说奇怪也并不奇怪，世上没有无根之木，也没有无源之水。摩西老母之所以能画得出一手好画，是因为她原本就具备这种绘画天赋、绘画本领，只不过因为她过去并不知道自己有此种天赋、此种本领罢了。

显然，在摩西老母的前期生涯中，在她的意识中，存在着一个"才能盲点"。正是这个"才能盲点"，遮蔽了她的理智的光辉。

无独有偶，在中国的上海郊区，也曾出现过一位与摩西老母几乎相似的"老母"。年近半百突然发现自己会画画，试抹两笔，四座皆惊，于是很快被人们戴上了"农民画家"的桂冠。

由此看来，"才能盲点"确实存在。

由此看来，真正认识自己是不容易的。

由此可以得到的启示是：当心"才能盲点"遮蔽了你自我认识的视线，当心"才能盲点"阻挡了你自己的发展空间。为此必须学会寻找自己的"才能盲点"，进而扫除"才能盲点"，使自己的潜在才能显露出来，发挥出来。

请思考：你的才能盲点在哪？尝试过从未做过的事情吗？

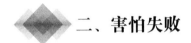 二、害怕失败

害怕失败，行动必然谨小慎微，"前怕狼后怕虎"，不敢独辟蹊径，极大地阻碍了创造。许多人终其一生少有成就，主要原因就在于每当他们想做某件事时，总是想着可能招致的失败及不愿承担失败后随之而来的后果，而裹足不前。

1.怕失败的各种表现

（1）过于担心别人的反应。害怕失败的心理大多表现得十分隐蔽。我们总是把自己看得过高，过高地估计自己的地位和价值，过于担心别人对自己的思想和行为可能做出的反应。事实上，心理学家马斯洛说过："调查研究表明，新手往往可以发现专家所忽略的问题。关键在于新手不怕犯错误，不怕出丑，不怕别人笑话。"害怕失败会让我们放弃很多唾手可得的机会。

（2）对自己要求过高。要精确估计害怕失败和踌躇不决对人的心理影响，是十分困难的。有人信奉，要做就要做得最好，以至于追求尽善尽美。事实上追求尽善尽美的人往往并不能尽善尽美，不能充分发挥自己的创造潜能。他们神经敏感，"前怕狼后怕虎"，小小的失败风险就足以使他们望而却步。一位医生发现，"至善论者"头疼病发病率最高。他说，头疼病有1/10是由怕犯错误的恐惧心理引起的。

（3）一次或多次失败不再努力。最可怕的是一次或多次失败而放弃努力，就像动物园里这头大象一样。

【案例3】大象林旺的故事

动物园里的大象林旺，被一条小铁链牢牢地拴在一根小小的水泥柱上。他将尾巴摇来摇去，将头摆来摆去，将四只脚踱来踱去，可是就想不起到外面看看那精彩的世界。

是它没有能力挣脱那根铁链吗？不是，它完全有这个力气。只要一使劲，别说那根小链条，就是那根水泥柱也可以连根拔下来。但是林旺没有那个想法，它每天依旧在水泥柱旁边吃动物园管理人员送来的青草和香蕉，它十分满意自己的局促的小天地之内的生活。

是不是林旺从来就没有潇洒走一回的想法呢？也不是，它曾经想过，不过那是在它小的时候，那时它还是一头小象。它对世界充满了好奇之心，非常渴望到热闹的猴山、虎山旁边乐一乐。于是它使劲地想挣脱那根铁链的束缚。不行，它失败了。隔了不到一星期，外面的热闹劲又使它按捺不住心情的激动。于是它再次企图挣脱铁链，可还是不行，它又失败了。

"不行，我是没有能力挣脱那根铁链的"。两次失败，给林旺以强烈的印象。这印象深入它的脑海之中，以至成为一种深深的烙印：我是挣脱不开那根铁链子的。

就这样，林旺一天天长大。

就这样，林旺一天天变老。

就这样，林旺从来没有离开过象馆的局促天地。它倒认为：我的能力就是这样低，我只配享受这么一块天地，我只配这么过一生。

萧伯纳写道："我年轻的时候，注意到自己所做的事十件中有九件是失败的。由于不甘心扮演失败者的角色，我还得再做第十一件事。"那我们该怎样面对失败呢？

试试吧，人+胆量＝成功，不再试一次怎么知道不行！

2.怎样面对失败

一般人白白浪费了失败，没有从中学到有助于成功的东西，因为他们没有把失败作为科学研究的对象，尤其没有把失败思路作为科学研究的对象，这很可能导致从失败走向失败，而不是从失败走向成功。

在我们中学的学习中，曾经使用的错题本，也可以用于我们一切的活动，我们设法搜集各行各业、各种各样的失败，从而避免重蹈覆辙，这样距离成功就会近了一步。

 **三、盲目从众**

人们在思考时有一种容易产生的心理倾向是盲目从众，它同样会使思维受害。盲目从众倾向就是服从众人，顺从大伙儿，随大流，是指一个人在群体压力下，放弃自己的意见，转变原有的态度，采取与大多数人一致的行为。

从众心理产生的原因：一般说来，人是群体动物，每个人都有自己固定的群体，他的行为，通常具有跟从群体的倾向。当他发现自己的行为和意见与群体不一致，或与群体中大多数人有分歧时，会感受到一种压力，这促使他趋向于与群体一致。当他

的行为、态度与意见同别人一致时，就会有"没有错"的安全感。心理学家则通过科学实验证明了这种心理倾向的存在。

【案例4】线段知觉问题

美国社会心理学家S.阿希在20世纪50年代做过多次关于知觉方面的从众实验，他实验时采用的实验材料是18套卡片，每套两张，分标准线段与比较线段。例如，在阿希的一次实验中，共有7名受试者，其中6人是实验者的助手，只有一人是真正的受试者，而且总是安排在倒数第二个回答。几个受试者围桌而坐，面对两张卡片，依次比较判断a、b、c三条线段中的哪一条线段与标准线段等长。实验要求受试者大声说出他所选择的线段。18套卡片共呈现18次，头几次判断，大家都作出了正确的选择，从第七次开始，假被试故意作出错误的选择，实验者观察受试者的选择是独立的还是从众的。面对这一实验情境，受试者在作出反应前需要考虑以下三个问题：

① 是自己的眼睛有问题，还是别人的眼睛有问题？

② 是相信多数人的判断，还是相信自己的判断？

③ 在确信多数人作了错误判断时，能否坚持自己的独立性？

实验者记录受试者的每一次选择，然后加以统计分析。阿希在1951年开始实施这一实验，在1956年、1958年又重复了这项实验，发现：

① 大约有四分之一到三分之一的受试者保持了独立性，每次选择反应无一次发生从众行为。

② 约有15%的受试者平均作出了总数的四分之三次的从众行为，即从众反应平均每12次中就有9次。

③ 所有受试者平均作了总数的三分之一次的从众反应，即每12次中就有4次发生从众行为。

下面我们就听听一些参加过这类实验的人的"心声"吧！每次表现出从众行为的受试者说："我看到别人怎样讲，自己也就怎样讲，有几次我看出是不对头，但别人都这么说，我就跟着讲了。"

其余的受试者有的说："开始我坚持，后来看看大家都讲的与我不一样，我就怀疑自己的眼睛有问题，有点害怕自己看错了，所以也就跟着随大流了。"有的说："开始我相信自己是对的，后来发现就我一人与别人不同，觉得奇怪，于是以后就随从大家了。"

实验中还有一个有趣的现象，就是坚持自己意见、表现出独立行为的两个受试者，是家庭中的长子长女；而缺乏独立性、每次都表现从众行为的两个受试者，家庭中都有兄姐。这反映了不同的社会生活条件对他们提出的要求不同，长子长女在家庭中独立自主地处理事务和问题的机会较多，而家庭中有兄姐的人，经常处于随从地位，容易随波逐流。

本来，"个人服从群体，少数服从多数"的准则只是一个行为上的准则，是为了维持群体稳定性和增加自身安全感的。然而，事实上这个准则在不知不觉中逐渐超出人们行动的领域而成为普遍的社会实践原则乃至个人的思维原则。于是，思维领域中的

"盲目从众"便不知不觉地在很多人身上形成。成语"随波逐流"、"人云亦云"就是盲目从众的最好例证。

盲目从众会使人陷入盲从和随波逐流的境地，使人的思想简单、僵化、不愿意独立思考，极易受他人或周围环境的暗示作用的影响，从而导致人们思维的局限性和偏差性。

究竟如何才能避免盲目从众？这就要求我们在成长的道路上注意以下两点：一是凡事要有主见，切忌人云亦云随大流。二是要学会正确从众。并非所有的"从众心理"都会起负面作用，所谓有选择地从众应该是"从善如流"、"见贤思齐"。比如当你身边大多数人都在努力工作的时候，你就应该从众；当身边有人去做一件非常有社会意义的事情时，你也可以从众。这就是说，在从众之前，必须先擦亮你的眼睛，才能避免"一失足成千古恨"。

 ## 四、迷信权威

我们在学习过程中还要注意克服迷信书本和迷信老师的倾向。从小到大的传统教育，使得许多人养成了一种偏见，认为凡是书上印的、老师讲的就都是正确的。培养创新能力，就要打破迷信，敢于怀疑，善于质疑，我们来看一个一个正例和一个反例：

【案例5】坚持自己的发现而造福人类的科学家

澳大利亚临床病理学家罗宾·沃伦和消化科临床医生巴里·马歇尔因发现幽门螺杆菌导致胃炎、胃和十二指肠溃疡发病的重要成就获得2005年诺贝尔生理学或医学奖。

直到20世纪80年代以前，医学界还认为胃炎、胃和十二指肠溃疡是紧张和充满压力的生活方式以及长期食用辛辣食物所致，在治疗上当然也没有什么好的办法。

1979年4月，42岁的沃伦在珀斯皇家医院的一位胃溃疡患者的胃黏膜活体标本中意外发现了无数弯曲状的细菌紧粘着幽门附近的胃上皮表面，他进一步检查发现：大约50%的患者的活体切片上都有这种细菌。他还观察到炎症总是出现在有细菌存在的胃黏膜上。这是一个关键性的发现。但是，当时的医学界普遍认为，正常的胃是无菌的，胃里面的胃酸足以将包括细菌在内的所有微生物迅速杀死，没有人相信他。

珀斯皇家医院的临床医生马歇尔对沃伦的发现产生了兴趣，两人开始合作，对100位患者的活体组织切片进行研究。经过数次努力后，1982年，马歇尔终于从几个标本中成功地培育出一种从不知道的细菌品种，他认为这种细菌属于弯曲菌家族，因此将之命名幽门弯曲菌，随后又发现它属于螺旋菌家族，便又重新命名为幽门螺杆菌。

两人继续研究，又发现几乎所有胃炎、十二指肠或胃溃疡患者都有这种细菌。基于观察和研究的结果，他们相信幽门螺杆菌是导致胃炎等疾病的主要原因，1984年，他们将研究结果发表在《柳叶刀》上。

绝大多数肠胃病学家拒绝接受两人发表在《柳叶刀》上的观点，当时医学教科书上的标准教育是：胃是没有细菌的，胃酸将所吞入的细菌都杀死了，胃炎和胃溃疡是

由胃酸引发的，因此，医生们采取抑止胃酸的药来治疗这类疾病。

为了让别人相信他们的发现，马歇尔甚至以身试"法"，自己吞下幽门螺杆菌，实证它能引发胃炎，才得到学术界的认可和接受。他们的研究成果最终花了15年的时间才出现在教科书上。

由于巴里·马歇尔和罗宾·沃伦1982年的发现，使得原本慢性、经常无药可救的胃溃疡变成了只需抗生素和其他一些药物短期就可治愈的疾病。他们的不屈不挠和有准备的头脑挑战了盛行一时的教条，马歇尔和沃伦开启了一扇研究细菌与人类其他慢性炎症的大门。

事实上，所谓权威，只是某一方面某一专业甚至某一点上的权威，或者某一时期某一阶段上的权威，不存在全面的权威和永远的权威。而且权威也会犯错误。大发明家爱迪生为了使自己直流电机的市场不受威胁，曾多次写文章论述说交流电太危险，并不惜当众用交流电将一条狗击毙，企图用事实证明自己的观点是正确的。所以，对权威要尊重而不迷信。英国皇家学会会徽上就镶嵌着一行耐人寻味的字：不要迷信权威，人云亦云。请看小泽征尔的故事：

【案例6】精心设计的"圈套"

日本著名指挥家小泽征尔有一次去欧洲参加大赛。决赛时，评委交给他一张乐谱。在演奏中，小泽征尔突然发现乐曲中出现了不和谐的地方，以为是演奏家演奏错了，就指挥乐队停下来重奏一次，结果仍觉得不自然。

这时，在场的权威人士都郑重声明乐谱没有问题，而是他的错觉。面对几百名国际上音乐界的权威，他开始也对自己的判断产生了动摇，但是，他考虑再三后，还是坚信自己的判断没错，于是坚持说"不，一定是乐谱错了！"他的话音一落，评委们立即向他报以热烈的掌声，祝贺他大赛夺魁。

这是评委们精心设计的一个"圈套"，以此来考查和检验指挥家在发现乐谱错误并遭到权威人士"否定"时，能否坚持自己正确的判断。在此之前的两个参赛者尽管也发现了其中的问题，然而因屈服权威中了"圈套"而被淘汰。

 基本训练

同学们，学了这个课题，你听到老师讲的课，随之想到了什么？你怎样认识你自己，你的特长在哪里？你想成为什么样的人，你的才能盲点在哪里？你打算怎么办？把你所思所想的一切记下来吧，要求写出不少于800字的感悟。

 拓展训练

课堂报告：借助互联网，查找因为走出缺乏自信、害怕失败、盲目从众、迷信权威的心理误区而创新成功的真事实例，写出受到的启发，老师随机抽签选出同学用ppt向全体同学汇报。

参阅资料

『资料1』自我意识测量表

感兴趣的同学们可在权威网站上查找"自我意识测量表"进行自我测试。

『资料2』如何提升情绪智商

研究显示，如果飞机上的空服人员能更和谐地合作，掌握全机生命的机长犯下致命失误的机会，可以减少80%。这实在是个惊人的数字。因此，加强团队合作、沟通、倾听等课程，成为许多飞机驾驶训练课程的一部分。

团队合作要求的不是个人表现，而是团体智商，团队成员智慧与技术的总和，将决定集体表现。但决定团体智商高低的最重要因素，并不是成员的平均IQ，而是情绪智商，也就是和谐合作的能力。如果团体成员能共同创造和谐的工作环境，个人智慧就能发挥至极限，团体智慧也就能登峰造极。

要建立和谐的工作环境，培养情绪智商，应组织成员要学习批评的艺术与培养适应多元文化的能力。

1.学习批评的艺术

如果表达适当，批评是改进工作表现的最有效回馈。但是，如果批评者没有情绪智商，不能体会受批评者的心情，就会适得其反，不但伤害受批评者的工作士气与信心，还会使对方变得对立而难再合作。

批评最常犯的错误，就是含混的批评，例如一句"你搞砸了"，或是将失败结果归咎给对方的特质，例如说对方笨。

这样的批评在受批评者耳中，是人身攻击，而不是就事论事。让人既生气，却又无力反击。具有情绪智商的批评者，会留心对方的情绪反应，先明确挑出明显需要改进的问题，并进一步针对问题提供解决方法。这样受批评者既不会觉得受挫，也可以获得确实的改进之道。

而且，批评最好私下面对面进行，让受批评者有反驳或澄清的机会。此外，批评者应该时时保持敏感，细心观察自己说的话引起对方什么反应，再调整表达的方式。

2.学习说出心底的感觉

在现代交流频繁的组织中，常需要与不同文化背景的人合作，但是由于生长环境不同，难免会对不同文化的人存有偏见。这些文化偏见是从小就形成的情绪反应，很难一下子连根拔除。因此，只有通过训练才能改变处理偏见的方式。

3.从小开始培养

情绪智商就像数学和阅读能力一样，不是天生命定的，而会随着学习而增长，因此越早学习越好。

人对情绪的反应会养成一定的规则。如果从小学习正确的情绪反应，就像提早在脑中画出正确的情绪回路，养成良好的情绪习惯。美国一些实验课程，正朝这个方向努力，试图将情绪教育融入现有教育中。旧金山纽华学习中心就是其中之一。纽华的"自我"课程，用与从前不同的方式点名。学生回答教师的方式，不是简单乏味的

"有"，而是以分数告诉教师自己的感觉与情绪，10分代表情绪高昂，1分代表低落。

例如，老师："洁西卡？"

洁西卡："10，今天礼拜五，我全身都像在跳舞。"

老师："派屈克？"

派屈克："9，我很兴奋，但是也有一点紧张。"

老师："尼可？"

尼可："10，我很平静，也很高兴。"

这样，孩子每天的情绪生活，就成为老师与孩子的一个学习焦点。目的是让学生学习了解自己的感觉，了解感觉背后的原因。学习表达自己的感觉，也了解想法、感觉与反应间的关系，以及学习处理焦虑、愤怒、悲伤的方法。

这些情绪课程是不打成绩的。纽华的课程主任表示，当孩子了解情绪后，他们也就学习面对情绪的各种反应，当他们知道更多反应情绪的方法后，生活也就更丰富了。

类似的课程还有社会发展、生活技巧、社会与情感学习，都在陆续开设。这样的课程也应用在防治青少年的暴力、吸毒与吸烟等问题上，并向犯罪率较高的都会公立学校延伸。这些课程的工作者期望有一天，情绪教育能成为正常教育的一部分，让每个孩子都能在一开始就养成正确的习惯与方法。

情绪智商打开了一扇窗，让人摆脱IQ宿命论，知道学习控制自己的情绪，就有开创更加美好的前景的机会。

尤其在这个刺激不断增加的社会中，我们的下一代面临更孤寂、更沮丧、更冲动也更具攻击性的情绪问题，社会必须及早建立情绪教育，将来他们才不会在团队生活中失败。

『资料3』我要学会控制情绪——奥格·曼迪诺

今天我要学会控制情绪。

潮起潮落，冬去春来，夏来秋至。日出日落，月圆月缺，雁来往，花飞花谢，草长瓜熟，自然界万物都在循环往复的变化中，我也不例外，情绪会时好时坏。

今天我要学会控制情绪。

这是大自然的玩笑，很少有人窥破天机。每天我醒来时，不再有旧日的心情。昨日的快乐变成今日的哀愁，今日的悲伤又转为明日的喜悦。我心中像有一只轮子不停地转着，由乐而悲，由喜而忧。这就好比花儿的变化，今天绽放的喜悦也会变成凋谢时的绝望。但是我要记住，正如今天枯败的花儿蕴藏着明天新生的种子，今天的悲伤也预示着明天的快乐。

今天我要学会控制情绪。

我怎样才能控制情绪，以使每天卓有成效呢？除非我心平气和，否则迎来的又将是失败的一天。花草树木，随着气候的变化而生长，但是我为自己创造天气。我要学会用自己的心灵弥补气候的不足。如果我为顾客献上欢乐、喜悦、光明和笑声，他们也会报之以欢乐、喜悦、光明和笑声，我就能获得销售上的丰收，赚取成仓的金币。

今天我要学会控制情绪。

我怎样才能控制情绪，让每天充满幸福和欢乐？我要学会这个千古秘诀：弱者任思绪控制行为，强者让行为控制思绪。每天醒来当我被悲伤、自怜、失败的情绪包围时，我就这样与之对抗：

　　沮丧时，我引吭高歌。

　　悲伤时，我开怀大笑。

　　病痛时，我加倍工作。

　　恐惧时，我勇往直前。

　　自卑时，我换上新装。

　　不安时，我提高嗓音。

　　穷困潦倒时，我想象未来的富有。

　　力不从心时，我回想过去的成功。

　　自轻自贱时，我想想自己的目标。

　　总之，今天我要学会控制自己的情绪。

　　从今往后，我明白了，只有低能者才会江郎才尽，我并非低能者，我必须不断对抗那些企图摧垮我的力量。失望与悲伤一眼就会识破，而其他许多敌人是不易觉察的。它们往往面带微笑，招手而来，却随时可能将我摧毁。对它们，我永远不能放松警惕。

　　自高自大时，我要追寻失败的记忆。

　　纵情享受时，我要记得挨饿的日子。

　　洋洋得意时，我要想想竞争的对手。

　　沾沾自喜时，不要忘了那忍辱的时刻。

　　自以为是时，看看自己能否让风住步。

　　腰缠万贯时，想想那些食不果腹的人。

　　骄傲自满时，要想到自己懦弱的时候。

　　不可一世时，让我抬头，仰望群星。

　　今天我要学会控制情绪。

　　有了这项新本领。我也更能体察别人的情绪变化。我宽容怒气冲冲的人，因为他尚未懂得控制自己的情绪，就可以忍受他的指责与辱骂，因为我知道明天他会改变。重新变得随和。

　　我不再只凭一面之交来判断一个人，也不再因一时的怨恨与人绝交，今天不肯花一分钱购买金蓬马车的人，明天也许会用全部家当换取树苗。知道了这个秘密，我可以获得极大的财富。

　　今天我要学会控制自己的情绪。

　　我从此领悟了人类情绪变化的奥秘。对于自己千变万化的个性，我不再听之任之，我知道，只有积极主动地控制情绪，才能掌握自己的命运。我控制自己的命运，而我的命运就是成为世界上最伟大的推销员！

　　我成为自己的主人。

　　我由此而变得伟大。

『资料4』凭空想象出的灾难

一天晚上，在漆黑偏僻的公路上，一个年轻人的汽车抛了锚：汽车轮胎爆了！

年轻人下来翻遍了工具箱，也没有找到千斤顶。怎么办？这条路半天都不会有车辆经过，他远远望见一座亮灯的房子，决定去那个人家借千斤顶。

在路上，年轻人不停地在想："要是没人来开门怎么办？是没有千斤顶怎么办？要是那家伙有千斤顶，却不肯借给我，那该怎么办？"

顺着这种思路想下去，他越想越生气，当走到那间房子前，敲开门，主人刚出来，他冲着人家劈头就是一句："你那千斤顶有什么稀罕的！"

弄得主人丈二和尚摸不着头脑，以为来的是个精神病人，"砰"的一声就把门关上了。

在这么一段路上，年轻人走进了一种常见的"自我失败"的思维模式中，经过不停地否定，他实际上已经对借到千斤顶失去了信心，认为肯定借不到了，以至到了人家门口，他就情不自禁地破口而骂了。在我们平时的生活中，也有许多人会对自己做出一系列不利的推想，结果就真的把自己置于不利的境地。

请思考：怎样使年轻人的悲剧不在你的身上重演。

『资料5』马拉松冠军的智慧

1984年，在东京国际马拉松邀请赛中，名不见经传的日本选手山田本一出人意外地夺得了世界冠军。当记者问他凭什么取得如此惊人的成绩时，他说了这么一句话：凭智慧战胜对手。

当时许多人认为这个偶然跑到前面的矮个子选手是在故弄玄虚。马拉松赛是体力和耐力的运动，只要身体素质好又有耐性就有望夺冠，爆发力和速度都还在其次，说用智慧取胜确实有点勉强。

两年后，意大利国际马拉松邀请赛在意大利北部城市米兰举行，山田本一代表日本参加比赛。这一次，他又获得了世界冠军。记者又请他谈谈经验。

山田本一性情木讷，不善言谈，回答的仍是上次那句话：凭智慧战胜对手。这回记者在报上没再挖苦他，但对这位矮个子选手所谓的智慧迷惑不解。

10年后，山田本一在他的自传中写道："每次比赛之前，我要乘车把比赛的线路仔细地看一遍，并把沿途比较醒目的标志画下来。比如第一个标志是银行，第二个标志是一棵大树，第三个标志是一栋红房子……这样一直画到赛程的终点。比赛开始后，我就以百米的速度奋力地向第一个目标冲去，等到达第一个目标后，我又以同样的速度向第二个目标冲去。40多公里的赛程，就被我分解成这么几个小目标轻松地跑完了。起初，我并不懂这样的道理，我把我的目标定在40多公里的终点线上的那面旗帜上，结果我跑到十几公里时就疲惫不堪了，我被前面那段遥远的路程给吓倒了。后来，我凭智慧战胜了对手。"

山田本一竞技之谜终于被解开了。请思考：山田本一的智慧所在。

『资料6』机遇对话

"你是谁？"'
"我是征服一切的机遇。"
"你为什么踮着脚？"
"我时刻在奔跑。"
"你脚上好像长着双翼？"
"我在乘风而行。"
"你的前颇为什么长着头发？"
"好让幸会者把我抓牢。"
"你的后脑勺为什么光秃秃的？"。
"为了不让坐失良机者从背后把我抓住。"

创新潜能
开发实用教程

课题4 认识妨碍创新的思维障碍

认识妨碍创新的思维障碍；

初步尝试摆脱习惯性思维的束缚；

尝试走出思维误区；

为进一步的思维训练学会创造性思考做准备。

学习内容

影响创造性思考的因素是多方面的，随着学习的深入我们会慢慢体验到属于自己的思维障碍，今天我们仅揭示其中的常见的三个因素。

 **一、思维定势**

1.思维定势的含义

心理学认为，定势是已有经验对判断或解决当前问题所造成的内在准备倾向。思维定势的形成是必然的，当我们采用某种思考方法获得成功之后，这种方法便通过反馈得到了加强；下一次我们就会采取同样的方法来处理问题，并从此养成了一种习惯。这种习惯性倾向就是思维定势。

思维定势具有两重性，既可以使人面对常规性问题时驾轻就熟，缩短判断、决定的时间，容易找到解决的策略；也可以形成适应新情境的思维障碍，面对已经变化的情况仍按经验办事，这就像戴上"思维枷锁"。思维定势使问题解决的思维活动刻板化，当解决问题的人具有某种定势支配倾向时，他就会固守于通常可以解决许多问题，但恰恰不能解决当前问题的某种方法或策略。

思维定势阻碍新观念、新点子的产生，是创新思考的障碍。但只要我们认识到这种心理倾向存在，注意自我提醒，以变应变就可以减少或避免它的不良影响。

2.体验思维定势

下面我们做一个实验，体验思维定势。

> 有一根0.5m长的绳子，要求用手抓住绳的两端后再不能松开，在绳上打一个结。

你做成功了吗？看起来很简单的事，为什么做不出，体验到自己的思维定势了吗？试着换绳子的抓法看能否实现呢？

3.思维定势的两种表现

（1）观念固定　由经验和知识构成，沉积于心底的固定的观念是一种思维定势。试着回答这个的问题，什么东西具有以下三个特征：它是黄的、圆的、酸的。答案很简单，但你的回答在哪个层次？仅停留在味觉、嗅觉，还是到达视觉、甚至抽象地看待这个问题而上升到认识的最高层次呢？如图4-1所示，也许能给你带来启发。

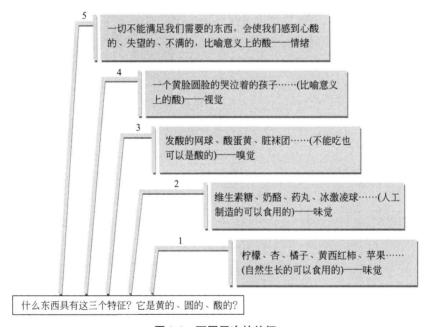

图4-1　不同层次的特征

想要突破观念固定，就需要我们在认识事物时，打开多条信息通道，全方位，多角度地认识事物，才能在解决问题时独辟蹊径。

例如，在大型火箭发明初期，曾碰到这样一个难题，为了保证火箭发射时的平稳和定向，必须在火箭下端装上一个燃气舵。可当时就是找不到制造燃气舵的合适材料。因为火箭点燃后燃气舵的温度很高，没有什么材料能耐得住这样的高温。后来，有人提议用木头制造燃气舵，木头极易燃烧，这能行吗？其实，由于火箭加速很快，在木制舵烧掉之前就已经达到气动舵起作用的速度了，此时的木制舵烧掉也无所谓了。这

里高温和木制舵这一对矛盾，给人们设置了一个思维障碍。

再如，最初发明的火车，机车是用齿轮啮合着齿条形的轨道行驶的，许多学者和权威人士都认为，如果不安上齿轨，机车就会在轨道上打滑和脱轨。这一观念束缚了人们多年时间，火车司炉工史蒂文孙质疑学者的观念，果断用光轮和光轨取代齿轮、齿轨，机车不但没有脱轨，而且行驶速度提高了7～8倍。

（2）思路固定　分析和解决一个问题，内含着一条思路，它往往沉淀在头脑中。再遇到类似问题，习惯用已熟悉了的和习惯了的顺序，固定的路线和确定的方式进行思考而排斥、堵塞其他思路，这就成为一道障碍。

例如，有一次我国国画大师齐白石到外面办事，偶见路边摊主冒其大名卖假画。人们对此常规的想法是用各种各样的办法惩罚摊主。而齐白石却开辟一条新思路——当即收下这名摊主为新徒弟。再例如，爱迪生工作需要知道灯泡的容积，就让助手去测量，助手先测了灯泡的周长、斜度等数据，然后计算，花了很长时间也没算出。爱迪生拿起灯泡，向里注满水，再用量杯量水的体积，很容易得到所需的数值。

体验观念固定

2010年世博会，匈牙利国家馆展出一个名为"冈布茨"的不倒翁，如图4-2所示，猜猜看它为什么倒不了？和我们以前认识的不倒翁有哪些不同？你由此受到什么启发？

图4-2　"冈布茨"不倒翁

【案例1】船？桌子？

什么是桌子？什么是船？桌子安放在哪里？船又在哪航行？最近，有人设计水上酒吧（见图4-3），这里桌子与船取得同一！

图4-3　漂浮的桌船

二、功能固着

1.功能固着的含义

【案例2】莫扎特的"第三只手"

大作曲家莫扎特还是海顿的学生时，曾写过一段曲子，老师竟然弹不了。

世界上会有这种事？的确有，当海顿按着莫扎特写的曲谱演奏时，两手分别弹响钢琴两端琴键时，有一个音符出现在了键盘中间位置。老师试弹了很久，无可奈何地说："任何人也弹不了这样的曲子。"

这时，莫扎特接过乐谱，微笑着坐在琴凳上，弹奏起来，然而，令老师大吃一惊的是，莫扎特用他的"第三只手——鼻子"完成了演奏。

请思考：你有"多功能手"吗？

功能是物品的作用或用途。很多情况下，由于我们习惯了某个物体的常见功能，而忽视其可能潜在的功能，有些问题的解决往往取决于问题解决者将某一个物体去派上别的用途，如果我们想不到或做不到，这就是功能固着了。上例中海顿弹奏钢琴时就完全排除了鼻子等其他器官的弹琴功能。

为什么我们想不到常见的事物的特别用途呢？最主要的原因是思维的惰性，使人不习惯于尝试以新的方式开发原事物新的功能。

2.体验突破功能固着

有一块直立的薄木板、两根蜡烛、一盒火柴、一盒图钉，要求将蜡点燃后固定在薄板上，薄板不能水平放置，请想出至少十种措施。

如果我们想要摆脱功能固定的束缚，就需要建立这样的新观念：

① 我们使用任何某物品，不是需要物品本身，而是需要物品所具有的功能。故不论来自何种理论体系的原理或来自哪个专门领域的结构，只要具有能实现当前任务要求的功能一律可以使用。

【案例3】管道机器人

在核电厂，蒸汽发生器是驱动汽轮发电机组发电的主要设备之一。发生器拥有数千根纵横交错的细小管道，长期使用之后，形成的积垢会腐蚀管壁，及时发现管壁裂缝对于预防核泄漏有着关键作用。苏州大学的学生合作研究一种新型管道机器人（见图4-4），为解决这一问题提供了条件。

这种微型管道机器人，只有成人的半截食指大小，6g重，浑身长着毛刺，乍看像一条放大版的毛虫，机器人在管道内的运动全靠这些毛刺。

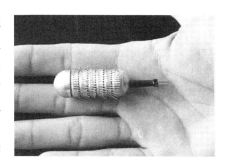

图4-4 管道机器人

机器人的运动基于谐振原理，只需6V电压驱动，利用机器人体内所带的微型电机带动偏心轮转动产生一定的振动，通过毛刺与管壁非对称的碰撞与摩擦，从而驱动管道机器人运动。因为体积较小，这种微型机器人能轻松穿行在直径只有2cm的管壁内，不仅能在管道内做水平或垂直运动，就连穿越90°的"L"型弯管也不在话下，最大移动速度达到4cm/s。在该机器人的头部安装上摄像头等视频设备，工作人员就可以在控制室内安全、仔细地检查众多细小管道了。这种微型管道机器人可以广泛应用于化工、制冷等行业的热交换器在生产、安装过程中的管内质量检测，对已经埋地的旧管道检查也能一显身手。（摘自科技日报）

② 我们所见到的任何物品都不仅限于在该特定的场合使用，还可移植于任何需要类似功能的场合。例如，拉链的开合功能最初用于鞋帽，而现在则被用于缝合手术刀口。再如，如果问你电熨斗能做什么，你可能感到问得如此幼稚：不就是用来熨烫衣服的吗？电熨斗能用来烙饼，电饼铛就相当于两个圆形电熨斗；电熨斗能用来治病，"电熨治疗器"对肩膀疼痛、便秘、发冷等症状确有疗效。

【案例4】太空计划的副产品：神奇的发明

外科记忆金属支架、红外线心跳传感器、胰岛素泵和奥运比赛专用泳衣等数百件发明都是耗资数十亿美元太空计划所研发技术的副产品，一般人看来这些产品看上去都和发明它所依据的技术相距甚远。

基于美国航天局为"海盗"火星探测器研发的卫星零件，有人发明了不间断输送微量胰岛素的自动泵，使糖尿病患者摆脱了每天都要打针的痛苦。

美国航天局兰利研究中心专门研究摩擦和阻力的专家为泳衣制造商提供技术，发明的LZR系列产品游泳衣，帮助用动员提高泳速，据报道2008年奥运会每10名游泳金牌得主中就有9人穿这种泳衣。

将能够因温度变化而弯曲和恢复原形的太空记忆金属用在淋浴阀上，可以防止烫伤。支撑血管的外科记忆金属支架不知挽救多少病患的生命。

我们常见的太阳镜的弹性金属边框、镜片镀膜是为了防止航天员的眼睛被强光灼伤而发明的。

曾一度用来测量遥远恒星与行星温度的技术现在用来监控人的体温——可以在两秒不到的时间里通过测量耳膜发出的能量来测体温。

用来跟踪外太空中宇航员的身体健康状况的红外线心跳传感器，被用于检测心跳速率直接来调整身体锻炼强度。

③ 一个事物的潜功能远大于它的显功能。任何事物都有在时间、空间、功能等多方面潜在的属性，关键你要有发现别人看不到的"眼睛"！

【案例5】异烟肼的新功能

目前人类抗击结核病，采取的有效药物之一是异烟肼（雷米封），然而当年合成异烟肼的科研人员没有意识到他们的产品的巨大药用价值，异烟肼合成约四十年之后，异烟肼极强的抗结核菌的活性功能才被揭示出来，从此结核病不再是不治之症，发现异烟肼具有抗结核菌功能的科学家因此获得诺贝尔奖。

【案例6】铅笔雕塑

有设计师将铅笔作为雕塑对象，创作大量作品如图4-5所示，该设计师被誉为铅笔雕塑家。

图4-5　铅笔雕塑作品

三、结构僵化

1. 什么是结构僵化

功能的实现，取决于结构的创新，但是当我们最早认识的事物具有某种结构，我们就认为事物应该具有那样的结构而不去想可能的变式，这就是结构僵化。结构僵化是指个人在认知上受到结构形态的局限，而不能发现其可以变化的形态，以至于不能创造性地解决问题。

1.有人设计一种有弹性的，立方体形新型玩具，如图4-6所示，猜猜看那是什么玩具？

2.有人设计如图4-7所示自行车，你认为他设计的自行车能骑吗？能在哪里使用呢？

图4-6　立方体形新型玩具

图4-7　方轮自行车

【案例7】小学生的发明——11岁盲童改写盲文书写历史

1829年法国盲人路易·布莱尔发明了盲文书写法：盲人使用带铁尖头的笔按盲文的书写规则，在盲字板凹槽内打点，使得夹在盲板中间的盲纸上留下凹点，盲人阅读时则要反过来摸盲纸上凸起的盲文。这一设计存在三大缺陷：一是读与写的规则不一致，正写反摸，阅读时要反过来摸盲纸上凸起的盲文；二是读与写的顺序不一致，打点是从右往左，而摸读的顺序是从左往右；三是读与写不能同时进行。然而，在过去了的一百多年中，大家都认为盲文书写就应该是这样的，甚至在《爱的教育》这本书中作者借用书中教师的话说："盲童可神奇了，他们会正写反摸。"可是他们哪里知道，盲童在书写时需克服多少困难，才练就这神奇的本领。

直到2005年，这一局面终于被打破了。江苏南通一位名叫季烨剑的盲童在书写盲文遇到了同样的麻烦，同班同学经过几个月的努力就能打出清晰的盲文，她怎么也打不好。因此，她不得不选择复读。这让她十分懊恼，她并没有一味抱怨，她想："这是一个我能解决的问题。"

经历了上百次挫折，设计方案一再推翻，她终于成功了。在老师的帮助下她发明了新型盲文书写器。这种盲文书写器的底板用木料制成，凹面内按盲文的要求用铜制成子弹头状的点，金属点的高度与底板面齐平，书写时盲文纸夹在中间不会产生移位。盲笔的笔尖为钢质内陷的倒子弹头状，大小、深度与底板上的点相吻合，这样书写的盲点饱满，盲纸不破损，打出来的点就是盲人可以直接摸读的盲文凸点。

有了这项发明，盲童季烨剑连夺多项国家级发明金奖，一手制造了"盲文读写方式的革命"，给全世界盲人一种别样的光明。

【案例8】护士设计开口病号服

传统病号服的结构和正常人穿的衣服相差不大，这给治疗疾病带来很多不便，最近，北京一家医院护士们为患者设计了多款开口病号服，解决了这一难题。

在重症监护科，日常护理中细心的纪护士长发现，长期卧床的重症监护病人身上总是插满各种管子——锁穿、点滴、留置针、导尿管等，普通病号服根本无法穿到他们身上。她参考了围裙、大主教的袍子和外国病号服中的元素，设计了圆领、侧开口、有腰带，衣服从肩膀到袖口分为两片，两侧用几组带子连成的一件袍子，患者换药、治疗时不用脱衣服，个人隐私得到保护。

另据介绍，在骨科病房，为方便患者接受术后检查、换药等治疗，骨科的护士们设计了侧开口上衣和侧开口裤子；综合外科护士田丽在病号服上开了四个小窗户，两个在胸前，方便患者检查、换药，一个开在胳膊上，方便糖尿病人注射胰岛素，还有一个开在肋骨处，引流管子可以从这个小口中伸出来，患者戴管行走、坐卧不受影响。

结构的突破带来病号服功能的增加，性能的改善。你能根据工作需要设计工作服吗？你能根据生活需要设计居家服吗？你能想出传统服装的多少种穿脱方式？你能想出生活用品的其他结构、形态吗？

2.体验结构僵化

> 有一个立方体的木块要求只切两刀，把它分成均匀的四分，你能想出多少种答案?

【案例9】挠性钥匙

有人设计类似手表链的挠性钥匙（图4-8），可以适应弯曲的锁孔，防盗效果显著。

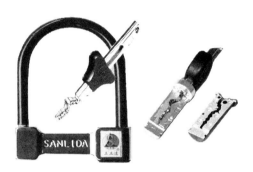

图4-8　挠性钥匙

 基本训练

1.河宽100m，在河两岸有A、B两点相距300m，如图4-9所示。问：在河的哪一部分架桥才可使从A到B的距离最短（桥不允许斜着架）？

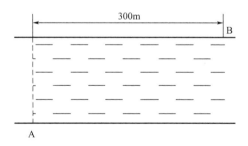

图4-9　过河问题

2.为你所在的居住地设计具有地方特色的公园休闲椅、公共汽车站台指示牌，要求造型独特、功能多样。

3.请解答：

① 用五条直线将下面的九个点连接起来；
② 用四条直线将下面的九个点连接起来；
③ 用三条直线将下面的九个点连接起来；
④ 用一条直线将下面的九个点连接起来。

4.请你从"0，1，2，4，3，7，8，1"中寻找规律。

5.使一用软木制成的瓶塞，同时适用于正三角形、正方形、圆形三种瓶口。

拓展训练

课堂报告：小组合作，借助互联网每组寻找突破思维定势、功能固着、结构僵化所束缚的创新案例各三个，设法突破思维障碍，提出重新解决问题的见解，并写出分析案例中受到的启发，在班级交流展示。

参阅资料

『资料1』错误的预言

① 瑞士在1968年主宰了手表行业。此时一个瑞士人发明了电子表，但这一发明却被每一个手表制造商弃置一旁。根据他们在手表业已有的经验，电子表没有一个轴承或主发条，靠电池驱动，并且几乎没有齿轮，他们确信电子表不可能成为未来的手表。日本精工株式会社的人在1968年的世界手表博览会上看了一眼这项被瑞士手表制造商拒绝的发明，以后就利用电子表赢得了世界手表市场。

② 1899年，美国专利事务局局长建议政府关闭专利局，因为他认为所有的东西都已经发明了。

③ 1923年，著名的物理学家诺贝尔奖获得者罗伯特·米里肯说，人类绝没有驾驭原子的能力。

④ 1861年德国人飞利浦·赖斯发明了传送音乐的机器，这距离发明电话只有一步之遥，所有的德国通信专家都劝他说，这样的设备没有市场，因为电报已经足够好了。15年之后，贝尔发明了电话，他成了亿万富翁，而德国竟成了他第一个最热情的客户。

你认为这些错误的预言是如何作出的？

『资料2』可以"写字"的拖鞋（见图4-10）

『资料3』可以储存衣物的椅子（见图4-11）

图4-10　可以"写字"的拖鞋　　　图4-11　可以储存衣物的椅子

『资料4』运动鞋的广告创意（见图4–12）

图4-12　运动鞋的广告创意

『资料5』自动供油的蜡烛（见图4–13）

图4-13　自动供油的蜡烛

『资料6』具有多角度的橡皮，方便使用（见图4–14）

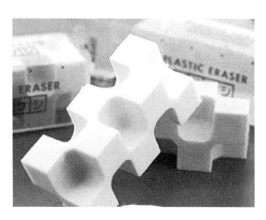

图4-14　具有多角度的橡皮

第二单元
创新思维与训练

创 新 潜 能
开发实用教程

课题5 拓展思维的视角——发散思维与训练

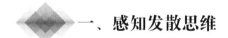

学习目标

拓展思维的视角、开阔创新的思路；

跳出思维定势的束缚；

学会找到思考的方向有序多向思考得到多种答案；

由不去想、不会想、到会想、会有序的想，想得到、想得妙。

学习内容

一、感知发散思维

心理学家认为，发散思维是创造性思维的最主要的特点，是测定创造力的主要标志之一。发散思维要求思考者从一个目标出发，沿着各种不同的途径去思考，探求多种答案。

许多创造者都是借助于发散思维取得成功的，体现发散思维魅力的例子在我们现代的生活及人类文明进程中不胜枚举。

【案例1】山东省肥城念活"桃树经"

山东肥城种植了十万亩桃树，当地农民从多角度、全方位开发利用这一资源做活"桃树经济"

春天卖"桃花"

每到四月，十万亩桃树盛开的花朵构成桃花的海洋。丰富多彩的"桃花节"节目吸引了周边几十万人游桃花园、吃桃花宴、洗桃花浴、购桃木制品……桃花本不是鲜见之物，就像大家都见过水仍向往大海一样，置身桃花的海洋，飘飘欲仙的感觉，让人流连忘返。

夏天卖桃

尽管有十万亩桃树，但桃子成熟后并不愁销路。由于规划合理，桃的品种有早熟的、晚熟的、用于榨汁的、做酱的、酿酒的、鲜吃的，有耐贮藏的、有适合摘下即吃的，有论个卖的"佛"桃、也有整箱外运的"肥"桃，从夏到秋没有桃子烂在树上。

秋天冬天卖"桃木"

桃树速生，大量修剪下的桃枝最早用来烧火做饭。有人发现这一资源，从最早的桃木剑、桃木梳到现在的桃木电话机外壳、桃木茶具、桃木地板、桃木衣箱……别的木头能做的，桃木都能做。他们还请到黄杨木雕刻之乡的工匠，加工桃木工艺品，文化与工艺的融合，提升了桃木工艺品的商品价值。昔日堆在田间地头、房前屋后的"柴火"精加工变成能够祈福辟邪的祥瑞之物，就连手指粗的小树枝也被加工成桃木珠，串成链、制成垫，连榨桃汁、做桃酱后剩余的桃核，也成了雕刻的原材料。

为扩大知名度，他们还申请了世界最大桃园的吉尼斯世界纪录。不仅春天有桃花节，夏天有"肥"桃比赛，桃木雕刻民俗也入选省级非物质文化遗产保护名录。

就这样，一棵棵桃树从花果到枝干，在肥城人的手里幻化出无限商机。

1. 什么是发散思维

从上述例子我们可以感受到，发散思维是一种不依常规、寻求变异、从多方向寻找答案的思维。它要求人们不受已有的知识经验的束缚，把思维方向分散于不同方面，从各个不同的甚至是不合常规的角度去思考问题。

发散思维主要解决思维目标指向，即思维的方向性问题。它在创新思维活动中具有不可替代的作用——为思维活动指明方向。

【案例2】"打印机"的妙用

打印机实质上是将某些物质，按事先设计好的规则运送并涂布在规定的地方。这就有了两个问题：即打印什么和在哪儿打印的问题。你想一想，打印机除了可以在各种材料上打印油墨，还能打印什么呢？打印机还能在哪儿打印呢？

印制食品——可将美味打印在纸上

想象一下，你在看杂志，看到一则比萨饼的广告，你想知道它的味道如何，于是便撕下一页纸尝尝，这是天方夜谭？美国芝加哥一家餐厅首席大厨已将此变成现实。他从网上下载了各种食品的图像，将水果和蔬菜的调和物装入改装后的喷墨打印机墨盒，由大豆和马铃薯淀粉制成的可食用纸装在纸筒。当印制食品滚出打印机后，可以蘸上用酱、糖、蔬菜或脱水奶油做成的粉末，然后将可食用纸油炸、冷冻或烘焙，做成一道道美味大餐。

铺路——可将砖石、水泥"打印"在地面上

只要把砖块喂进自动铺路机的"大嘴"，就出现平整美观的砖块人行道了。这不是科幻影片中的镜头，而是荷兰的自动铺路机工作时的场景。看上去非常奇妙，这台铺路机就像打印机一样为人们方便快捷地铺设人行道。

铺路机的外观像一个放大版的打印机，工人把货斗里的砖块按照一定的序列排在进砖口。砖块进入机器后，混合了石灰、水泥、沙子等材料的黏合剂会把成片的砖块粘接在一起，然后整整齐齐地从出口出来，就像是一张地毯一样铺设在地面上。铺路机混合和喷射黏合剂的方式也和墨盒有些类似，可以很合理地在砖块之间填上黏合剂。按照不同的砖块排列方式，以及不同的砖块颜色，铺路机可以呈现不同的路面铺设效果和花纹，连两边的边框也一同铺设好（见图5-1、图5-2）。

图5-1　铺路机需要人工排砖

三维打印——即将引发制造业革命的新技术（见图5-3）

图5-2　铺路机铺好的路面　　　图5-3　用三维打印机制造的自行车

三维印刷是二维平面印刷的叠加，它先把计算机设计出的图形用激光束打印出平面的"层"图像，有的时候，每一层甚至只有100μm。每扫出一层图像，机器就会铺上一些聚酰胺塑料粉、不锈钢粉或钛粉，激光的热量让两层之间的特殊粒子紧密胶合在一起。一层加一层，原先平面的物质就叠加成最终的立体物。

这有点像是烘烤时膨胀后的蛋糕，因为其结构松散，你甚至还可以逆向拆除产品，就好像从沙堆中抽出一个玩具。如果要印刷更结实的物体，只要把激光束替换成电子

束，它可以令粉状颗粒彻底融化，令物体层级之间更加紧密胶合。三维印刷技术，完全省去了金属切割、研磨等步骤，因此，它给了设计者无限的自由。

三维印刷技术将给制造业带来巨大变革。这种生产技术会给传统制造业带来益处，比如生产线成本更低，废品大量减少，可以制造出传统技术无法生产的零件。今后的工厂，唯一固定的不是生产线，而是一台打印机，生产出的产品却千姿百态，在成本下降的同时，设计和创新却可以不再有任何现实的阻力。它让生产单一的产品变得和大规模生产线出来的产品一样便宜，它可能会对全球工厂制造带来深刻的冲击。有人将这种新技术称为"改变一切"的技术，也有人用"第三次工业革命"的到来形容它的意义。如同没有人能预测到1450年印刷技术，或1750年蒸汽机，或1950年的晶体管带来的影响一样，现在还无法预测三维印刷技术带来的长远影响，但这个技术已经到来，它很可能会改变所有的领域。

2.体验发散思维

你想体验发散思维吗？请思考下面的问题。

> 1.有一只盛满水的玻璃杯，请你在不打破杯子、不倾斜杯子的前提下，在三分钟内想出多种方法取出杯中的全部的水。
>
> 2.怎样把鸡蛋竖立在平滑桌面上？借助于教室中的各种材料、物品，提出不少于十种方法，请讨论。
>
> 3.有两名同学要在学校艺术节上表演一段相声"打招呼"，请你从多角度思考打招呼的方法，要求形象生动、有趣、幽默。
>
> 4.仅借助于肢体五名同学将身体连成一个"五人组合体"，并设法不用脚将组合体支撑起来，支点越少越好。

在上述解题过程中你想出的答案是不是越来越多，越来越奇特？如果是，那么刚才的思维过程就是一个从已知的信息出发，运用已有的知识和经验，通过多种思路，想出多种可能的过程，即发散思维的过程。

3.发散思维的度量

发散思维质量的高低通常从流畅、变通和独特三个方面加以衡量。

（1）流畅性——你想到了多少主意？

流畅性是发散思维数量方面的指标。是指对某一特定信息在短时间内作出众多反映的能力。一个人在规定时间内按要求所表达的东西越多，标志着思维的流畅性越好。

让我们看一下关于杯中取水问题求解中你的思维的流畅性如何？

有人在规定时间内提出的答案有14个：吸管吸、乌鸦吸、棉布条吸、海绵吸、水泵吸、针管吸、滴管吸、热风吹、太阳晒、自然蒸发、用与杯子形状相同比杯略小的橡胶棒挤、将水杯移入低压室或真空室中、插入木条冷冻成冰块后提出。也有人只想出用吸管吸、太阳晒两个答案。这反映了人的思维流畅性的个体差异。

在创造活动中往往首先需要有观念上的流畅性，以便产生大量的新主意。比如，在文学创作中，人们常要选择更多的同义词或近义词来表达同一思想，以避免修辞的重复或枯燥，也是思维流畅性的表现。

（2）变通性——你想到了多少不同种类的主意？

变通性又称灵活性，是指思维具有多方指向，触类旁通，随机应变，不受定势的约束，因而能产生超常的构思，提出不同凡响的新观念。这就要求在思维遇到困难时能随机应变，及时调整思考方式而不只是进行单向发散，从而能提出类别较多的答案。在上述取水的答案中我们也能看到思维的变通性，第一条思路是"吸"；第二条思路想到与"吸"相反的"吹"；第三条思路变到了"挤"；第四条思路转到利用低压使沸点降低；第五条思路是利用物态转变等。

（3）独创性——你想到了多少与众不同的主意？

独创性是指思维的独特性，是指人们在思维中产生不同寻常的"奇思妙想"的能力。这一能力可使人按着不同寻常的思路展开思维，突破常规知识和经验的束缚，得到标新立异的思维成果。独创性要求思维具有超乎寻常的新异的成分，因此它更多代表发散思维的本质。

如果你在上述取水问题中，想出了稀有少见、与众不同的主意，那就证明你刚刚进行的思维具有独创性。

总之，真正有创造性的发散思维应该是流畅、变通、独特三者兼备的。在流畅性提供大量思想的基础上，不断变换着思维的方向，最终得到独特性的结果。因此流畅性是基础，变通性是条件，独创性是目标。

 ## 二、发散思维的创造功能

利用发散思维可以产生大量的创造性设想，这就为创新思考提供以下条件：

1. 有利于产生别出心裁的设想

（1）提供比较设想的条件 发散思维第一个特征是多设想，而多设想才能比较，才能看清某个设想的优点和缺点。哲学家查提尔曾指出："当你只有一个主意时，这个主意就太危险了。"

（2）提高设想的质量 由于发散思维求多，因而思考的范围会越来越大，估计的情况会越来越多，这必然有利于提高设想的质量。

（3）诱发设想产生 发散思维不断地提出一个又一个新设想，那些先提出的种种设想，对后来的设想的产生起到刺激诱发的作用，能引起一种"链式反应"。

（4）激发潜思维 在不断思考和提出众多新设想的过程中，人头脑中的潜思维会被激发和调动起来，积极配合显思维进行思考，从而产生灵感、直觉、想象、联想等创新思维不可缺少的思维活动。

所谓潜思维是指思考者自己意识不到，不能直接加以控制，而它能独立进行信息加工的思维活动。

人的显思维思考某个复杂问题时，尽管思考前并不知道潜思维的存在，更没有给它下达过指令，而它会主动地配合显思维思考，积极地进行起配合作用的信息检查与加工。如，思考问题停一停再想，写完文章放一放再改，学唱某一首歌歇一歇再练，

为什么常会比"一鼓作气"效果好呢？其中就有潜思维的功劳。

2.有利于建立起"一切都是可能的"这样一种人生哲学

我们都知道哥伦布面对贵族的诘难，将鸡蛋出人意外地敲破后立在桌上的故事。你是否还想过将鸡蛋立在桌面上还有多少种可能的方法，你刚刚想到了哪些方法，在此之前你是否想过还有多种方法？

一切都是可能的，我们能否采取措施让这些等式成立呢？

$1+1=1$　　$2+1=1$　　$3+4=1$

$4+9=1$　　$5+7=1$　　$6+18=1$

你有办法吗？

其实，如果你若敢于发散思维，那么，只要给这些数字加上适当的单位名称，其结果就可以成立：

1（里）＋1（里）=1（公里）

2（月）＋1（月）=1（季度）

3（天）＋4（天）=1（周）

4（点）＋9（点）=1（点）（13点即下午1点）

5（月）＋7（月）=1（年）

6（小时）＋18（小时）=1（天）

在如此幽默的问题的外表面下，我们是否看到了一种将不可能变成可能的思维火花，在发散思维面前，所有我们曾认为天经地义的事物，都有可能存在另一种解释。

运用发散思维，挖掘自己的无限可能：

多角度思考我是谁？我有哪些独特的价值？我有哪些可能走的路？进一步完善前述的职业生涯规划书1.0，形成职业生涯规划书2.0。

全方位多角度看待任何事物，任何问题都有多种可能的答案，每个人都有自己独到的价值，人生有无数条可能的路，此路不通还有他路。

3.帮助人发现事物之间的神奇联系和由此带来的无限可能性

借助发散思维寻找新答案的过程，从本质上看就是承认事物之间存在着普遍联系性，去发现在事物表面联系的背后隐藏着诸多不为人知的可能性的过程。

我们所面对的是一个具有广泛联系和无限可能性的世界，其联系的方式和程度比我们所想象的还要复杂。在这复杂的背后，存在着更大无法计算的可能性。大自然无穷无尽的复杂联系和无限可能的安排，给人类搭建起创造舞台，发散性思维便成了一切创造的最初条件。

正如获得两次诺贝尔奖的莱纳斯·鲍林说的："要想产生一个好的设想，最好的办法是先激发大量的设想。"所以，美国心理家吉尔福特才发出这样的感慨："发散思维是创新思维的核心，正是在发散思维中，我们才看到了创新思维最明显的标志。"

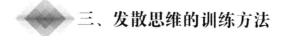

三、发散思维的训练方法

1. 信息交合法（思维魔球法）

（1）信息交合法涵义　许国泰1983年首次提出信息交合法，在我国迅速传播，被应用到很多领域，是一种很有效的有序发散思维方法。其操作步骤如下：

① 从待发散思考的事物中尽可能多的提取信息。

② 分析提取到的信息，找到发散思维的方向，每条信息标代表一个发散的方向（即序）。

③ 将联想到的信息标在相应信息标上，形成一个球形的多维坐标系——大家把它形象地称为思维魔球。

④ 将坐标轴上的信息组合，可以得到许多新的信息。

⑤ 进行筛选，分析、比较、判断做出选择，找所需要的信息。

例如，在一个露天游乐场有一条小河，河水清清，鱼儿畅游。游乐场的经营者想利用这条小河开发新的游乐项目，就如何"渡河"请同学们出谋划策。

面对如此简单的问题，大家很快回答出：①游泳比赛；②捉鱼比赛；③踩高跷过河；撑杆跳过河；④架吊桥；⑤溜索；⑥乘热气球；⑦开水下餐厅；⑧冬天滑冰比赛；⑨被大象驮过河；⑩水中透明观鱼走廊……

这样思考，能不断产生新设想，但思路是杂乱的。若我们将上面的答案进行分类，可以找出思考该问题的各个角度：渡河可以从水上、水下、水中三个空间方位展开思考，可以从不同年龄的消费对象展开思考如"建幼儿浅水戏水捉鱼场"，"建中学生水中漂流场"，"建老年钓鱼场"。还可以从不同季节去思考……

我们仅以空间方位为信息标（序）画出思维魔球，如图5-4所示，就能在短时间内就渡河问题找到多个答案，经过比较判断，可以选出有价值的设想。

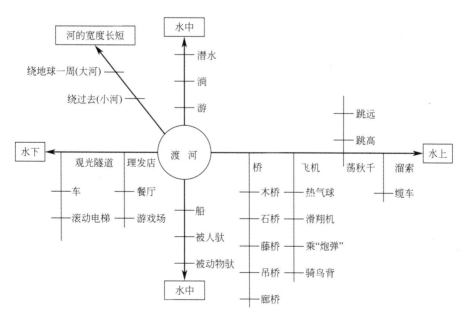

图5-4　关于渡河的思维魔球

（2）体验运用思维魔球进行自由发散思维训练　运用思维魔球可让我们的视角迅速打开，在短时间内有序地想出多个不同角度的思考方向，并产生大量设想，有利于找到与众不同的答案。

例如，设计师对筷子进行设计开发新产品，他首先从筷子中提取信息，然后画出思维魔球（见图5-5），从魔球提供的思维方向中找到新产品的设计思路。

（3）体验运用思维魔球进行有序发散思维训练　序是思维的方向，有序发散思维训练是指按着事物应有属性的各个方向全方位思考，把思维视角打开。比如，一个物品，我们可以从功能、原理、结构、制造、使用、效应（或性能）、维护、价格、时尚、美感等十个角度构建思考的序，提取信息与外部的事物建立联系。

> 请从功能、原理、结构、制造、使用、效应（或性能）、维护、价格、时尚、美感等十个方向对工厂用安全帽、公共汽车候车亭、公园座椅、校园围墙、餐厅餐桌、鼠标垫、天然植物饮料等事物进行思考，画出创新设计的创意思维魔球。

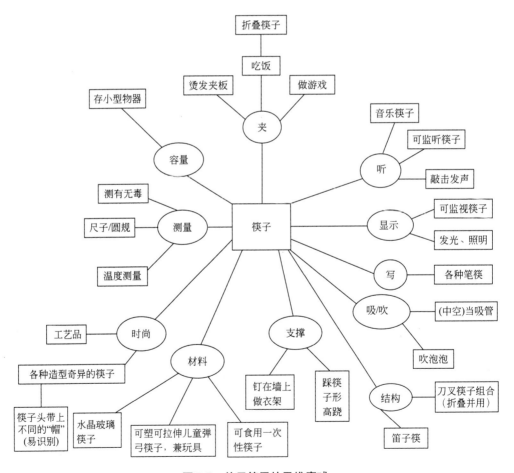

图5-5　关于筷子的思维魔球

2.还原界定思考法

任何问题都有其创造的起点和原点。原点对物来说是它的功能，对事来说是它的本质。创造的原点是唯一的，而创造的起点则可以有很多。创造的原点可以作为创造的起点，但人们创造的起点却不一定是创造的原点。在解决问题的过程中有两种思维方式：

第一种是前人创造的终点作为自己创造的始点，思路仍离不开前人的思路方向，于是创造也只能是前人创造的改进，其结果是改进型的，创造的水平不高，很少获得重大突破。

第二种是从创造的终点按人们研究的创造方向反向追索到其创造的原点，再以原点为中心重新界定问题，进行各个方向上的发散并寻找其他的创造思路方向，移植借用其他领域的新思想、新技术，在新找到的思维方向上重新进行创造，突破前人的思维束缚，往往能取得较大成功，得到突破型创造成果。

还原思考法要求思考者回到原点重新界定问题，以摆脱思维障碍，跳出前人的思路的影响，重复多次有意识地训练还原界定问题能使思维的变通性提高。

例如，洗衣机的原点——将污物与衣物分离，据此原点人们发明各种新型洗衣机：超声振动洗衣机、不用添加洗涤剂的洗衣机、采用光触媒技术的无水洗衣机，进一步拓展思路，如果环境改善衣物再也不脏，也就不需要洗衣机。

笔是常见的书写工具，重新界定笔，常见笔的原点是在规定物品表面上留下可供视觉辨认的痕迹，据此，具有能在物品留下可供视觉辨认痕迹的皆可成为"笔"：

从人自身去考虑，如吹墨成画的嘴巴、点墨成画的手指、走路留下脚印的鞋底、舞者挥动的肢体等……

从使用工具的角度思考，打印机、滚刷、投影仪、喷雾器、计算机键盘……

从留下痕迹原理思考，在瓜果表面让太阳晒上字画、影子、霓虹灯、修剪成形的绿篱……

从对表面的影响程度去考虑，烧灼、涂抹、刻画、堆叠、拼装……

> 请你找出下事物的原点：天平、鼠标、牙刷、鞋子烘干器、手机、公路堵车、迷恋电脑游戏、减肥、课外兼职等。从原点出发结合新技术、新知识、提出产品设计的新思路或解决问题的新方法。

3.六顶思考帽法

发散思维不仅需要用上我们自己的全部大脑，有时候还需要用上我们身边的无限资源，集思广益。集体发散思维可以采取各种形式，比如，六顶思考帽法。

英国心理学家爱德华·德博诺提出的六顶思维帽是思维角色扮演式的多角度思考方法，要求思考者在某一个时刻只按照一种模式思考，而不是在某一时刻做全部的事。六种思维帽简介如下：

① 白帽：纯白，代表的角色是信息提取者，提取纯粹的事实、数字和信息。想象自己是一台计算机，只按需要给出事实和数字。计算机是中性的、客观的，它不提供任何解释和意见。

② 红帽：刺目的红，代表的角色是情感提取者，尽情发表对要研究事物的情绪和

感觉，包括预感和直觉。

③黑帽：黑色代表忧郁和否定，扮演的角色是批评者，尽情提出否定判断。

④黄帽：阳光，扮演明亮和乐观主义者，从肯定的、建设性的角度看问题，找机会。

⑤绿帽：丰产的，扮演创造者的角色，像植物从种子里茁壮成长，意动，激发，拓展寻求各种机会。

⑥蓝帽：冷静和控制，扮演的角色像管弦乐队的指挥，对思维进行调节、控制。

在集体讨论或个体思考时运用六项思考帽，可以从六个角度审视问题、拓展思维视角，分角度思考有序而不混乱，很值得我们学习利用，如希望更深入的学习，可以参阅爱德华德博诺的书籍。

四、发散思维训练的原则

进行发散思维训练应遵循以下原则：

1．当想法出现时推迟评判

当寻找想法时，不论是独自一个人还是一个小组，最基本的原则是在产生想法时不要急于判断、评价或者批评那些想法。没有什么比批评、判断性思考能更快或更绝对地熄灭创新思维的火花了。在考虑到想法的所有隐含的意义之前，过早地去判断并否决某些想法，就会阻碍思维的流畅。不具判断性的思考是动态的和流畅的，让各种各样的想法相互碰撞，会激发意料之外的想法，从而使得到独特性想法的机会成倍增长。

推迟评判还要注意先考虑可能性再考虑可行性，可能性思考是产生未经加工的想法，没有任何的判断和评价；在你产生了最大数量的可能想法之后，再改变为可行性思考，也就是评价和判断这些想法，找出对你来说相对最有价值的想法。

2．尽可能多地提出想法

给自己一个限量，限制最少数量和限制最短时间。限制最少数量，需要你加倍努力不断延伸你的思维触角，把每个思维的方向上想法挖掘穷尽。

最初的想法通常会比最后的想法要差一些。量变可能带来质变，具有独特性的想法往往在最后出现。最初产生的想法通常是最接近我们意识表面的想法，是熟知和安全的答案，也就是在思维定式中的答案。因此，创造性思考依赖于不断地动态思考，时间长得足以清除普通的、习惯性的想法，并产生与众不同的想法。

3．及时记录你的想法

有意识地培养创造性思考的一个习惯是，当你集中思考某个问题时，总是写下或列出你的想法。记录将能帮助你捕获一闪念的灵感，加速你的思考，让你聚精会神，强迫你仔细研究可供选择的想法。

及时记录想法还能帮助你记住它们，心理学家已经证明，人类在同一时间内只能记住五到九个大块儿的信息量，然而，大约12s之后，只能回忆出少数几个；20s之后，所有的信息将完全消失，除非你自己反复阅读或者把它们写下来。书写给你的大脑传递信号，那就是这段信息要比其他信息更重要，应该把这段信息储存在长期记忆中。

如果你不及时记录自己的想法，你将会花费你所有的精力去复活旧的想法，而不是产生新的想法。

及时记录想法具有令人惊讶的效力，因为它避免我们大多数人出现惰性的一面，使我们成为流畅和灵活的思考者。

4. 详细描述和改进这些想法

改变一个事物的一部分，似乎整体就改变了。想法和概念也是同样的，产生很多想法之后，通过精心阐述、增加细节、深度和内涵，坚持不懈地改进你的想法和其他人的想法，可以使你的想法延伸。

5. 问题可能需要多次发散与收敛才能解决

发散思维不是目的而是手段，在打开思路后提出各种想法后，要进行分析、比较、判断，即通过收敛做出选择，要抓主要矛盾和矛盾的主要方面，要树立相对最优的观念。

 五、发散思维的两个分支——侧向思维与逆向思维

1. 侧向思维

感知侧向思维：

教室的墙上有两片污渍，请想出多种方法比较哪一片的面积大些？

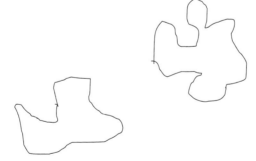

【案例3】茅台酒一摔成名

在1915年巴拿马世界博览会上，以农业产品为主力的中国展品，一开始没有多少特别吸引力，每日参观者不是很多。茅台酒更是装在一种深褐色的陶罐中，不仅包装本身就较为简陋土气，而且又是陈列在农业馆，杂列在棉、麻、大豆、食油等产品中，根本一点也不起眼。有一天工作人员无意间失手打碎了一瓶茅台酒，四散飘逸的酒香，吸引了很多人来到中国展台，工作人员顺势打开几瓶酒，浓郁茅台酒香在大厅扩散，人们来到茅台酒的展柜前争相品尝，就这样把视觉转换为嗅觉和味觉，让包装粗陋的茅台酒成为知名品牌，并荣获大奖。

2. 什么是侧向思维

（1）侧向思维的含义　常规思维就像水从山坡上流下来，汇集在凹地，而后又流入河道一样，沿着逻辑的通道去思考；侧向思维则有意开挖新渠道来改变水流，或者在旧渠道上筑坝堵水，让水溢出去，以新的方式流动。

侧向思维是一种能产生新想法的思维方式，它的创造性品质来源于两点：其一，它可以使人排除"优势想法"所造成的直来直往的线性思维，避开经验常识逻辑的羁绊；其二，它能帮助人借鉴表面上看来与问题无关的信息，从侧面迂回或横向寻觅去求解问题。

（2）体验侧向思维

有一个长方体形的实心铁块，一把直尺，要求用直尺一次量出该立方体体对角线的长度（可借助身边的物品）。

（3）运用侧向思维的方法　侧向思维具有利用"局外"信息来发现解决问题途径的能力，它主要是采用侧向转换的方式来运作的。侧向转换是指不按最初设想或常规方法直接解决问题，而是将问题转换成它的侧面问题，或将解决问题的手段转换成侧面手段的思考方式，如"曹冲称象"将不能分割的大象转换成能分割的砖石，解决了大象称重的问题。

【案例4】自动洗碗机的销售策略

自动洗碗机是一种先进的厨房家用电器，然而，当美国通用电器公司率先将自动洗碗机推上市场时，却无人问津。按照过去的经验，只要用广告媒体实施心理上的"轮番轰炸"，消费者总会认识到自动洗碗机的价值的。于是，他们在各种报纸杂志、电视广播上反复宣传"洗碗机比用手洗更卫生，因为它可以用高温水杀死细菌"。在电视广告里，他们还表演了清洗弄得一塌糊涂的盘子的过程，以展示自动洗碗机对付那些难于清洗的餐具的能力。

结果又是如何呢？一切"高招"都用尽了，人们对洗碗机仍是敬而远之。而消费者认为，男人和十来岁的孩子都能洗碗，自动洗碗机在家中几乎没有什么用，自动洗碗机这种华而不实的"玩意儿"将损害"能干的家庭主妇"的形象。一部分人则不相信自动洗碗机真的能把所有的碗洗干净，还有一些人虽然欣赏洗碗机，但认为它的价格难以接受。

无奈之下，公司智囊们经过一番分析推敲，终于悟出一个新的营销方案：将销售对象转向住宅建筑商人。为了证明自动洗碗机的商业价值，通用电气公司和建筑商共同做了一次市场实验：在同一地区，对居住环境、建造标准相同的一些住宅，一部分安装有自动洗碗机，一部分不装。结果，安装有自动洗碗机的房子很快卖出或租出去了，其出售速度比不装自动洗碗机的房子平均要快两个月。这一结果使住宅建筑商感到鼓舞。当所有的新建住房都希望安装自动洗碗机的时候，通用电气公司生产的自动洗碗机便曲径通幽迎来了"柳暗花明又一村"的局面。

3.逆向思维

（1）感知逆向思维

【案例5】孙膑智胜魏惠王

战国时著名兵法家孙膑来到魏国求职，魏惠王听说孙膑很有才，故意习难说："听说你挺有才能，如果你能使我从座位上走下来，就任用你为将军。"魏惠王心想：我就是不起来，你又奈我何？

孙膑想了想对魏惠王说："我确实没有办法使大王从宝座上走下来，但是我却有办法使您坐到宝座上。"魏惠王心想：这还不是一回事，我就是不坐下，你又奈我何？便从座位上走下来。

这时，孙膑马上说："我已经使您从座位上走下来了。"魏惠王方知上当，只好任用他为将军。

（2）什么是逆向思维　逆向思维是指不按照常规思路、与自然过程相反，或与事物的常规特征、一般趋势相违的思维方式。逆向是相对于正向而言的，正向思维是一种"合情合理"的思维方式，而逆向思维则似乎有悖情理，不合传统。

逆向思维作为一种思维方法是有其客观依据和客观原型的。辩证唯物法对立统一规律揭示了：任何事物或过程，都包含着相互对立的因素，都是相反的对立面的统一体。事实上，任何事物都有正反两个方面，人们按正面思路的设想往往趋于雷同或平庸，如果有意识从反面去想问题，就有可能得出具有创造性的设想。

（3）运用逆向思维的方法　运用逆向思维，首先要明确问题求解的传统思路，然后以此为参照物，尝试从影响事物发展方向的诸要素方面进行思维反转，以寻求新的创见。

大多数人习惯于从一个固定的角度或方向思考和考虑问题。因此，如果有意识地从与原来相反的方面思考和处理问题，就可能获得意想不到的成功，产生出许多未曾见过的新事物，这就是逆向思维的创造功能。

① 原理逆反。所谓原理逆反，就是将事物的基本原理，如机械的工作原理、自然现象规律、事物发展变化的顺序等有意识地颠倒过来，就可能产生新的原理、新的方法、新的认识和新的成果从而导致创造。

例如，发明家将发电机的原理反过来发明电动机，人类步入电气化时代。将电池的原理逆反，发明电解，化学工业由此腾飞。再如，常规看电影人静止电影片移动，反过来可以让人动而影片静止，据此有人发明地铁电影，将图片反向放在地铁隧道壁上，当人乘地铁前进时可以看到正向放映的电影。我们生活充满智慧的策略如欲擒故纵、欲盖弥彰、以屈求伸、将计就计等，更是逆向思维的写照。

【案例6】双向旋转发电机

发明家苏卫星翻阅国内外科技文献，发现发电机共同的构造是各有一个定子和一个转子，定子不动，转子转动。他想能否让定子也"旋转起来"呢，通过实验他成功了，他发明的"双向旋转发电机"定子也转动，发电效率比普通发电机提高了四倍。

② 属性逆反。一个事物的属性是多种多样的，有许多属性是彼此对立的或是成对出现的，如快与慢、软与硬、滑与涩、干与湿、直与曲、柔与刚、热与冷、空与实等。人们往往习惯于识别事物的一方面属性而不会想或不愿想其相反一面的属性。属性逆反，就是有意地以与某一属性相反的属性去尝试取代已有的属性，从而进行创造活动。

1924年，德国青年马谢·布鲁尔产生了用空心材料替代实心材料做家具的思想，并率先用空心钢管制造椅子，一直风靡至今。1995年，福州市一中学生将普通的积木全改为空心，并装进适量的沙子使其重心可以移动。这种空心积木可以拼、搭出普通积木所不能组成的异型图案，尤其是适合各种动物形态的搭拼，表现出很强的创造性。

【案例7】慢递邮局

有人开设慢递邮局，当你把信存到邮局缴纳投递费用，邮局会在未来的某时将信送到收信人的手中。慢递邮局很好地契合了都市人的心理需求，人们寄信的动机可能不尽相同，有人为了祝福，有人为了宣泄。很多在生活中不便直接表达的情绪，通过拉长收信时间，可以有效缓解寄信人的尴尬和焦虑感，帮助减压。当你选择让亲友或自己等待一封未来将至的信，其实就是在有意识地放慢脚步，感受时间的传递与寄托。

当时间一旦成为催促生命的"紧箍咒"，满街都上了紧了发条的匆忙步履，大家一味向前赶，难以停下来思考时，如果当你决定提笔给未来的自己或某人写信时，在本能上已然不再单纯受制于时间的压迫，而转为美好的憧憬。

③ 方向逆反。由完全颠倒已有事物的构成顺序、排列位置或安装方向、操纵方向、旋转方向以及完全颠倒处理问题的方法等而产生新颖结果的创造，都属于方向逆反逆向思考的范围。

例如，1927年，德国乌发电影公司在摄制世界上第一部关于太空旅行的科幻故事片《月球少女》时，为了加强戏剧性效果，导演弗里茨·朗格想出了在火箭发射时将顺数计时发射程序"1、2、3，发射"改为"3、2、1，发射"。这一颠倒极大地加强了使人思想集中，因而引起了火箭专家的兴趣，这就是具有创造性的"倒计时"的由来。

又如，建筑楼房自下而上建造和自上而下建造；电冰箱的上冻下藏和下藏上冻；体育锻炼的退步走、倒立爬、下山比赛、自行车慢行比赛；再如我们爬楼梯上楼是楼梯静止人动，有人反过来想人不动让楼梯动从而发明电梯等，与一般的想法和做法完全相反的思维常能够引发创造。

④ 大小逆反。对现有的事物或产品，即使单纯的变化其尺寸大小，有时也能导致性能、用途发生变化或转移，从而实现某种意义上的创造。

⑤ 缺点逆用。任何事物都有用两重性，从一个角度看是缺点和问题，从另一面思考缺点和问题可以向有利和好的方面转化。如某造纸厂因在生产过程中忘了掺进糨糊，致使生产出的纸张不合标准，一写字就洇成一片。面对着这种废纸，有人利用逆向思考，结果获得一种新型吸墨纸的发明专利。

废物是放错地方的宝藏，尝试将所谓的废物变成宝吧！

【案例8】让烟道气给微藻"喂"碳

微藻是一类能进行光合作用的低等植物，它能高效地利用光能、二氧化碳和水进行光合作用产生氧气并合成碳水化合物，这些化合物可被加工成多种形式的生物能源，越来越多科学家认为微藻生物能源是最有潜力代替传统化石燃料解决当今能源危机和环境污染问题的可再生能源。

科学研究表明，通过补充二氧化碳能提高工业化微藻养殖的光合作用效率，从而提高微藻生长速度，同时在一定范围内增加养殖环境中的氮氧化物和硫氧化物浓度也能大大加快某些种类微藻的生长。

为实现2030年"碳达峰"与2060年"碳中和"目标，我国正在研究实施多种减少碳排放或增减碳固定的措施，其中有科技工作者实验将工厂排出的烟道气"喂"给微藻，利用微藻的光合作用特性，让微藻吸收烟道气中的二氧化碳、氮氧化物和硫氧化物，不仅能够促进微藻生长，高效获得微藻生物质，更进行烟道气固碳减排，实现了废弃物资源化利用。

基本训练

1.根据事物的属性进行发散思维训练

（1）材料发散　材料发散就是以材料为发散点，设想它们多种可能的用途的思维活动。

【例】尽可能多地写出或说出领带的各种用途。

衣服上加一条领带既美观又有风度。

领带的背面，可当手帕用，吃过东西，随时可擦。

防止伤风。

可以当围巾、裤带用。

必要时亦可擦皮鞋。

还可以……

① 尽可能多地列出镜子的妙用。

② 写出或说出旧光盘的各种用途。

③ 通常公共汽车的功能仅仅是交通工具，售票员只卖票，你认为公交公司在公交车上还可以提供哪些服务，以满足乘客的其他需要，并增加其经济效益。

④ 写出或说出发霉的面包的各种用途。

（2）结构发散　结构发散是以某种结构为发散点，设想具有该结构的各种可能的的物品的思维活动。

【例】找出包含半圆形结构的东西，并写出或说出其名称。

初升的朝阳、半个月亮、莲蓬、伞、眼镜、酒杯、甲虫……

① 找出包含三角形结构的东西，并写出或说出其名称。

② 写出或说出"立方体"结构的东西。

③ 写出或说出像"书"结构的东西。

④ 检索或画出像蒲公英种子结构的东西。

（3）功能发散　功能发散是指以某种功能为发散点，设想获取该功能各种可能性的思维活动。

【例】 如何达到照明的目的？

点油灯、开电灯、点蜡烛、用镜子反射太阳光、划火柴、烧纸片、用手电筒、点火把、燃篝火……

① 怎样将一种液体从甲地运送到乙地？

② 怎样高效地利用太阳能？

③ 怎样给脏运动鞋去污？

④ 如何使手机快速充电？

⑤ 尽可能多地写出"保持教室人走灯灭"的各种方法。

（4）方法发散　方法发散就是以人们解决某种问题的方法为发散点，设想出各种可能性的思维活动。

【例】 利用"吹"的方法可以办成哪些事？

吹气、吹灰、吹疼痛的伤口、吹肥皂泡、吹喇叭、吹口哨、吹蜡烛、吹蒲公英、把热水吹凉、吹旺灶火、吹泡泡糖、吹净眼中的灰尘、吹塑料袋、吹玩具风车、吹口琴、吹笛子、吹糖人……

① 用"翻"的方法可以办成哪些事？

② 用"踩"的方法可以办成哪些事？

③ 用"爆炸"的方法可以办成哪些事？

④ 奶粉是由液态牛奶加工制成，你想一下还有哪些液态物品可以加工成粉状，从而便于携带、保存。

⑤ 列出帮助睡眠者在规定时间醒来的多种方法。

（5）因果发散　因果发散是以事物发展的因或果为发散点，设想出由因及果或由果及因可能性的思维活动。

【例】 说出决定苹果味道好坏的原因。

苹果的品种、产地位置、海拔、日照时间、成熟程度、采收质量、保鲜方法、存放时间、盛装容器……

① 学生上课迟到原因有哪些？

② 交通拥堵，原因可能有哪些？

③ 如果人的早餐只吃一片药就能保证足够的营养，会对社会生活产生什么影响？

④ 纸张的消耗越来越多，为造纸我们不得不砍掉更多的树木，影响生态环境。你能想出更多、更新颖的主意来降低纸张消耗吗？

（6）关系发散　关系发散就是尝试思考某一特定事件所处的复杂关系，通过对这些关系的分析，从中寻找出相应的思路。

【例】 你与社会各方面和各种人物会有什么关系？

我是老师的学生、电影院的观众、广播的听众、小张的邻居、商店的顾客、图书馆的读者、公园的游客……

① 太阳与自然界的哪些事物有关系？

② 互联网对人类生活有哪些积极影响？

③ 纳米技术的产生会对社会有哪些影响？

④ 老龄化快速到来会对社会生活有哪些影响？

2.侧向思维训练

请你分析创新思维方式并尝试用于问题解决。

① 有一家图书馆要搬迁，在预定迁址日的前一个月，贴出海报，图书馆的书不限数量借阅但还书要到新址，这是为什么？

② 将海盐用于食用之外的其他用途，请想出十种方法。

③ 在不打开汽车、飞机等发动机机体的情况下，如何检查内部零件的磨损情况？

3.逆向思维训练

① 网球没有充气孔，用久了的网球因气体泄漏弹性降低，如何给网球快速充气？

② 有一个小姑娘喂宠物后因为不愿意洗盛宠物食物的勺子，发明了一种新型的宠物食勺，你想她发明的勺子会是什么样的？

③ 有一个人经常丢钥匙，你能采取什么措施帮助他？

④ 警察用在路上查酒后驾车并予以处罚的方法，难以杜绝酒驾，请你逆向思考，提出多种有价值的设想。

⑤ 普通的水龙头需用手拧开关，洗手后关闭水龙头手又被污染，请你提出各种解决方案。

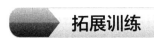

训练一　关于伞的发散思考

1.训练目的

有序发散思考。

2.训练内容

从伞的功能、结构、使用、携带、收纳等多角度思考，创新者发明了各式各样的伞来满足人们的需求。仔细观察、分析以下伞的图形，想一想，从这些设计中你受到哪些启发，你来设计新型的伞，你会如何思考？设计其他物品时从这些设计中你能借鉴什么？任选一种商品，利用互联网搜索该商品的不同类型，找出每种商品的创新点，进一步分析人们的需要，进行新产品的开发、设计。

（1）伞的使用（见图5-6）

图5-6　伞的不同使用类型

（2）伞的组合设计（见图5-7）

高尔夫球杆伞

可以利用三面收集雨
水，并能净化为饮用水

浪漫情侣伞

伞面可以发光的伞，利
用雨水产生的压力发
电，带动伞面发光

图5-7　伞的组合设计

（3）伞的功能扩展（见图5-8）

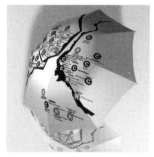

显示地图的伞

显示温度变化的伞

雨水敲击伞面不同位置发
出不同声音，可以用雨点
"演奏"音乐的伞

防风的伞

太阳能发电遮阳伞

可以照明脚下的伞柄灯

图5-8　伞的功能扩展

（4）伞的结构移植（见图5-9）

伞形的水槽

伞形水果盘

伞形的灯罩

图5-9　伞的结构移植

（5）为谁打伞（见图5-10）

从伞的保护对象去考虑设计的各种保护伞

图5-10 伞的保护对象

（6）伞的收纳（见图5-11）

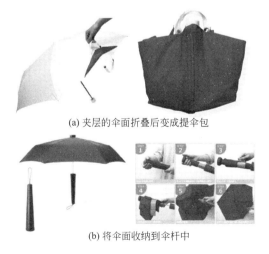

(a) 夹层的伞面折叠后变成提伞包

(b) 将伞面收纳到伞杆中

图5-11 伞的收纳

训练二　食神大比拼

1.训练目的：学会多角度提取信息。

2.训练内容：小组合作运用发散思维、联想、想象，完成菜品设计，突出思维的变通性和独特性。

3.操作方法

① 给定原材料：西红柿、土豆、长豆角、白菜花、茄子，调味品足量。烹饪设备齐全。

② 从色泽、香气、味道、造型、营养、食客类别、价格等多角度思考设计十道菜。

③ 写出菜品名称、寓意、烹饪方法、食用方法。

④ 以新颖性、独特性、寓意深刻为评价标准。

训练三　设计闹钟

1.训练目的：学会多角度发散思维。

2.训练内容：小组合作运用发散思维、联想、想象，完成闹钟设计，突出思维的变通性和独特性。

3.操作方法：参考以下给出7种闹钟，从功能、原理、结构、使用和维护等多角度思考设计闹钟。要求"闹"的安静，既不影响他人，又有提示效果，如图5-12所示。

图5-12　闹钟的不同种类

训练四　创新的价值——变废为宝案例搜寻

1.训练目的：学会逆向思维。

2.训练内容：小组合作，寻找将生活中的"废品"运用逆向思维制作有用的东西的案例。以案例新颖性、创造性、价值型为评判标准。

示例：喝空了的饮料杯和吸管有什么用？有人在吸管内放置LED小灯，再将电池和连接线藏在杯中，一盏阅读灯便做好了，如图5-13所示。

图5-13 阅读灯

训练五 家乡特产的开发

1.训练目的：发现以前看不到的，想到以前想不到的。

2.训练内容：运用发散思维、联想、想象，完成家乡特产资源开发方案，突出思维的变通性和独特性。

3.操作方法

① 你的家乡有哪些特产资源？

② 这些资源（人文历史资源、自然物产资源、工业产品资源等）被充分利用情况如何？

③ 运用发散思维设计家乡特产开发的方案。要求画出思维魔球，并分析、比较、判断选出有新颖性、实用性、价值型的方案，并在随后的课程中不断完善，最终据此提交一份创业计划书。

参阅实例：1.蒲公英又名婆婆丁、婆婆丁菜、黄花地丁、属菊科。蒲公英属食药兼用、有开发价值的多年生草本植物。《中国花卉报》1996年报道，美国新泽西州的瓦因兰德被称为蒲公英"王国"，现有17个种植场，种植面积达25公顷，每年的产值达40万美元，这里的蒲公英是一种农作物，主要是栽种法国培育的品种。蒲公英用作食物主要是叶、未开的花蕾和根，如用醋浸可做凉菜及作咖啡的代用品。这里的蒲公英食品主要运往纽约、巴尔的摩和费城的商店和饭店。在这个小城市里，市长每年都要举行一次"蒲公英"宴会，在宴会上客人们能品尝到各种以蒲公英为原料做的风味独特的菜肴。

2.目前，蒲公英已在中国的辽宁、吉林、黑龙江、河北、浙江、内蒙古等省（区）进行栽培，寒冬腊月市场仍有供应，效益看好。如今它已成为国内外亟待开发的特种蔬菜，被视为是一种资源丰富，分布广泛，生长旺盛，繁殖快速，营养全面，药用多效，得天独厚的"绿色食品"和"营养保健品"，受到国内外人士的青睐。

3.另有报道，有人培育可供观赏的蒲公英品种，用于园林绿化。

4.蒲公英当果实成熟时，花葶顶端就变成了一个白色的、蓬松的小绒球，风吹来后，一簇冠毛带着一颗果实，被吹到四面八方，活像一个个小伞兵飘落到远处。浙江

大学的学生，仿照蒲公英设计了一种安装了传感器的灯，只要一吹，就能把灯吹灭，像吹蒲公英一样。这种灯的秘密是一个"人机"互动的开关，只不过不是用手按的，而是用嘴吹的。

5.2010年上海世博会英国馆创意来源就是蒲公英。

6.接下来，你来想吧……

训练六　发散思维训练——创业精英挑战赛

1.训练目的：学会团队合作，体验多角度思考，体验发自内心的成就感。

2.训练内容：操作方法：利用90min时间，完成公司组建、经营计划书撰写、经营计划书提交、自由交易、盈利核算、团队经营感悟撰写、演讲分享、个人感悟撰写等八项内容。

3.操作方法：

（1）公司组建命名，由5～8人组成一个公司，每个公司取一个公司名称，名称要求有创造性。（10min）

（2）制订经营计划阶段（10min）

由教师提供等额原始资产：用筹码代替，可以用六种不同颜色圆形筹码，六种颜色每种各6片，每个公司36片。

分析领到的筹码，每个公司各自讨论并确定本公司的经营计划：

① 确定一种主导产品（一种颜色的筹码价值10"班元"）；

② 确定一种辅助产品（一种颜色的筹码价值5"班元"）；

③ 确定一种一般产品（一种颜色的筹码价值2"班元"）。

其他产品由于不是自己的经营范围，不得分。

（3）提交经营计划书

各公司的经营计划书包括以下内容，上交后这个经营计划不允许改变。

① 公司名称；

② 公司成员姓名；

③ 主、辅、一般产品的确定；

（4）交易阶段（25min）

交易方式不限，可以在任何公司之间交易，唯一原则就是交易买卖你情我愿。

（5）盈利核算（5min）

通过市场自由交易，活动结束后统计经营结果，资产多者为优。

（6）经营感悟撰写

每个公司写一份（10min）。如何运用发散思维，如何团结协作，制订计划和实施交易中你们采用了哪些思维方法，交易中的得和失等，假如再来一次你们的打算如何。

（7）演讲分享（30min）

每个公司派代表，做上台2min演讲，全部演讲结束后老师总结评鉴。

（8）个人感悟撰写（课后完成）

你在活动中扮演什么角色？你和同伴如何集思广益？制订计划和实施交易中你采用了哪些思维方法？假如再来一次你想怎样做？

参阅资料

『资料1』许国泰的思维魔球 ❶

1983年，首届全国创造学学术会议在广西南宁市召开。日本创造学家村上幸雄应邀前来讲课。期间，风度潇洒的村上先生捧来一把回形针，问："请诸位朋友动一动脑筋，看谁说出回形针的用途多而奇特！"片刻，一些学员代表踊跃回答：回形针可以别相片，夹稿件，钩物，做鱼钩等20余种用途。有人问："先生能说多少种？"村上先生莞尔一笑，伸出了三个指头。"30种？"先生摇头。"300？"村上点头。人们惊讶，佩服。村上紧了紧领带，扫视了一下那些流露着不信任的眼睛，用投影展示着他那几百种关于回形针的用途……

这时，有一个人坐不住了。他递了一张纸条："关于回形针的用途，我能说出三千种，三万种！"村上先生就请这个人上台给大家介绍他的结果。只见他从容地在黑板上写道：村上幸雄回形针用途求解。听众的注意力一下子被吸引过来了。他说："大家和村上先生讲的用途可用四个字概括：钩、挂、别、联。要启发思路，使思维突破这种格局，最好的办法是借助于简单的形式思维工具——信息标与信息反应场。"

接着，他把回形针的总体信息分解成重量、体积、截面、弹性、形状、颜色等10个要素。再把这些要素用标线连接起来，形成一根信息标。然后，再把与回形针有关的人类实践活动进行要素分解，连成信息标，最后形成信息反应场。

这时，在现代思维之光照射下的这枚普普通通的回形针，马上就变成了孙悟空手中的变幻莫测的金箍棒。只见他从容地将信息反应场的坐标不停地组合，回形针的各种用途就连续不断地展现在人们面前：

在数学中，把它做成1、2、3、4、5、6、7、8、9、0，再做成＋、－、/、＜、＞等符号，用来进行四则运算，运算出的数量就有一千万、一万万……

在音乐中还可以作曲谱。

回形针还可以做成ABCDEFG……abcdefg等等外文字母用来拼读外文。

回形针可以与硫酸发生化学反应生成氢气，经过磁化后可以做成指南针。它的主要化学成分是铁，铁与铜化合为青铜。铁与其他金属化合后还可以生成成千上万种化合物……

如此看来，回形针的用途可以是无穷无尽的。

台下一片寂静。

著名化学家温元凯感叹不已："简直是点金术！"

此人是谁？他，就是许国泰！他所介绍的就是他发明的信息交合法，人称"思维魔球"。

『资料2』"提纯"与"掺杂"实验

20世纪60年代，日本索尼公司以江崎玲于奈博士为核心，全力投入新型电子管的研制。为了造出高灵敏度的电子管，人们一直在提高锗的纯度上下功夫，当时锗的纯度已达到相当高的程度。

---

❶ https://baike.baidu.com/item/%E4%BF%A1%E6%81%AF%E4%BA%A4%E5%90%88%E6%B3%95?fromModule=lemma_search-box

有一个刚出校门的黑田由里子小姐，担任提高锗纯度的助理研究员。她初出茅庐，实验中屡屡出错，免不了受到江崎博士的批评。一天，黑田发牢骚似的对江崎说："看来，我才疏学浅，难以胜任提纯锗的研究工作，如果让我干往锗里掺杂的事，可能要干得好一点。"黑田的话突然提醒了教授：如果一点一点往锗里掺加其他物质，会出现什么结果呢？于是，教授立即安排黑田小姐朝着相反的方向做实验。当黑田把杂质增加到1000倍的时候，终于发现了鲜为人知的电晶体现象，在此基础上又发明出一种新的电子元件，使电子计算机的体积缩小到原来的十分之一，运算速度提高十几倍。江崎玲于奈博士由此荣获诺贝尔物理学奖。

『资料3』少装油的圆珠笔

圆珠笔是一种使用方便的书写工具。用很小的圆珠作笔尖的设想，可追溯到1938年匈牙利拉德依斯拉奥丁·拜罗的发明。拜罗圆珠笔专利中采用的是活塞式笔芯，有油墨经常外漏的缺点，这使得曾一度风行世界的"拜罗笔"，在20世纪40年代几乎被消费者所抛弃。1945年，美国企业家米鲁多思·雷诺兹为回避拜罗笔的专利，开发出依靠重力输送油墨的圆珠笔，并将其投入市场。但这种笔仍未解决油墨外漏的难题，所以也未得到消费者的欢迎。人们认为圆珠笔的市场前景广阔，思考解决漏油问题的办法一直没有停止。人们分析漏油的原因是圆珠磨损变小，从而使油墨从磨损间隙漏出。针对这种原因，有人就在提高圆珠的耐磨性上做文章。由于圆珠的硬度和笔头的耐磨性是一对矛盾，所以无论怎样提高两者的硬度都不能使问题得到满意的解决。1950年，日本发明家中田藤三郎有一天突然想到，有人做实验发现圆珠笔写到两万个字左右时才开始漏油，那么我们减少圆珠笔中的油墨总量，使其书写到大约15000个字时油就用完了，不就可以解决问题了吗？这个久而未决的难题很快得到了解决。

创 新 潜 能
开发实用教程

课题6　搭建思维立交桥—联想思维与训练

学习目标

学会把不相关的事联系起来，寻找原有的共同点，探索新的联系；

通过相似、相关、对比几种联想的交叉使用以及在比较之中找出同中之异、异中之同；

知道如何提高创新思考中联想面的宽度、深度和精度；

学会运用联想发现有价值的创新点或为研究课题找出路。

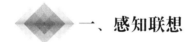

学习内容

一、感知联想

1.体验联想

（1）冰箱和树叶有哪些相似？冰箱和猫有哪些相似？能否从树叶和猫具有的属性中找出给冰箱的创新带来的启示？

（2）城市的高层建筑越来越多，你从建高楼、用高楼、高楼维修等多角度思考有哪些新的需求？

2.联想的涵义

联想思维是指人们通过某一事物、现象由此及彼地想到另一事物、现象的思维活动。通过联想甚至可以使看上去毫不相干的事物之间发生联系。它是通过对两种以上事物之间存在的关联性与可比性，去扩展人脑中固有的思维，使其由旧见新，由已知推未知，从而获得更多的设想、预见和推测。

联想思维可以将两个或多个相似、相近或相反的对象联系起来，发现它们之间的相似、相近或相反的属性，从中受到启发，发现未知，做出创新。联想思维是重要的创新思维方式之一，科学技术上的许多科学发现与技术发明都来源于人们的联想。

【案例1】橡树形高效太阳能电池

美国纽约州的初中生艾丹·德威尔，在一次野外徒步旅行时发现橡树树叶和树枝按着一定规律排列，回家后查资料知道原来橡树树叶和树枝排列遵循斐波那契数列。德威尔认为这样的排列方式一定有它的道理：树枝选择这样的方式生长，这既保证了绝大多数树叶都能接受到阳光照射，也避免了阳光直射和由此产生的阴影，利用阳光的效率最高。

艾丹·德威尔设想，如果能按照斐波那契数列架设太阳能电池，应该会获得意想不到的效果。为证实这一想法，德威尔对树枝和树叶的排列进行了研究，并用量角器等工具进行了测量和计算。而后用PVC管材和太阳能电池板按着斐波那契数列的排序方式制作出了一个小型的"太阳能树"。为了便于对比，德威尔还制作了一块同样面积的平板式太阳能电池，并在两个装置上都安装上了电压读数器，观察两者捕获阳光能力的差异，如图6-1所示。

图6-1　太阳能电池树

实验结果表明，树形电池装置产生的电力比平板阵列多出20%以上。特别是在冬至前后，那时太阳在天空中的最低点，树形设计产生的电力能多出50%，而且不需要任何的偏角调整。每天的有效光照时间延长了2.5h。

艾丹进一步去研究其他树种，改进电池树的模型，以确定如何用于制造更高效的太阳能电池阵列。艾丹的设计为他赢得了2011年美国自然历史博物馆的年轻博物学家奖。

【案例2】神奇护手药方的价值

我国古代名著《庄子》首篇中记载着这样一个故事：宋国有个人世代以漂丝洗絮为业，他家祖传一种不龟裂手的药，可以在漂洗工作中保护双手。有个客人听说后，愿出百金购买其药方。这个人召集全家商量说："我家世代以漂洗为业，只赚得很少的钱，今天卖出药方，可得一笔巨款，就卖了吧！"

这个客人得到药方，就去游说吴王。原来这时正值越国来攻打吴国，因为天寒地冻，又逢水战，士兵双手多有冻裂，苦不堪言，严重影响战斗力。客人献的药方，派上了大用场，吴国士兵一鼓作气，大败越军。吴王非常高兴，对献药方的人重赏并封地。

同样一种保护手的药，由于客人能由"漂洗护手"联想到"作战护手"，其作用和价值就发生了巨大变化。

"联想"一词中的"想"代表从记忆"仓库"中提取信息，而"联"则代表发现关系。如果我们将看到、听到、触到、嗅到、尝到的事物有意识的同别的事物联系起来思考，寻找原有属性中的共同点，探索新的相似处，把它们"联"系在一起，即形成"联想"。

二、联想思维的创造功能

美国心理学家梅德尼克将个体的独创性视为远距离联想能力，他认为创造过程是组合相互关联的元素，使之成为一个满足新要求的新的联结，人的创造性就是那种在意义距离遥远、表面上看似不存在联系的事物中建立新联系的能力。

据统计，有40%的新事物、新观念是由联想产生的，另有20%的新事物或新观念的出现也与联想有关，因此，那句有名的广告词"人类失去联想世界将会怎样"，才如此的深入人心。

联想思维可以使事物之间建立起广泛的联系。对创造而言，重要的就是要把表面不相干的事物联系起来，而不是单纯的回忆、回想。联想的价值在于它能把无关的事物联系起来，形成新的观点、提出新的概念、得到新的创意。联想不是先找到有关系的不同事物才联想，而是把不同的事物联想起来找关系。

运用联想进行创造有两种常见方式：

1.运用联想发现创造的课题

【案例3】室内攀岩机

跑步机让"路面"动起来，使人与路产生相对运动节约空间，有人照此设计攀岩机，如图6-2所示，绳子不断下移，攀岩者要不断将身体上移，就像在真的攀岩一样，实现室内体验攀岩的目的。

图6-2　室内攀岩机

2. 运用联想为课题找到解决方案

【案例4】向蝗虫学习"智能避让"

如今蝗虫将不再仅仅是蝗灾、饥荒，甚至死亡的代名词。英国纽卡斯尔大学的克莱尔·林德博士发现了蝗虫运动生理系统的一些防撞诀窍，在汽车设计中成功应用并实现了从前认为完全不可能实现的"智能避让"。

研究人员发现蝗虫躲避碰撞的技能非常娴熟，迁徙中的蝗群密度可达每平方公里8000万只成虫，但它们却能保证互不相撞，同时每一只都能巧妙地远离掠食的鸟嘴。原来蝗虫辨别物体接近或者后退的方式，是通过观察物体的图像是否还在其每只复眼的视觉范围中运动。蝗虫的神经传感器是一个能够瞬间迸发能量的视觉中间神经元，当物体靠近时快要撞上来时，神经元电流的频率会不断地增大，如果将它做成模块放入汽车电脑当中的话，它就能成功地探测碰撞。

高端科技——雷达就是人类受蝙蝠启发研制的。如今，我们又从蝗虫身上得到灵感，努力开发提高汽车安全性能的技术，这一研究成果即将引发汽车工业的革命。

三、产生联想的三种途径

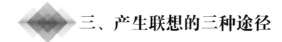

1. 相似联想

（1）相似联想的涵义　相似联想是指由一个事物或现象的刺激想起与它相似的其他事物或现象的联想。相似性是人脑对事物内在联系的一致性的认识，多角度观察不同事物，就会发现与不相干的事物实质上存在着相似性，如现象的相似、原理的相似、结构的相似、功能的相似、材料的相似等，这些事物的相似性可以成为互为相似联想的引线。

（2）相似联想的运用　在解决某一问题时，把不同事物联系起来，异中求同即找到共性或内在联系，把一个事物的属性赋予另一个事物，从而得到解决问题的模式、途径、方法、过程。

【案例5】可变色的物品

我们研究事物温度变化高低、时间延续长短、作用力的大小、伤口愈合程度等代表事物属性发生变化的量值，实质上存在内在的相似，如采用视觉接受变化程度的信息，就可用颜色的改变来显示。下面给出一些具体应用实例，请进一步思考利用变色你还可以做什么？

① 温显水龙头（见图6-3），不同的颜色代表水温的高低，醒目易于操作。

② 可以变色的口罩，能够及时显示体温的高低；而利用随温度变色的衣物，又可提示环境温度高低，如图6-4所示。

③ 随时间变色的包装盒、标签可以显示食品储存的时间变化，及时提醒保证食用安全，如图6-5所示。

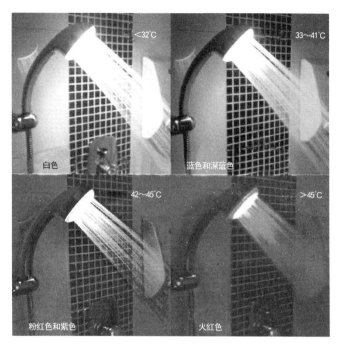

图6-3　温显水龙头

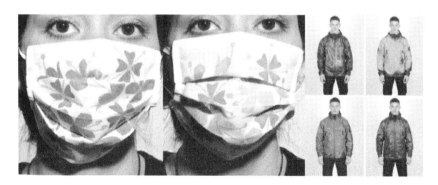

图6-4　变色显温口罩与服装

图6-5　变色包装、标签

④ 随时间长度改变颜色的开关，能提示用电时间长度，提醒节约用电，如图6-6所示。

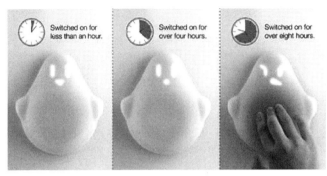

图6-6　随时间变化改变颜色的开关

⑤ 随受力大小的改变而变色，受压力大，"坐墩的亮度高"，如图6-7所示。

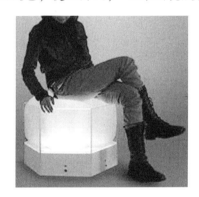

图6-7　随受力变化而变色的坐墩

⑥ 拧紧螺钉时，螺钉头部的颜色发生改变，当颜色变到一定程度提示螺栓已经被拧紧，避免过度拧紧时使螺栓过载，如图6-8所示。

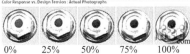

图6-8　变色螺钉

⑦ 如图6-9所示，变色创可贴可以显示伤口的愈合情况。

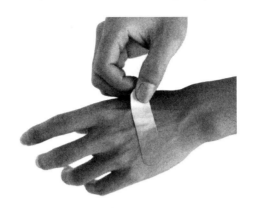

图6-9　变色创可贴

【案例6】"跑马杯"

跑马灯是中国传统灯具，当上升的热气推动灯罩内部的马形画片转动时，就像真得有马在一圈圈奔跑一样。有人设计出"跑马杯"（见图6-10），放置杯子的浅碟由双层陶瓷嵌套而成，转动碟子时杯子可以保持不动，浅碟上的跑马图案会反射到咖啡杯外侧镜面上，给人"窗"中跑马的假象，奇趣盎然。

由"跑马灯"你还能联想到什么？

图6-10　跑马杯

（3）体验相似联想

> 1.找出下列事物得相似之处：雨水与汗水、小草与玫瑰花、拉杆箱与洗衣机、乒乓球运动与排球运动、书签与桃花、大海与鞋。
> 2.多角度思考，哪些事物可以实现"伸缩"功能？
> 3."磁悬浮"这一原理可以用于解决哪些问题？
> 4."语音"提示这一功能，可以用于哪些场合？
> 5.右图与哪些事物相似？运用发散思维展开相似联想。

2．相关联想

（1）相关联想的涵义

【案例7】菜谱餐盘的创意

将菜谱做成餐盘的形式，是不是非常有创意呢？名为"午餐书"，菜谱餐盘赢得了"米兰世博会2015"餐盒系列设计比赛的第一名。它由来自世界各地的不同菜谱组成，既传达了相关的烹饪信息，也可以供人们在米兰世博会期间当作真正的餐盘使用，如图6-11所示。

如此美丽的菜谱做餐盘稍稍有点可惜，如何在给出爱心的同时也送出一份惊喜，请你进一步设想这样精美的餐盘的非凡用途与意义。

图6-11　菜谱餐盘

相关联想是由一种事物联想到与在属性、空间或时间上与之相关的另一事物的思维过程。

世界上的事物总是在属性上、空间上或时间上蕴含着与其他事物的联系，发现这些联系，巧妙地拓展事物的联系圈，把属性上、空间上或时间上距离较远的事物联系在一起，就能产生出一个个新的创意。

（2）体验相关联想

居室地面漏水不能及时处理会带来严重后果，为解决这一问题有人设计，漏水报警器，在地面上放置一些检测物，一旦有水会自动发出报警信号，如图6-12所示。请运用发散思维提出不少于10条相关联想，并思考与之相关蕴含哪些可能的创新点。

图6-12　漏水感应报警器

3. 对比联想

（1）对比联想的涵义　对比联想既是指对于性质或特点相反的事物的联想，又是对于一个事物的共轭性的联想。有些不同事物之间存在着相反的特征或对立的属性，由此及彼促使联系建立创意产生；而一个事物从它的物质性考虑，可分为客观存在的实部与虚部；从它的结构性考虑，可分为硬部与软部；从它的对立性考虑，可分为正部和负部；从它的动态性考虑，可分为显部和潜部。对比联想可以让我们更全面地认识事物，处理矛盾。

【案例8】对比联想创新实例

情景1：正与负——正压防护服与负压环境

新冠病毒会在空气中传播，如何防止病毒随空气扩散？构建负压环境。转运病人需要采用负压的救护车、救治病人要采用负压病房；患者可以自由运动，但医护人员要穿上密不透风的防护服，工作非常辛苦。

由负联想到正，既然负压可以保证内部的病毒不向外扩散，那么让防护内的空气压力高于环境的空气压力既采用正压，环境中可能含有病毒空气的也就不会进入服装内部，正压防护服保护了穿着者的安全。

意义重大的正压防护服诞生了。

情景2：实与虚——智能制造与数字孪生

在一个智能制造工厂建成前，如果我们要了解它的厂房及生产线，可以去看它的数字化模型，这就是智能制造工厂设计的数字孪生Digital Twin，此时数字孪生是一个物理产品的数字化表达，利用数字孪生人们可以在虚拟的赛博空间中对工厂进行仿真和模拟，并将真实参数传给实际的工厂建设。

在一个智能制造工厂运行中，数字孪生又成为实现制造信息世界和物理世界的互联互通与集成共融的有效手段：

一方面，数字孪生能够支持制造的物理世界与设计数据构成的信息资源之间的虚实映射与双向交互，从而形成"数据感知——实时分析——智能——精准执行"的实时智能决策闭环；

另一方面，数字孪生能够将设备运行状态、环境变化、突发扰动等物理实况数据与仿真预测、统计分析、领域知识等信息空间数据进行全面交互与深度融合，从而增强制造的物理世界与外部信息世界的同步性与一致性。

情景3：潜与显——碳排放与甘蔗渣吸管

很多人见过塑胶吸管卡在海龟鼻子、海鸟啄塑胶喂食幼雏的震撼画面，为治理塑料吸管带来的环境污染，人们去寻找各种替代塑料吸管的方案。

有人用甘蔗渣制作吸管，表面看来比塑胶吸管环保多了，但实际上，现有技术没办法制造100%甘蔗渣吸管，要添加聚乳酸PLA才能做成的。聚乳酸PLA来自玉米、红薯等植物是可以降解的，但是聚乳酸PLA必须在特定的温湿度及特殊的厌氧环境下才可能分解，而且，有研究表明，聚乳酸分解过程能增加温室气体排放量，加剧地球的极端气候。

情景4：软与硬——艺术设计与农作物增产

在农村的田野，有艺术家设计架设发光设施，在夜晚用灯光照射作物，制造灯光秀表演，使农田变身可供游览的艺术画卷。原以为，农田艺术只是增加了农田艺术价值，事实上此举更大的收获是科学合理的灯光照射促进了作物生长，并能驱除害虫，进一步促进作物增产。

艺术设计与农田的联系可谓一举多得。

（2）体验对比联想

（1）从常见相反特征如动与静、黑与白、快与慢、吹与吸、高与低、实与空等，发现不同事物之间联系，列举成对的发明或文化创意案例。

（2）找一感兴趣的事物分析它的共轭属性：实与虚、正与负、软与硬、潜与显，做出创造性设想。

 四、联想思维训练

1.培养联想意识

不断提醒自己要目光犀利，对事物反应敏感，看重不起眼的事，对任何事物都想探个究竟，自觉从感觉到的事物思考感觉不到的事物，习惯把毫不相干的事联系起来思考，学会从客观事物中感觉出或醒悟到事物之间的关系，而这种关系原来不存在，或者别人还没有认识到。

体验联想意识培养：

请思考我国实施的"创新驱动发展战略"、"双碳目标：2030碳达峰、2060碳中"和"乡村振兴战略"，列出你所关注的领域正在发生的变化，运用联想从中捕捉有价值的信息，发现就业、创业新机遇。

2.积累联想素材

利用互联网搜集联想材料，积累联想知识，拓宽联想视野，增长信息储存的量度，加大联想的空间，使联想的深度、广度、精度增加。

3.多角度认识事物

联想能力同观察问题的角度有关，同观察事物的方法有关，同观察事物的条件有关。运用发散思维不断变换观察认识事物的视角，留心奇异、考察重复、变换条件，抓住规律，促使产生远距离联想。

4.概念联想能力的训练

概念是对感觉到的事物进行概括，概念联想就是从一种概念联想到或联想出别的概念，并形成或提出新概念。概念联想能力训练关键是打破概念之间"老死不相往来"

的界限，跨越知识分类储存的"鸿沟"。

5. 利用焦点法进行强制联想训练

焦点法是以某一特定事物为焦点，依次与选择的事物构成联想点，寻求新产品、新技术、新思想的推广应用和对某一问题的解决途径。焦点法是美国C·H·赫瓦德创造的方法。

下面以沙发设计为例，将焦点法的实施过程作一说明。

（1）要研究的项目定为焦点，沙发即为思考焦点。

（2）另任选一个内涵丰富的事物作为刺激物。如选荷花为刺激物。

（3）提取刺激物的特征，与焦点联系起来思考，提出各种沙发新设想（见图6-13）。

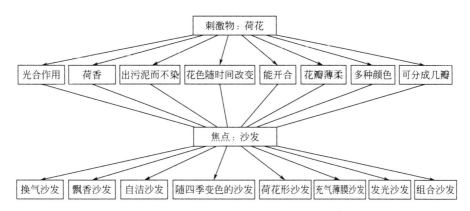

图6-13 利用焦点法发明新式沙发构想 ❶

① 飘香沙发。
② 充气薄膜沙发。
③ 荷花形沙发。
④ 自洁沙发。
⑤ 随四季变色的沙发。
⑥ 光合作用的沙发。
⑦ 发光沙发。

……

（4）上述想法可进一步发展，如上面第2个设想"充气薄膜沙发"，分别以"充气"和"薄膜"进一步设想。充气→用时充气→便携式囊袋充气后为沙发→浮在水面上的沙发……；薄膜→超轻沙发→变色沙发→自修复沙发→可变形沙发……。

（5）经过分析、比较、判断从上述设计方案中选出有市场竞争力的沙发试制。

利用焦点法产生的联想的结果有的可能很荒唐，有的则有一定价值，有的需就某个答案进行更深一步的联想。在使用焦点法时，每产生一个层次的联想，就意味着突破该事物的一种属性，强制联想可以形成许多待用的解决方案。

---

❶ 罗玲玲.创新思维训练【M】2版.沈阳：东北大学出版社，2006.

基本训练

1.写出与下列词汇相关的、相似的及相反的词各10个。

雨、雪、橘子、桌子、椅子、电灯、钢笔、玻璃、表、广场、云、针、钢夹、绳、吸管、耳朵、眼睛、手、气球、花、树叶、书、桃花、风。

2.自由联想：看到初升的朝阳让你产生哪些美好的联想？由高速公路你会联想到什么？看到盛开的梨花、桃花、枣花、槐花……让你产生哪些联想？

3.强制联想练习：要求对每一种物品变换20种不同的形容词。

会说话的娃娃、自动铅笔、调频收音机、不怕风的雨伞、不怕雨的书包、方便鞋套。

4.强制联想练习：任意选择名词、动词、形容词将若干个，将选定的词随机分列在平面坐标系的两个坐标轴上。

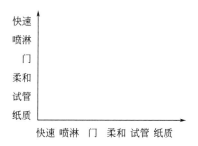

5.运用焦点法提出一种高层建筑玻璃外墙清洁机器人的创新构想。

拓展训练

训练一　创造性解决问题

我们知道，当人轻拉汽车安全带时，能够将安全带拉出很长，如果突然用力拉安全带，安全带却被锁住不会被拉长，这正是安全带起到保护作用的原理。我们是否想过这一原理还能用于那些相似的场合？广州的小学生做了以下发明，你想一想，安全带的原理和功能还能用于解决哪些问题，而解决误踩油门问题还可用哪些技术手段？

背景：在路面交通中，我们常常看到这样的例子：驾驶者尤其是新车手遇到危急情况时，由于紧张反应不过来，误把油门当刹车猛踩。结果，本来可以避免的悲剧发生了，轻微的事故变得严重了。广州番禺德兴小学的3名小学生巧用汽车安全带卷，设计的"误踩油门制动装置"，可以有效阻止驾驶者关键时刻的错误动作，使加大油门的作用无法实现。

"误踩油门制动装置"是在油门踩板底下安装两个相连的齿轮，下方右侧拉着一条长弹簧，左侧是一个汽车安全带卷。长弹簧、安全带卷及油门踩板通过一根钢杠联为一体。当司机以正常的力度踩油门时，弹簧收缩自如；当司机在遇到紧急情况、把油门当刹车踩时，因为紧张和焦急，此时司机踩踏的力度往往都特别大，于是左侧的安全带卷会在瞬间绷紧，钢杠随之被牢牢地固定，接着油门踩板也被固定住而无法动。

训练二 我的发现——案例分析

1.目的

理解设问法，寻找可供学习、借鉴、模仿的榜样。

2.训练内容

利用互联网搜集利用联想思维进行创新的案例并作出分析，案例类型与关注点见下表。

案例类型	重点关注
相似联想	如何发现事物的相似性，从功能、原理、结构、制造、使用、维护、效能、价格、时尚等哪些方面利用相似性 是利用联想发现创新课题，还是为课题找到思路
相关联想	如何发现事物之间的关联性、事物内部属性之间的关联性，如何发现相关需求，如何判断需求的价值 是利用相关联想发现创新课题，还是为课题找到思路
对比联想	如何发现事物之间的相对性、事物内部属性之间的共轭性，如何利用相反求索发现创新课题或为课题找到解决思路

备注：要求从共青团中央"挑战杯"作品库中检索收集案例。
案例类型为技术发明、文化创意、大学生创业、社科论文等。

3.实施策略

根据自己的兴趣选择项目，自主拟定分析方案，撰写案例分析报告。所选案例典型且适度综合、语言表达流畅、图片有震撼力。

老师根据案例分析四个不同层次的深度给出成绩。

第一层次，案例分析与基本概念相符。

第二层次，基于所分析的案例，提出自己的独到见解。

第三层次，将案例中包含的创新思维或方法移植到其他领域解决其他的问题，由此产生新的创意。

第四层次，将创造性设想进一步设计形成有价值的技术方案。

4.案例分析报告呈现形式

有两种呈现形式可供选择：

① 用 Word 文档，可借鉴下表的形式，表格尺寸根据内容调整。

作者	学号	班级	作品编号
案例名称			
基本内容			
创新点			
产生的价值			
你受的启发			
由此产生的创造性设想			

② 用幻灯片呈现，自己设计格式分析案例：基本内容、创新点、产生的价值、对你的启发、由此产生的造性设想。

训练三　连续21天每日一个创新设想

1.训练目的

根据心理学21天养成一个习惯的原理，要求学生连续21天，每日产生一个创造性设想。每天拿出一定时间用于创新思考，综合运用发散思维多角度思考，借助联想、想象，突破功能固着、结构僵化、思维定势，养成创新的习惯，并能体会到发自内心的胜利感和自豪感。

2.训练内容

创造性设想的内容有以下六方面组成：

（1）发现创新课题　发现麻烦、不满、问题、困难及需求，洞察问题等。

（2）寻求解决问题或困难的方法　寻找可应用的资料、资讯、资源、分析、储存记忆，尝试各种意见等。

（3）寻找最佳处理方案　发现、洞察解决方案，综合、确认、新答案的产生等。

（4）评估及验证　参照项目17评估及验证设想。

（5）发表、沟通与应用　要求用简图表示说明发明的结构与组成。

阐述其原理与功能，分析其新颖性、科学性与实用价值，指明其优势所在和开发前景。还要预计在开发过程中可能遇到的问题与困难。有可能时应做出实物或模型。

（6）检索与申请专利

3.训练要求

每天抽出固定时间，集中精力思考，在后续的课程中连续坚持每日一个创造性设想，思考时要学有所用，一定要养成习惯。

作品最终呈现形式参阅项目17发明实践的相关要求。

参阅资料

『资料1』防毒面具的发明

在第一次世界大战期间，德军第一次使用了化学毒剂。结果致使5万英法联军士兵中毒死亡，战场上的大量野生动物也相继中毒丧命。可是这一地区的野猪竟意外地生存下来。这件事引起了科学家的极大兴趣。经过实地考察，仔细研究后，终于发现是野猪喜欢用嘴拱地的习性，使它们免于一死。当野猪闻到强烈的刺激性气味后，就用嘴拱地，而泥土被野猪拱动后其颗粒就变得较为松软，对毒气起到了过滤和吸附的作用。根据这一发现，科学家们很快就设计、制造出了第一批猪嘴形状的防毒面具。但这种防毒面具没有直接采用泥土作为吸附剂，而是使用吸附能力很强的活性炭，猪嘴的形状能装入较多的活性炭。

『资料2』以纸代布

用纸代布，制成纸衬衣领、纸领带、纸太阳帽，纸内衣、纸结婚礼服等一次性产品，色彩鲜艳，造型别致，价格低廉，在国际市场上甚为走俏。

『资料3』联想生财

在澳大利亚的一个超级市场上，就有一位靠商业气象学发了横财的经理，名叫约·道尔顿。

早年，道尔顿在瓜果经营中，发现销售额居然与天气变化有极大的关系。于是，他求教于统计学家，一起分析发现了西瓜销售与气象的关系符合概率论的某种分布函数。他还与气象台签订合同，以便及时得到长、中、短期天气预报与气象要素情报。

有两年，道尔顿的公司每年都在酷热的月份到来之前，根据天气情况和气象预报，和瓜农签订大批的买卖合同，并购进大量西瓜存放在冷库里。由于那两年夏季高温持续时间长，西瓜十分畅销，该国各大城市瓜果紧缺，唯独道尔顿公司货源充足。到了第三年，由于道尔顿事先获得了夏季将出现长期阴雨天气预报。正当未掌握天气情况的人按惯例争先恐后对西瓜囤积居奇时，他却大批削价处理西瓜。结果，阴凉天气形成"马拉松"后，同行中只有道尔顿不为西瓜大批腐烂而苦恼。接下来，道尔顿不仅因此变成了资本雄厚的大亨，还成了澳大利亚著名的商业气象学家。

在我国，也有不少懂得利用气象预报把握时机、做活生意、取得可观效益的精明人。据报载，湖南省一家皮鞋厂的厂长，在看到电视上映出"长沙，雪，–4℃"时，随即在地图上圈出怀化、宁乡等20多个地区，并随即让办公室发出20多封电报，结果收到不少要货的回电，一下子推销掉毛皮鞋几千双！

创新潜能
开发实用教程

课题7 给智慧插上翅膀——想象思维与训练

创新潜能

学习目标

揭开想象思维的神秘面纱；
理解想象认知加工信息过程；
学会运用想象建构新事物。

学习内容

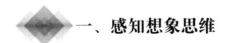一、感知想象思维

【案例1】吴承恩《西游记》中的蟠桃园

　　王母娘娘的蟠桃园有三千六百株桃树。前面一千二百株，花果微小，三千年一熟，人吃了成仙得道。中间一千二百株，六千年一熟，人吃了霞举飞升，长生不老。后面一千二百株，紫纹细核，九千年一熟，人吃了与天地齐寿，日月同庚。

【案例2】小灵通的预言

　　我国作家叶永烈，从1961开始创作《小灵通漫游未来》、《小灵通再游未来》和《小灵通三游未来》。历经四十多年不断补充，叶永烈借"小灵通"的眼睛为我们打开未来之门，展示充满想象力的美好生活画面。

在《小灵通漫游未来》中想象出的"环幕立体电影"、坐在车里看电影的"汽车电影院"、"原子能气垫船"、"电视手表"、"嵌在眼睛里的眼镜"——其中"隐形眼镜"、"电视手表"、"现代农业工厂"等已经实现。

书中描述的小灵通前往"未来世界"，乘坐的是"原子能气垫船"。如今，气垫船已经很普通，尽管小灵通乘坐的以原子能为动力的大型气垫船，还没有出现在世界上，但是已经不很遥远了。

小灵通在未来世界乘坐的雨滴形"飘行车"，不仅能在地面行驶，而且能够在空中"飘行"。这种"飘行车"，也定将成为现实。

人们在头脑中出现的关于事物的形象被称为表象，心理学家把人在头脑里对已储存的表象进行加工改造，创造新形象的过程称为想象，想象是一种特殊的思维形式。

1. 想象的种类

根据想象时有无目的和意识，可以把想象分为无意想象和有意想象。

（1）**无意想象** 没有预定的目的、不自觉地产生的想象。它是当人们的意识减弱时，在某种刺激的作用下，不由自主地想象某种事物的过程。

（2）**有意想象** 按一定目的、自觉进行的想象。根据想象内容的新颖程度和形成方式的不同，可分为再造想象、创造想象两种。

再造想象是根据语言文字的描述，在人脑中形成相应的新形象的过程。再造想象形成的条件：

① 要求有充分的记忆表象作基础，表象越丰富，再造想象的内容也就越丰富。

② 再造想象离不开词语思维的作用，它实际上是在词语指导下的形象思维的过程，所以要正确理解语言及图样标志的意义。

创造想象是不依据现成的描述而在人脑中独立地创造出事物新形象的过程。创造想象具有首创性、新颖性和独立性的特点。

【案例3】水上漂浮公园

随着城市化进程的加快和污染问题的日益严重，野生动物的生存环境正逐渐恶化。在寸土寸金的都市里，为野生动物建设开阔的栖息家园几乎是一种奢望。英国《每日邮报》近日报道说，荷兰著名"漂浮屋"设计师科恩最近推出了他的解决办法：设计一款水上漂浮公园，可以为多种野生生物提供良好的栖息环境。

科恩此次设计的水上漂浮公园分为水上和水下两个部分，两部分均被分割成了多个不同的层次。漂浮在水面以上的部分，呈上大下小的火炬状，可栽培各种绿色植被，并为鸟类、蜜蜂、蝙蝠、水禽等小型动物提供一个天然的栖息地；水下部分呈塔状，在当地气候条件允许的情况下可培育人工珊瑚礁，供小型水生生物栖息。

水上漂浮公园的建造将使用类似海上钻井台的建造技术，并由海底缆绳固定。公园的体积，可根据所在地水位的深浅来灵活调整。为了保护公园的生态环境，四周没有铺设可以通往公园的道路，人们只能在海岸边观赏这道海上美景。

水上漂浮公园主要是针对拥有大型水体的城市而设计。设计师之所以设计这种方

案，是因为现在已经很难在城市内陆地上拓展公园区域，他认为河流、海洋、湖泊和港口等开放区域可以有很好的利用价值。

2. 体验想象

（1）为解决日益严重的能源危机和环境问题，未来科学家培育出一种多功能植物，请你借助想象描述这种植物的外观、功能、生长方式。

（2）假如你有可能和外星人接触，现在预先设想外星人可能的形态，与你的沟通方式，接下来会发生的事情等，把你的想象，画成图画或写成文章，在班级交流展示。

3. 想象思维加工信息的常用方式

（1）组合　人们为什么可以想象出一些本来不存在的东西？又能怎么控制大脑将想象的东西改变？这是因为，人们想象事物时，其实是用储存的各种类别信息片段组合并模拟事物，由于组合可以多种多样，当然也可以组合出本来没有的事物了。在这些组合中，属性的组合最为明显，比如：先想象一个"海绵垫子"被一个重物用力压下的变形后的样子，我们似乎能看到海绵"凹"的样子，现在，我们赋予这个垫子于"瓷"的属性，然后再想象用重物用力压它，是不是在我们眼前浮现的垫子不再"凹"进去了呢？所以我们可以把不同事物的某些方面和特征在头脑中结合在一起能够形成新形象。

【案例4】欧宝汽车广告

如图7-1所示，在一次汽车展览会上，"欧宝"不仅将"车"穿在模特的脚上，不仅走在T台上，也走到了参观者的心中，别样鞋子吸引参观者涌向展台，争睹"欧宝"风采。

图7-1　广告鞋

【案例5】文科女生发明神奇墨水字迹可定时消失

人们常看报纸杂志，厚厚的一叠报纸看过之后就扔了，如果能回收就好了。

有了这个想法，安徽工业大学审计专业四位女生，找到化学老师借用实验室，查阅相关资料，经过多次实验找到了神奇墨水的配方。这种墨水是由氢氧化钠、百里酚酞、酒精等配置而成。它们在空气中产生反应后，用这种墨水写成的字就会消失。她们还做过几组对比实验，只要改变氢氧化钠和酒精的比例，就能控制字存留的时间，就是说可以控制这个字是24小时以后消失还是3天后消失，这样可以达到节约纸和保留信息的双赢效果。

【案例6】衣服水洗监测纽扣

有些衣服，在保养时一定要干洗，但有些干洗店为降低成本，偷偷将衣服水洗。武汉一中的尚文坤杰同学发明的"干洗判别标识"，是将一些耐180℃高温的颗粒装进1枚经改装、背面有小孔的透明纽扣中，再将其铆到服装商标上，就成了一个"干洗判别标识"。送干洗店洗后，如果纽扣中颗粒的性状没有改变，就表明是干洗的；如果是水洗的话，颗粒遇水会发生化学反应，变成糊状。

（2）夸张　对客观事物的形象中的某一部分进行改变，突出其特点，从而产生新形象。

【案例7】收藏阳光的罐子

用太阳能电池板做罐子的盖，将一盏LED灯藏在罐中，将罐子放在阳光下晒上8个小时。入夜，收藏在罐中的"阳光"，带给你别样的光明，如图7-2所示。

图7-2　收藏阳光的罐子

【案例8】声波项链

有人发明声波项链，可将声音的波形转换成真实的三维模型（见图7-3），把它做成项链，你想说的话也能"看得见"。

请思考，除此之外，利用声波的模型，你还能想到能做成什么？

图7-3　声波项链

（3）人格化　对客观事物赋予人的形象和特征从而产生新的形象。

【案例9】渴急了会"晕倒"的花盆

随着花盆中水分的变化，花盆会发生倾斜，如果花盆中的水分含量过低，花盆会晕倒，用花盆的姿态来动态表示花盆中的水分含量，仿佛花盆也会"说话"（见图7-4）。

图7-4　会"晕倒"的花盆

【案例10】"爬树"自行车

为解决自行车停放占用地面问题，有人设计"爬树"自行车，将自行车放在空中，如图7-5所示。

图7-5　会"爬树"的自行车

（4）典型化　典型化是根据一类事物的共同本质特征来创造新形象。例如，在文艺创作中作家通过艺术想象和虚构，对现实社会生活中复杂现象进行拆分、提炼、概括、集中，塑造出既富有鲜明个性又具有一定社会意义的形象。常见的典型化途径有几种：一是以自己熟悉的某一生活原型做"模特"，再融入所熟悉的其他生活原型的信息；二是将散见在各个生活原型中的信息进行提炼加工，"拼凑"成具有鲜明个性特征的典型形象；三是将生活中虽属少见，但预示着某种新生力量的事件和人物进一步开掘、扩大，塑造出具有一定社会意义的典型形象。鲁迅笔下的阿Q、祥林嫂等就是人物典型化的结果。

 ## 二、想象思维的创造功能

凡是有意想象总具有创造的功能。文学艺术家们对想象在创作中的作用自不多说，科学家、发明家和技术革新能手们对想象在创造中的作用也都倍加推崇。爱因斯坦关于想象的论述更是尽人皆知了，他说："想象力比知识更重要，因为知识是有限的，而想象力概括为世界上的一切，推动着进步，并且是知识进化的源泉。"严格地说，想象力是科学研究中的实在因素。在实际创造过程中，想象的创造功能反映在以下几方面的作用上。

1.超越现实功能

（1）替代功能——在头脑中建构问题解决过程。

人们在面对问题情景、产生需要尚未得到满足时，常常在头脑中出现需要得到满足和问题得到解决的情景，这种情景是对现实的一种超前反映，是对未来的一种预见。想象的预见是以具体形象的形式出现的；而思维的超前反映是以概念的形式出现的。这就是说，当人们面对问题情景时，头脑中可能存在两种超前系统：一种是形象系统，一种是概念系统。一般认为，若问题的原始材料是已知的，解决问题的方向是基本明确的，解决问题的进行将主要服从于思维规律；如果问题的情景具有很大的不确定性，由情景提供的信息不充分，解决问题的进程将主要依赖于想象。

（2）补充功能——借助想象人们能突破时间和空间的束缚，感知过去、预见未来。

想象这种特殊的思维形式能突破时间和空间的束缚，弥补人类认识活动在时间与空间上的局限和不足，达到"思接千载"、"神通万里"的境域。其中表现更为突出的是幻想这种想象的特殊情况，幻想是对自然界和人类社会事物发展变化的未来进行创造性的积极想象。它可以超越自然或社会的发展变化进程，跑到自然或社会的事变进程始终达不到的地方。借助幻想人们创作神话和科学幻想故事。由于幻想更远离事物的原型，更为自由不羁，所以其想象的东西更新颖出奇。如《西游记》故事中的天堂净界、孙悟空的七十二变、不计其数的妖魔鬼怪等，想象力可谓淋漓尽致。幻想不仅仅是文学艺术家们的创作思维形式，对科学技术创造者来说也是一种极为可贵的思维借鉴，科学幻想则可以使人看到有可能实现的前景，从而激励人们去做出新的努力。科学幻想也是发明创造的重要源泉，潜艇发明者、直升机发明者和无线电发明者都曾表示深深感激凡尔纳，因为他们是从凡尔纳的科学幻想小说中得到了宝贵的启示。

（3）想象是理性的先驱　想象是"理性的先驱"。几乎所有的科学家在创建科学理

论时，都运用了假说这个方法，而每一种科学假说都是借助想象力发挥作用的。在科学研究中，由于仅依据有限数量的事实为基础来构成定律或规则，这中间所欠缺的环节就需要依靠各种非逻辑思考与逻辑推理的协同来弥补，人们常常凭借想象的翅膀越过思维中断的鸿沟，最终完成从科学假说到科学理论的突变。这是依靠想象的"理性的先驱"作用做出的突出的贡献。

此外，发挥想象这一"理性先驱"作用的另一突出表现是"理想实验"。在"理想实验"中，由于无法满足极端性的实验条件，只有靠想象才能完成。例如，我们不可能做实验观察"人追上光速将会看到什么现象？""人在自由下落的升降机中会看到什么现象？"。对于这种问题，只有依靠丰富的想象才能找到答案。

2．想象能起到对机体的调节作用

（1）建立良好的自我意象　二十世纪心理学最重要的发现之一就是人具有自我意象，自我意象就是"我是什么样的人"的自我观念，心理学家认为自我意象建立在我们对自身的认知和评价基础上。一般而言，个体的自我信念都是根据自己过去的成功或失败、他人对自己的反应，特别是童年经验在不知不觉中形成的。比如说小时候你的数学成绩很好，经常受老师的称赞，你就会认为自己在数学上有天赋，是学数学的料。而一旦这种思想或信念进入你的"自我意象"系统，它就会变成很"真实"，我们很少去怀疑其可靠性，只会根据它去活动，就像它的确是真的一样。

有人把人的潜意识比喻为一个电脑系统，把人的自我意象比作电脑程序，如果人的自我意象反映出的自己是一个失败的人，他就会不断地在自己内心的"荧光屏"上看到一个垂头丧气、难当大任的自我，听到"我是没有出息、没有长进"之类负面的消息，然后感受到沮丧、自卑、无奈与无能——而他在现实生活中便"注定"会失败。相反，如果他的"自我意象"是一个成功人士，那么他内心的"荧光屏"中就会出现一个意气风发、不断进取、敢于接受挫折和承受强大压力的自我；他也会听到"我做得很好，而我以后还会做得更好"类的鼓励讯息，然后在实际生活中体验到喜悦、自尊、快感，他也能取得卓越成绩。

每一个人把自己想象成什么样的人，就会按那种人的方式行事，自我意象是一个前提，是一个依据。由此，当你明确决定自己想要干什么，确定目标，而且认为自己是幸运者时，你开始建立良好的自我意象，已经迈出了走向成功的第一步！只要你坚持自己理想的心理图像并用行动来实现它，那么，任何东西都阻挡不了你的成功。

【案例11】射击名将的"想象术"

有一位世界级的射击名将成绩总是超群。人们对他十分崇拜，感到此人非常神秘。有一次，这位神射手向人们道出了自己的成功秘诀，原来是，每天他都在自己的脑海里过电影，那部电影的画面是：他持枪稳健，枪枪满环，旁观者热烈欢呼，他的心中充满了成就感。

（2）想象帮助你成功　心理学家希尔做过一项"投篮心理意象"实验，说明想象具有一定的创造功能。实验是针对学生的运动成绩进行的。他将受试的大学生随机分成三组，首先对三组学生进行三周投篮训练，第一组学生在20天内每天进行实际投篮训练20分钟，并把第一天和最后一天的成绩记录下来。第二组学生记录下第一天和最后一天的成绩，但在此期间不做任何练习。第三组学生记录下第一天的成绩，然后每天花20分钟做想象中的投篮训练。如果投篮不中时，他们便在想象中做出相应的纠正。

实验结果如下：第一组进球增加了24%；第二组因为没有练习，毫无进步；第三组每天想象练习20分钟，进球增加26%。尽管希尔的实验是针对运动员培养的，但心理学家认为，这其中揭示的想象的建构功能对各行各业创造性人才的培养都有启迪作用。

三、想象思维的训练方法

心理学家推荐的想象训练：每天花费30分钟时间，自己独立一个人在不受干扰的舒适情况下尽量放松，闭上眼，充分发挥你的想象力。想象环节的细节非常重要，为了实际目的，你必须制造实际的经验，你想象得越生动、细腻，你作这个练习就越接近实际经验。

这里的练习目的在于将新的"记忆"或储藏信息送进大脑和中枢神经系统。把真正的和想象相关的记忆输入自动机器。不断控制自己的思路，进行时空转换，角色扮演，设想身历其境，捕获各种体验，把想象的触角伸向未来或时光逆转，运用组合、夸张、拟人、典型化的信息加工方式，产生新的信息，并养成习惯。

 基本训练

1.海洋占了地球面积的70%以上，在人类居住地越来越拥挤的情况下你有何新的想法？

2.假如记忆可以移植，你来构想人类社会可能发生哪些改变？

3.小组合作完成以下任务。

想象随着科学技术的发展，2043年人类社会的城市、交通、生活方式、学习方式、交流沟通方式会是什么样的？可以用文字或图画表达。

要求：先从网络检索最新科技动态，再由此做出推测，合理想象。

4.面对越来越严重的空气和水污染，利用角色扮演、身临其境、把想象的触角伸向未来捕获新体验，设计一则公益广告进行提醒、警示，号召人们采取对策。

5.请你从功能、结构、材料、维护、造型这五个角度对"未来电脑、未来住宅、未来交通工具、未来餐具等物品"进行想象，并对现有产品提出相应的改进设想。

 拓展训练

训练一　我的发现——案例分析

1.目的

理解想象思维，寻找可供学习、借鉴、模仿的榜样。

2.训练内容

利用互联网搜集展开想象进行创新的案例并作出分析，案例类型与关注点见下表。

案例类型	重点关注
组合型想象	创新者如何将掌握的信息，进行"裁剪"、"缝纫"得到一件新的作品
夸张型想象	创新者如何将掌握的信息进行放大、缩小或变形等超乎现实的处理，进而得到新的形象
拟人型想象	创新者如何将事物与人类比，赋予人的特征而产生新形象
典型化型想象	创新者如何抽取、凝练信息，将众多事物集成一体产生新形象

3.实施策略

根据自己的兴趣选择项目，自主拟定分析方案，撰写案例分析报告。所选案例典型且适度综合、语言表达流畅、图片有震撼力。

老师根据案例分析四个不同层次的深度给出成绩。

第一层次，案例分析与基本概念相符；

第二层次，基于所分析的案例，提出自己的独到见解；

第三层次，将案例中包含的创新思维或方法移植到其他领域解决其他的问题，由此产生新的创意；

第四层次，将创造性设想进一步设计形成有价值的技术方案。

4.案例分析报告呈现形式

有两种呈现形式可供选择：

① 用 Word 文档，可借鉴下表的形式，表格尺寸根据内容调整。

作者	学号	班级	作品编号
案例名称			
基本内容			
创新点			
产生的价值			
采取的想象方式（组合、夸张、人格化、典型化）			
你受到的启发			
由此产生的创造性设想			

② 用幻灯片呈现，自己设计格式分析案例：基本内容、创新点、产生的价值、采取的想象方式（组合、夸张、人格化、典型化），对你的启发、由此产生的创造性设想。

训练二　物品安全包装设计竞赛——摔不碎的药瓶

1.训练目的

综合运用发散思维多角度思考，借助联想、想象，突破功能固着、结构僵化、思维定势，对同一问题提出多种解决方案，并予以优化。

2.训练内容

设计包装材料包装一个药瓶，将包装过的药瓶置于5m、10m高空使其自由落体降落于水泥地面，而不会出现任何裂痕。

3.训练要求：在保证药瓶不出任何裂痕的前提下，以包装设计的结构简单、体积小、重量轻，成本低、实用性好、美观度高为评判标准。

4.操作方法：常见口服液药瓶（如清热解毒口服液、双黄连口服液等，自己收集药瓶做实验，比赛时提供统一药瓶），6个人一个小组，每组自选包装材料，设计包装结构形式。

操作步骤如下：

（1）教师分配器材，交代任务。

（2）学生分析任务，提取信息，尝试各种思路，不断试验各种设想。

（3）要求把每种尝试用图片和文字记录下来。

（4）以小组为单位操作，需要团结协作才能完成任务。

5.注意事项：

① 要能承受多次失败。

② 要有足够的信心和耐心。

③ 要不断变化思维的视角。

④ 要不断把自己的想法告诉大家，学会沟通交流。

6.比赛交流。

户外搭起高台，摔药瓶。从5m高开始不断提高高度淘汰摔碎的药瓶，最终到10m高人仍能保证摔不碎者获胜，做展示交流。

7.交流展示各种包装作品，自由讨论各种方法，互相学习借鉴。

8.每个人写出感悟。

① 如何思考？

尝试一　怎样想、怎样试、成功或失败、原因。

尝试二　…

尝试三　…

……

② 反思与领悟。

请思考：如何运用联想、想象、从多角度发散思维，突破功能固着、结构僵化、思维定势，怎样提出多种解决方案，并优化设计方案。

示例：某学院"摔不碎的药瓶"活动实录，如图7-6～图7-16所示。

图7-6　记录一

图7-7　记录二

图7-8　记录三

图7-9　记录四

图7-10　记录五

图7-11　记录六

图7-12　记录七

图7-13　记录八

图7-14　记录九

图7-15　记录十

图7-16　记录十一

参阅资料

『资料1』充气屋顶（见图7-17）

这个被支架撑起来的巨型充气枕头，是由荷兰设计工作室Overtreders W设计的一个临时野餐聚点。炉子燃烧释放出的热气，填满了这个充气屋顶，这是整个设计中最引人注目的部分，屋顶同时为底下的野餐吧台和餐桌提供了遮蔽。屋顶在夜里会发光，为野餐者在炉子上烘烤食物带来充足的光亮。这个可移动的野餐吧台可以容纳40人。

图7-17　充气屋顶

『资料2』日本水泥大王的观想术

浅野总一郎是日本水泥业的创始人，由于经营有方，被人奉为"水泥大王"。他以"追求事业，则无贫困"为座右铭，一生坚持不懈。他有句名言：机遇浮在水上，如果没有跳到水中的胆量，和将之承托出水面的能力，那是抓不住的。

在浅野总一郎的成功之路上，还有一条不为人所注意的秘密，那就是"观想术"。

他很善于运用观想的方法来为自己树立一个良好的、积极的自我形象。他说："应当自己为自己祝福，要描绘出一幅乐天的自画像来。要在自己的心目中把自己的自画像描绘出来，要画得充满阳光，拥有未来。"浅野总一郎还说："不仅如此，还要把这样的画像画到纸上，时时看到。"大家感到奇怪吗？

浅野总一郎的回答是："不要认为这是空想，这能引导自己与机遇结缘，成为一个幸福的人。"

『资料3』总裁观想术

有位当了公司总裁的人，办事如有幸运女神照顾，总是顺利通达。有人问其中缘由，总裁告诉他，自己头脑中经常闪现一张脸、那是他的保护神。原来，总裁是从推销饭锅起家的。第一天上门推销，接连敲开40个家门，才算卖出一个锅。他再也忘不了第40家门口的那位妇女的脸：始而怀疑，继而微笑，最后高兴地买下了。后来，总裁的生意越做越好，但无论如何，他总是经常让第40家妇女的那张生动、令人感动的面容在自己的脑海里闪现。这种观想术帮了他的大忙。

创新潜能
开发实用教程

课题8　恍然大悟——灵感思维与训练

学习目标

熟悉灵感的特征；
学会诱发和捕捉灵感；
以期养成灵感习惯。

学习内容

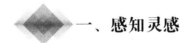 **一、感知灵感**

灵感又称顿悟，它是人类思维中的一种客观现象，是人人都具有的一种思维品质。人们在各种实践活动中，脑海中突然闪现某种新思想，新主意，突然找到了过去长期毫无所获的解决问题的新点子，突然从纷繁复杂的现象中领悟到事物的本质，这种"突然闪现"、"突然找到"、"突然领悟"新东西的思维现象，就是所谓的灵感。

【案例1】云朵与气泡膜

1960年的一天，马克·沙瓦纳乘坐飞机时看到窗外的云朵，感觉云朵就像是用来保护飞机安全着陆的，受此启发，他制造出了塑料气泡膜。气泡膜，是以高压聚乙烯为主要原料，再添加增白剂、开口剂等辅料，经230℃左右高温挤出吸塑成气泡的产品。是一种质地轻、透明性好、无毒、无味的塑料包装材料，可对产品起防湿、缓冲、

保温等作用，具有防震、防潮、防磨损等性能，气泡膜很快成为广受欢迎的包装材料（见图8-1）。

图8-1　气泡膜

【案例2】手机的诞生

手机是由美国著名的摩托罗拉公司的技术员库帕1973年4月研制成功的。马丁·库帕发明手机的灵感来自电视剧《星际迷航》，他介绍说："当我看到剧中的考克船长在使用一部无线电话时，我立刻意识到，这就是我想要发明的东西。"

1973年，美国电报电话公司提出一种通信的新概念——"蜂窝通信"。所谓的蜂窝通信，就是采用蜂窝无线组网方式，在终端和网络设备之间通过无线通道连接起来，进而实现用户在活动中可相互通信。然而美国电报电话公司认为人们需要的蜂窝通信只是"车载通信"，马丁·库帕质疑这个结论。他认为，人们并不希望和汽车、房子、办公室说话，而是和人说话。为了证明这一点，他们打算发明一部蜂窝电话，向世人证明，个人通信的想法是正确的。

那时正在播放电视剧《星际迷航》，考克船长的那部无线电话，就成为库帕和他的团队发明手机的原型。"任务急迫，公司要求我们在六个星期内制作出手机模型。"库帕说。因为当时美国联邦通讯委员会正在考虑是否允许AT&T在美国市场建立移动网络，并提供无线服务；此外，美国电报电话公司也有开发移动电话的计划。摩托罗拉不愿意让大好商机溜走。三个月以后，第一部手机模型大功告成。

灵感是一种高度复杂的思维活动，是人们在实践活动中因思想高度集中而突然表现出来的一种精神现象。在创新思维的酝酿构思阶段，这种突变式的思维形式就成为灵感思维。灵感是以已有信息材料为基础，在意识高度集中之后产生的一种极为活跃的精神状态。当人们在思维活动中，认识发生突变，产生敏锐的顿悟，就可以说获得了灵感。

二、灵感思维的特征

灵感具有引发的随机性、出现的瞬时性、目标的专一性、结果的新颖性、内容的模糊性的特征。

灵感在何时何地出现，受什么启迪或触媒而发生，都是不可预期的，这取决于创造者对问题理解的深浅度，对外界触媒刺激的敏感度等因素，触媒的出现常常有意外性和不期而至性。有意召唤，它偏偏不来；无意寻觅，它却突现面前，这就是灵感引发的随机性。

灵感出现的瞬间，思路贯通，突然顿悟，但它持续的时间非常短暂，一闪而去，转瞬即逝。苏东坡曾用一句诗表达对灵感思维的瞬时性感悟："作诗火急追亡逋，情景一失后难摹。"创造者稍不留意或稍一放纵，伴随灵感出现的创意火花就会熄灭，消失或模糊不清。因此，灵感出现具有瞬间性。

灵感的专一性：要获得灵感，头脑中一定有一个待解决的问题，并围绕这个目标，进行过深入地思考；没深入想过的问题，不会出现关于那个问题的灵感。

灵感的模糊性：灵感带来的启示是从未出现过的念头、想法、从未用过的方法举措，是模糊的不是很清晰明了，需要及时记下，分析判断，找到明确的思路。

三、怎样诱捕灵感

灵感产生的条件用八个字概括是：积累，迷恋，松弛，触发。我们虽然不能控制灵感出现时间和地点，但我们可以创造条件去诱发灵感、捕捉灵感。

1.积累

怎样积累？"昨夜西风凋碧树。独上高楼，望尽天涯路"。王立平用四年时间为《红楼梦》谱曲，大部分时间用于研读红楼梦和有关资料，我国学者蔡尚思先生当年为了著《中国思想史》一书，入住南京国学图书馆住读，日夜苦读十六个小时，用一年时间系统地读完了该馆收藏的从汉代到民初除诗赋词曲以外的全部前人文集，摘出的资料达二百多万字，写成一本书，这才叫积累。如果我们都如此这般积累，何愁灵感不会光临。

灵感这种转瞬即逝的思维火花，与平时长期的知识与经验积累密切相关。只有大量地积累各种材料，才有可能由量变产生质变。因此，要诱捕到灵感，必须注意扩大自己的知识面，让大量的信息深深地烙印在脑海之中，造成一种强大的信息势能，一经触发便转化为思维突变的动力，在顷刻之间爆发灵感。

2.迷恋

迷恋到什么程度？"衣带渐宽终不悔，为伊消得人憔悴"。迷恋是指产生强烈的创造欲望，使自己的兴趣、注意、情感和思维都集中在与问题有关的方面上来，"食不甘味，夜不成寐"地进行执着追求和苦苦思索。

3.松弛

灵感大多是在长期紧张思考而暂时放松时得到的，或在临睡前，或在起床后，或在散步、交谈、乘车时。这是因为，紧张的思考是思维高度集中在一点上，对一点研究单点深入很有效，但对全面贯通则无力。暂时的松弛有利于消化、利用和沟通已得到的全部资料，有利于冷静地回味以往的得失和忽略掉的线索，有利于恢复大脑的疲

劳，并使它再次高度兴奋起来重新思考。

心理学研究表明，松弛有利于发挥大脑的潜意识作用。灵感的出现与潜意识有关，在潜意识中对思维进行信息加工，并将其结果呈现给意识之后就可能诱发灵感。在潜意识活动中，大脑的意识已经不再自觉注意所要解决的问题，但潜意识还在思考着它，在没有意识控制的情况下，潜意识就容易突破各种心理定式的束缚，通过自由遐想，自由组合和自由选择，忽然接通思路，使问题的奥秘被点破，新设想随之呈现出来。按照这种机制，当思维陷入困境或被迫中断时，可以把问题暂时搁置起来，去从事一些松弛的活动，让显意识暂时休息，让潜意识出来活动，达到对灵感欲擒故纵的目的。

每个人最好养成自己的松弛习惯，这样更容易"唤"来灵感。科学家杨振宁讲，他在刷牙时容易来灵感，发明家中松义郎，听音乐时容易来灵感。你的灵感习惯是什么样的呢？

4．触发

怎样触发灵感？"众里寻他千百度，蓦然回首，那人却在灯火阑珊处"。经过长期紧张的思考，所想问题的大部分内容已得到澄清和解决，但在关键环节上却卡住了，这时大脑呈现出高度的受激状态，但若没有相应的偶然诱因作触发，也难以进入灵感状态。这时，注意制造触发的"引线"，来触发灵感。

灵感触发的"引线"在哪里？

（1）外部机遇诱发灵感

① 思想点化。一般在阅读或交流中能产生思想点化。达尔文读到马尔萨斯的《人口论》中"自然，用最浪费最自由的手，在动物界、植物界撒布种子。但是育成这种生命种子所必要的场所和营养，它却给得比较吝啬。这地上还含有的生命的芽，如果能够有充分的食物、充分的场所供它繁殖，几千年以后就会充塞几百万个世界了。但是自然法则的必然性将把这种生物限制在一定的界限里。植物的种类和动物的种类完全处在这种限制的大法则之下……"悟出"物竞天择，适者生存"的进化论，改写了人类文明史。

【案例3】莫言写作中的一个灵感故事

我国诺贝尔文学奖获得者莫言赴瑞典领奖时提到：他的作品《生死疲劳》在他的头脑中酝酿了几十年，但因为没有想好小说的结构的方法，一直没有动笔。直到有一天他到承德参观了当地很有名的庙宇，在庙宇的墙壁上看到了佛教六道轮回的壁画。他的头脑里马上产生了一个想法，就是用六道轮回来作小说的结构，阎王爷让小说主人公一变驴，二变牛，三变猪，四变狗，五变猴，直到2000年才历经六道轮回重新变回为人，在50年的变换中，他通过各种动物的眼睛来看人类社会和人类社会的变迁，把农民对土地的依恋，对生命的执着，用魔幻现实主义的夸张笔触描绘出来。

《生死疲劳》被称为"中国农村50年的断代史，是现代中国的《变形记》"。

② 原型启发。因为偶然接触到与自己研究的对象类似模型，而受到启发，借助

相似联想而产生的灵感。例如，有一个军官在战场上看到有战士把饭锅倒扣在头上保护自己，从而发明了钢盔，有人看到蜘蛛结的网而发明吊桥都是原型启发的结果。

【案例4】可变向的消防水枪

消防战士小高，在灭火时发现汽车底盘下和车厢内、高层外墙、地下室、墙角等特殊位置用普通水枪很难触及真正的着火点，灭火效果大打折扣，这件事一直在小高心中萦绕，如何设计水枪能让水流拐弯。偶然，他看到一则以色列军队配备拐弯枪械以减少伤亡的军事新闻，顿时豁然开朗。多次尝试，他想到了活套法兰，把法兰用翻边、钢环等套在水管管端上，与下枪管呈45°，与上枪管呈45°，转动上枪管，使上下枪管呈现不同的角度就达到转方向的效果。该枪接上水带后，水流可以直线喷射，还能按照需要随意地转变灭火方向。除了具备普通水枪的全部功能外，还可用实现危急情况下迅速灭火，能最大限度保护消防人员安全，最大限度让水流直击火源。

（2）内部积淀意识引发

① 无意遐想，这种遐想式的灵感在创造中是很常见的。

② 利用潜意识，这种灵感的诱发，情况更为复杂，有的是潜知的闪现，有的是潜能的激发，有的是创造性梦境活动，有的是下意识的信息处理活动。

【案例5】引发了零售业变革的条形码

2011年，伍德兰和西尔弗双双入选美国全国发明家名人堂。两人上大学时，西尔弗偶然听到一名商店管理人员请校方引导学生，研究商家怎样才能在结账时捕捉商品信息，然后告诉了伍德兰。一天，伍德兰正在沙滩上用手指划道。他回忆那一刻："我把四根手指插入沙中，不知为什么，我把手拉向自己的方向，划出四条线。我说：'天哪！现在我有四条线。它们可以宽，可以窄，用以取代点和长划。'"这就是条形码诞生的灵感。20世纪70年代初，伍德兰加入IBM的一个小组，开发可读取条形码的激光扫描系统。商家希望结账时自动、快速读取商品信息，同时降低处理和库存管理成本。在IBM努力下，条形码从申请专利时的圆形，发展成现在全球通用的矩形。如今，全球每天大约50亿件商品接受条形码扫描。

 基本训练

1.在学习生活中遵照灵感诱发的规律：积累、迷恋、松弛、触发，体验灵感思维的过程，并找到自己容易得到灵感的放松方式，试着养成灵感诱发习惯，并写出感悟。

2.课堂报告：每个人利用网络检索各式各样的抓住灵感到来的引线诱发灵感的案例，制作幻灯片，向全体同学报告。

拓展训练

训练一 用一根钉子支起十根钉子

1.训练目的

综合运用联想、想象、从多角度发散思维，突破功能固着、结构僵化、思维定势，学会诱发和捕捉灵感。把看似不可能的问题变可行予以解决，并提出多种解决方案。

2.训练内容

利用给定的器材，不能借助任何外来连接物，要求用一根钉子设法支起另外的十根钉子。

3.操作方法

6个人一个小组，每组分得11根钉子和一个硬纸小盒。要求使10根钉子离开桌面，悬在空中，仅靠一根钉子支撑，其中小盒可以起固定一个钉子的作用，限时40min完成。

4.操作步骤

（1）教师分配器材，交代任务。

（2）学生分析任务，提取信息，尝试各种思路。

（3）要求把每种尝试用图片和文字记录下来。

（4）以小组为单位操作，需要团结协作才能完成任务。

5.注意事项

① 11根钉子不能分散放置。

② 要有足够的信心和耐心，能够承受多次失败。

③ 要不断变化思维的视角。

④ 要不断把自己的想法告诉大家，学会沟通交流。

6.展示交流

成功实现支起10根钉子的小组，做展示交流。

7.自由讨论各种方法，互相学习借鉴。

8.每个人写出感悟。

① 如何突破的——把不可能变可行。

尝试一：怎样想、怎样试、成功或失败、原因。

尝试二

尝试三

……

② 反思与领悟。

请思考：如何运用联想、想象、从多角度发散思维，突破功能固着、结构僵化、思维定势，怎样诱发和捕捉灵感。把不可能变可行予以解决，并提出多种解决方案。

训练二 我的发现——案例分析

1.目的

理解灵感思维，寻找可供学习、借鉴、模仿的榜样。

2.训练内容

利用互联网搜集抓住灵感进行创新的案例并作出分析，案例类型与关注点见下表。

案例类型	重点关注
思想点化诱发灵感	创新者在灵感到来前如何积累，如何搜集、整理资料
原型启发产生灵感	创新者在灵感到来前如何利用相似联想寻找可供借鉴移植的对象，如何进行信息挖掘与提炼
潜意识诱发灵感	创新者如何暂时置身物外，放松身心、利用潜意识
创新者的灵感习惯	利用网络搜索诺贝尔奖获得者讲述自己得到灵感的案例

3.实施策略

根据自己的兴趣选择项目，自主拟定分析方案，撰写案例分析报告。所选案例典型且适度综合、语言表达流畅、图片有震撼力。

老师根据案例分析四个不同层次的深度给出成绩。

第一层次，案例分析与基本概念相符；

第二层次，基于所分析的案例，提出自己的独到见解；

第三层次，将案例中包含的创新思维或方法移植到其他领域解决其他的问题，由此产生新的创意；

第四层次，将创造性设想进一步设计形成有价值的技术方案。

4.案例分析报告呈现形式

有两种呈现形式可供选择：

① 用 Word 文档，可借鉴下表的形式，表格尺寸根据内容调整。

作者	学号	班级	作品编号
案例名称			
基本内容			
创新点			
产生的价值			
灵感产生的脉络			
你受到的启发			
由此产生的创造性设想			

② 用幻灯片呈现，自己设计格式分析案例：基本内容、创新点、产生的价值、灵感产生的脉络，对你的启发、与此产生的创造性设想。

参阅资料

『资料1』福特汽车广告创意 ❶

福特汽车，现在已是世界名车了，但在当初福特汽车的广告创意却是煞费苦心的：

---

❶ 王健.超越性思维.上海：同济大学出版社，2004.

承担此广告的创意人查阅大量资料，尝试了每一种可能，写下了一系列文案，但始终没能找到一个圆满的创意。

他心灰意冷，将手中的最后一张稿纸撕成两半，突然间，他的眼睛一下亮了起来，这撕纸的声音与车内的噪声相比又如何？灵感突至，一个举世未有、富有表现力的创意诞生了："和撕纸的声音相比，福特汽车的声音变得悄然无声"。

『资料2』老教师灵感突现出奇招

众所周知，为了适应铁轨热胀冷缩带来的长度变化，铁轨之间留有缝隙，车轮运行中不断"掉"进缝隙再挣扎着爬起来，因此带来了剧烈振动和"咣当、咣当"的刺耳噪声。

王老师在一次长途旅行中饱受颠簸之苦后，他产生了改进铁轨接口的想法：如果两个铁轨的接口不是齐头，而是在水平面上削成斜角，会不会减少振动和噪声？他做了个实体模型，反复琢磨。有一次，他在拿出模型往桌子上放时，"模型"放倒了——那个接口的缝隙不是在水平方向互相搭配，而是在垂直方向互相搭配。他惊喜地发现，两条铁轨间接口的缝隙不是"直"的，而是"斜"的——这条垂直方向的斜缝隙不和车轮平行，火车轮子再也不会"掉"进去了！灵感突现让他找到了突破口，王老师又进行各方论证，最终决定向国家知识产权局提出专利申请。

『资料3』大喜大悲出灵感

据俄罗斯《科技信息》报道，俄罗斯科学院大脑研究所通过多次实验研究发现，在消极或者积极的情感刺激下，尽管大脑皮层兴奋和工作的范围不同，但都能激发大脑的创造力，强烈的情感刺激能够影响创作的过程。

科研人员对15名年龄从17岁到26岁的志愿者进行了实验。实验的方法是首先向这些志愿者提供一对单词，比如："干燥—沙子"、"爱情—雪"、"接吻—帽子"、"灭亡—牙膏"等，然后要求实验对象用每一对单词中后面的单词解释前面的单词，比如用"沙子"解释"干燥"，用"雪"解释"爱情"等。同时在实验过程中用连接在大脑上的脑波记录器记录大脑皮层的反应。

科研人员进一步发现，虽然积极和消极的情感刺激能够使人出现不同的感觉，大脑皮层兴奋的部位也不同，但对大脑创造力的影响基本相似。一方面，它们都能促使大脑选择单词的速度和数量增大；另一方面，情感的爆发也影响人的一个灵感向下一个灵感的过渡。因此应该对创作的灵感或者火花进行"配额"。据悉，俄罗斯著名的诗人普希金在创作中经常这样做。当他需要写一些重要情景时便等待灵感的到来，而文章的其他部分是在一般状态下完成的。

『资料4』美国科学家解开大脑之谜：灵感是这样产生的

美国科学家最近宣布，他们首次通过研究揭示出了大脑产生"顿悟"的独特机制。

千百年来，"顿悟"作为人类解决科学和其他问题的一种独特方式，基本得到广泛认可。它具有一些与常规解题方法不同的特征，比如说"顿悟"前常有百思不得其解的阶段；灵感突如其来的时候，自己往往并没有意识到在想问题，事后也无法说清究竟是怎么得到答案的。

而大脑在"顿悟"过程中的工作机制是否与用常规办法解题时不同，在科学上一直不甚清楚。一些科学家甚至认为，二者在认知机制上完全一样，差别主要在于人们的主观感受强烈程度上。美国西北大学和德雷克塞尔大学科学家的一项最新研究，以比较有说服力的证据表明，"顿悟"其实和大脑不同寻常的工作方式有关。

科学家们在4月号网络学术刊物《公共科学图书馆生物学》上介绍，他们让18名研究对象玩一种字谜游戏，内容是找出一个单词，使它能与列出的其他3个不同英文单词搭配，分别重新组合成三个有意义的新词。每名研究对象在解题过程中都需要报告他们经历过的"顿悟"般时刻。利用功能磁共振成像和脑电图技术对研究对象大脑活动和脑电波的监测显示，"顿悟"的出现与大脑右半球颞叶中的前上颞回区域有密切关系。当研究对象"顿悟"出答案时，这一区域活动明显增强，并在"顿悟"前0.3s左右突然产生出高频脑电波。通过常规方式获得答案的研究对象则没有这些情况出现。

第三单元
创新方法

创 新 潜 能
开发实用教程

课题9 集思广益——头脑风暴法

学习目标

学会组织头脑风暴；
学会运用头脑风暴集思广益，创造性提出解决问题的设想。

学习内容

一、感知头脑风暴（又称智力激励法）

【案例1】如何清除电线积雪？

这是一个应用头脑风暴的经典案例，让我们去感受头脑风暴解决问题的魔力吧。有一年，美国北方格外寒冷，大雪纷飞，电线上积满冰雪，大跨度的电线常被积雪压断，严重影响通信。许多人试图解决这一问题，但都未能如愿以偿。后来，电讯公司经理应用奥斯本的头脑风暴法，尝试解决这一难题。

他召开了关于如何清除电线积雪的头脑风暴座谈会，提前通知参加会议的不同专业的技术人员，收集资料做好准备。会议在几天后召开。经过主持人的引导，大家放下包袱自由自在地议论开来。

有人提出设计一种专用的电线清雪机；

有人想到用电热来化解冰雪；

也有人建议用振荡技术来清除积雪；

还有人提出能否带上几把大扫帚，乘坐直升机去扫电线上的积雪……

对于这种"坐飞机扫雪"的设想，大家心里尽管觉得滑稽可笑，但在会上也无人提出批评。相反，有一位工程师在百思不得其解时，听到用飞机扫雪的想法后，大脑突然受到冲击，一种简单可行且高效率的清雪方法冒了出来。他想，每当大雪过后，出动直升机沿积雪严重的电线飞行，依靠高速旋转的螺旋桨即可将电线上的积雪迅速扇落。他马上提出"用直升机扇雪"的新设想，顿时又引起其他与会者的联想，有关用飞机除雪的主意一下子又多了七八条。不到一小时，与会的10名技术人员共提出90多条新设想。

会后，公司组织专家对设想进行分类论证。专家们认为设计专用清雪机，采用电热或电磁振荡等方法清除电线上的积雪，在技术上虽然可行，但研制费用大，周期长，一时难以见效。那种因"坐飞机扫雪"激发出来的几种设想，倒是一种大胆的新方案，如果可行，将是一种既简单又高效的好办法。经过现场试验，发现用直升机扇雪真能奏效，一个久悬未决的难题，终于在头脑风暴会中得到了巧妙地解决。

【案例2】杨振宁与李政道的聚会

1956年5月的早些时候，当时还远非大名鼎鼎的杨振宁去拜访李政道。他们当时分别在美国的普林斯顿大学和哥伦比亚大学从事教学和科研工作。他们每周一次聚会，共同讨论一些感兴趣的问题。通常是杨振宁将李政道请出来，他们开着车在哥伦比亚大学周围转，一边转一边讨论共同感兴趣的科研课题，比如宇称不守恒的可能性等。最后他们感到烦了，不再讨论，车停在一家中餐馆门前。他们一坐下来，立即灵感涌了上来，于是又是一番激动人心的讨论。

6月间，他们发表了具有历史意义的论文，对弱相互作用宇称守恒提出疑问，并给出了解决这一问题的实验构想。他们因之而双双获得1957年度诺贝尔物理学奖。

1. 什么是头脑风暴

头脑风暴法是美国创造学家A·奥斯本1939年创立的，又称奥斯本智力激励法。起初用于广告的创意构思，1953年汇编成书，是世界上最早传播的创造技法。韦氏国际大字典给智力激励法的定义是：一组人员通过开会方式对某一问题出谋划策，群策群力解决问题。它是通过特定的会议来造成创造者之间的思维"激励"，使与会者产生联想和创造性想象，激发灵感，以获得量大、面广、质高的创造性解题设想。

2. 头脑风暴的原理

头脑风暴法的核心是高度自由的联想。以一种与传统会议截然不同的会议方式，给与会者创造一种信息互补、思维共振、设想共生的特殊环境，通过集体讨论，彼此激励，相互诱发，引起联想，使与会者能突破种种思维障碍和心理约束，毫无顾忌地提各种想法，让思维自由驰骋，从而提出大量有价值的设想。

随着科学技术的发展，所遇到的问题复杂性和涉及技术的多元化程度提高，单枪匹马式的个体冥思苦想将变得软弱无力，而"群起而攻之"的战术则显示越来越强的威力。

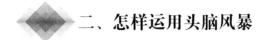

二、怎样运用头脑风暴

1.头脑风暴法的原则

① 自由思考原则。该原则要求与会者尽可能地解放思想，求新、求奇、求异，打开心扉，畅所欲言，从不同时空、不同视角、变换不同角色，让思维由静到动，由浅入深，不必顾虑自己的思路的"离经叛道"，也不要顾及想法是否"荒唐可笑"。

② 延迟评判原则。在讨论问题过程中限制过早地进行评判。只考虑可能性不考虑可行性。与会者禁止使用诸如"这根本行不通！""这个想法太荒唐了！""这个方案真是绝了！"等等"扼杀句"或"捧杀句"，营造放松的、心理安全的、开放的思考氛围，让人能够敞开心扉，放下包袱，不断提出新设想。

③ 以量求质原则。显而易见，设想的数量越多，就越有可能获得有价值的创意。通常，最初的设想可能价值不高，但量变确实能够带来质变，有人曾用实验证明，一批设想的后半部分的价值要比前半部分高78%。因此，奥斯本智力激励法要求与会者要在规定的时间里尽可能提出较多的新设想，思维由流畅变灵活进而提出奇思妙想，以量大来求优。

④ 借鉴改善原则。即智力激励法鼓励与会者积极吸收利用别人的设想对自己的启发并及时修正自己不完善的设想，利用相似、相关、对比等联想手段、运用组合、夸张、拟人、典型化等想象措施，不断地将自己的想法与他人的想法连接、进行加工、综合，再提出更完善的创意或方案。

2.头脑风暴法实施步骤

（1）会议准备

① 选择会议主持人。合适的会议主持人应具备以下基本条件：熟悉智力激励法的基本原理与召开智力激励会的程序与方法，有一定的组织能力；对会议所要解决的问题有比较明确的理解，以便在会议中作诱导提示；能坚持智力激励会规定的原则，以充分发挥激励的作用机制；能灵活地处理会议中出现的各种情况，以保证会议按预定程序进行到底。

② 确定会议主题。

③ 确定参加会议人选。会议人数以5～10人为宜。人员的专业构成要合理：大多数本问题领域里的行家和少数其他领域里的行家。同一次会议，与会者的知识水准、职务、资历等应大致相当。尽量选择一些对问题有实践经验的人。通常可选几个经验丰富的人组成激励核心小组，再视问题的特点扩充会议成员。

④ 提前下达会议通知。提前几天将会议通知下达给与会者，有利于其思想上有所准备，搜集相关新资料，并提前酝酿解决问题的设想。

（2）**热身运动** 其目的是使与会者尽快进入"角色"，忘记个人的工作和私事，迅速集中精力于会议上来。同时，使与会者大脑开动，形成一种有利于激发创造性思考的气氛。

（3）明确问题　主持人向与会者简明扼要和启发性地介绍问题，使与会者对问题有一个全面的了解，以便有的放矢地去进行创造性思考。

（4）自由畅谈　这是智力激励法最重要的环节。由主持人控制畅谈时间、节奏、方向，尽最大可能寻求更多的设想。

（5）选择评价　会议结束后，主持人要组织专人对设想纪录进行分类整理，去粗取精。如已经获得解决问题的满意答案，该次智力激励会议就完成了预期目的。倘若还有悬而未决的问题，则还可以召开下一轮的智力激励会。

3.智力激励法的应用范围

智力激励法的优点是每个人可以充分利用别人的设想，激发自己的灵感，或者结合几个人的设想，产生新的设想，所以要比单独思考容易得到数量众多的、有价值的设想。传统的讨论会习惯于过早进行判断，妨碍产生大量新观念，不利于创造性解决问题。

智力激励法的局限性在于它只能适用于解决比较简单的问题，对于技术性较强的问题，效果不显著，仅仅能够起到提供线索的作用。其次，这种方法仅适用于研究过程中的一个阶段，即提出方案构想的阶段，在这之前，必须经过努力，找到研究的主攻方向，在这之后，则要进一步把构想加以完善和具体化。

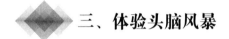

三、体验头脑风暴

以小组为单位，根据下面的问题，进行头脑风暴。

1.如何清除北方冬季道路、机场的积雪？例如，有人采用淘汰飞机的发动机吹雪，效率很高。提示运用发散思维从多角度思考。

2.场景：有人携带一个承装奶油生日蛋糕的礼盒，等公共汽车，此人挤上公共汽车后，蛋糕盒挤坏，奶油污染了自己和周围人的衣物，如果你看到这一幕，运用头脑风暴借助发散思维、联想、想象，提出你的妙招！分小组进行。

3.炎炎夏日如何防暑降温、漫漫寒冬如何保温取暖？

4.如何利用人的运动给手机充电？

5.找出帮助乘火车硬座长途旅行者解除疲劳的多种方法。

四、头脑风暴法的其他形式简介

1.默写式智力激励法

德国学者鲁尔巴赫根据德意志民族性格内向、惯于沉思的特点，改进了奥斯本的头脑风暴法中畅谈会的做法，形成了默写式头脑风暴法。默写式头脑风暴法的基本原则与奥斯本头脑风暴法相同，不同的是默写式头脑风暴法不通过口头表达，而是采用填写卡片的方法来实现，即每次会议或每组有6人参加，每人在5分钟内提出3个创意，所以又被称为635法。

举行"635"法会议时，先由会议主持人宣布议题（发明创造目标），并对与会者提出的疑问进行解释，而后发给每人几张设想卡片，每张卡片上标有1、2、3三个号码，号码之间留有较大的空白，以便其他人填写新的设想。

在第一个5min里，每人针对议题填写3个设想，然后把卡片传给右侧的人。在下一个5min里，每个人可以从别人所填的3个设想中得到启发，再填上3个设想。如此多次传递，半个小时可传6次，一共可产生108个设想。

"635"法可以避免由于数人争着发言，而使设想遗漏的问题。

"635"法与奥斯本智力激励法不同处在于，与会者不能说话，只要求个人开动脑筋。

2.卡片式智力激励法

卡片式智力激励法也称卡片法，又可分为CBS法和NBS法两种，CBS法由日本创造开发研究所所长高桥诚根据奥斯本智力激励法改良而成，特点是对每个人提出的设想可以进行质询和评价。NBS法是日本广播电台开发的一种智力激励法。

会议由5～8人组成一个小组，会前宣布讨论主题，时间约为1h。会上发给每人50张卡片，桌上放200张卡片备用。在前10min内与会者根据会议主题独自填写卡片，每张卡片填写一个设想，每人提出5个以上的设想；接着用30min，按座次每人轮流解释自己的设想，各人把卡片放在桌子上，轮流进行解说。一次只能介绍一张卡片，倾听他人设想时，其他人可以询问，如果自己有新构想，应立即写在备用的卡片上，并把它放在桌子上；参加者发言完毕以后，将内容相似的卡片集中起来，并加上标题。分好类的卡片把标题列在最前头，横排成一列。最后20min，大家可以相互评价和探讨各自的设想，从中诱发出新设想。

3.三菱式智力激励法（MBS）

奥斯本智力激励法虽然能产生大量的设想，但由于它严禁批评，这样就难以对设想进行评价和集中，日本三菱树脂公司对此进行改革，创造出一种新的智力激励法——MBS法，又称三菱式智力激励法。

MBS法由10～15人参加，活动进行时，首先主持人提示主题，要求出席者将与主题有关的设想分别写在纸上，然后轮流提出自己的设想并进行详细说明，接受他人的提问或质询，主持人以图解方式进行归纳，再进入最后的讨论阶段。

4.逆向式智力激励法

逆向式智力激励法要求与会者对他人的设想百般挑剔，而提出设想者有据理力争，在不断的争论中，逐步使设想成熟和完善。

由于此法违背奥斯本智力激励法的"延迟评判"原则，因此适合在相对训练有素、相互熟悉的与会者之间使用，而且不宜在设想提出开始阶段使用，可用于对设想进行筛选时使用，以选出有价值的设想。

基本训练

头脑风暴即兴训练，让学生体验到头脑风暴的效果，学会组织他人运用头脑风暴进行创新，可供选择课内的训练如下：

① 尽可能多地列出"灯泡、肥皂、纽扣、镜子"的妙用。

② 列举出看到"河水污染"这个概念产生的联想与想象。

③ 列举看到"雾霾"这个概念产生的联想与想象。

④ 尽可能多地写出"保持水龙头人走即关闭"的各种方法。

⑤ 设计宿舍用新型健身器。

⑥ 找出帮助电脑前久坐者在规定时间后起身运动的多种方法。

⑦ 在街头派发广告的最常见形式是宣传单或宣传册，运用头脑风暴提出有更有效、更有创意的点子。

拓展训练

训练一　头脑风暴课外训练

① 选定课题，以贴近学生为宜。

② 让学生自由组合成5～15人的团队。

③ 选择会议主持人。

④ 提前下达研究的内容。

⑤ 由主持人召集准备好的学生自由畅谈，期间要遵循头脑风暴的原则，也可以尝试运用默写式智力激励法、逆智力激励法等使学生受到训练。

⑥ 选择评价，收集设想进行评比，以调动学生积极性。

训练二　阅读下列资料，运用头脑风暴来寻找清洁各种日常生活用品方法

澳大利亚科学家最近发明了一种绿色环保的洗衣方法：不使用洗衣粉或清洁济就可将油渍和污渍清除。其实，这种方法很简单，就是将自来水中的气体全部除掉，普普通通的水就具备了强大的除污效果：研究人员在报告中说，普通水中含有氮气和氧气泡，能够在类似油表面形成气泡层。气泡层的表面张力会将油分子紧紧锁住，因此油渍就不可能被洗净。

传统洗衣粉就是在油分子周围形成一层亲水物质，就可以将油渍去除。而新发明的这种方法除去了水中的所有气体，无法将油分子锁住，因此就可以将油渍轻松洗掉。

科学家指出，这种方法不使用洗衣粉，可将环境污染降到最低。因此这种方法值得提倡。

训练三　我的发现——案例分析

1.目的

理解头脑风暴，寻找可供学习、借鉴、模仿的榜样。

2.训练内容

利用互联网搜集借助头脑风暴进行创新的案例并作出分析，案例类型与关注点见下表。

案例类型	重点关注
个人头脑风暴	如何跳出思维定势，如何打开视角、如何进行联想、想象。如何处理头脑风暴的结果
集体头脑风暴	如何让大家敞开心扉，跳出思维定势，如何打开视角、如何进行联想、想象、如何在特殊气氛下让创意涌现。如何处理头脑风暴的结果

备注：既要关注头脑风暴的操作过程学习如何组织头脑风暴，又要关注头脑风暴中创意涌现后如何处理

3.实施策略

根据自己的兴趣选择项目，自主拟定分析方案，撰写案例分析报告。所选案例典型且适度综合、语言表达流畅、图片有震撼力。

老师根据案例分析四个不同层次的深度给出成绩。

第一层次，案例分析与基本概念相符。

第二层次，基于所分析的案例，提出自己的独到见解。

第三层次，将案例中包含的创新思维或方法移植到其他领域解决其他的问题，由此产生新的创意。

第四层次，将创造性设想进一步设计形成有价值的技术方案。

4.案例分析报告呈现形式

有两种呈现形式可供选择：

① 用 Word 文档，可借鉴下表的形式，表格尺寸根据内容调整。

作者	学号	班级	作品编号
案例名称			
基本内容			
创新点			
产生的价值			
从涌现的各种创意你受到的启发			
由此产生的创造性设想			

② 用幻灯片呈现，自己设计格式分析案例：基本内容、创新点、产生的价值、涌现出的创意对你的启发、由此产生的创造性设想。

参阅资料

头脑风暴的诞生与传播

1939年，头脑风暴由美国BBDD广告公司的经理亚历克斯·奥斯本发明，最初用在广告的创新上，1953年总结成书。这是世界上最早用于实践的创造技法。他发现传统的商业会议制约了新观点的产生，产生把自由赋予人们的思想和行动，以激发产生

新观点的创意，提出了帮助激发观点产生的规则，逐渐变成"头脑风暴"而闻名于世。他把头脑风暴描述成一个小组试图通过聚集成员自发提出的观点，以为一个特定问题找到解决方法的会议技巧。

头脑风暴的迅速传播。

从诞生以来，头脑风暴在世界各处传播。这个技巧为大多数受过教育的经历所知道。它被几乎所有的世界最大的公司和广泛范围的部门所使用。慈善机构、政府组织和商业公司全称赞它。

使用几十年前开发出来的简单规则，人们正发现解决问题的新方法和创造提升公司和自己事业的新机会。最让人兴奋的事情之一就是成为改变世界的产品的发明人，成为你欲在里面生存的世界的创造人。头脑风暴让你实现这些和更多的东西。每天在世界的某处都有头脑风暴会议在进行。新观点是从这些会议中滚滚而出的，社会正在因它而改变。加入这种过程中来，让你的观点被人听到。

创 新 潜 能
开发实用教程

课题10 发现创新点——列举法

学习目标

学会特性列举、缺点列举、希望点列举方法；

学会从对事物的特性列举、缺点列举、希望点列举方法中找到创新切入点与突破口。

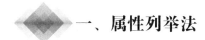

学习内容

一、属性列举法

【案例1】电风扇的发明历程

机械风扇起源于1830年，一个叫詹姆斯·拜伦的美国人从钟表的结构中受到启发，发明了一种可以固定在天花板上，用发条驱动的机械风扇。

1880年，美国人舒乐首次将叶片直接装在电动机上，再接上电源，叶片飞速转动，阵阵凉风扑面而来，这就是世界上第一台电风扇。

为了弥补电风扇缺点、满足人对个性时尚以及精致化的追求，人们不断改进电风扇。以下电扇都是凭借了某一项独特的功能而吸引了消费者的目光：

便携式塑料电风扇、驱蚊风扇、飘香电扇、遥控电扇、照明吊扇、空调扇、负离子、氧吧、紫外线杀菌电风扇、节能环保风扇、声控电风扇、模糊微控电风扇及防伪手指电风扇等。

图10-1 无叶风扇

尽管电风扇在不断"进化"，但多少年来电风扇原理、结构没有突变，以至于像噪声大、强烈的风感、气流不平稳、不舒适，虽有保护外罩，但旋转的叶片仍有安全隐患及清洁不方便等问题并未有根本解决。

直到2009年，英国发明家詹姆斯·戴森利用喷气式飞机引擎及汽车涡轮增压中的技术发明出无叶片风扇（见图10-1），电风扇性能有了革命性的改变，无叶片风扇通过底座的吸风孔吸入空气，圆环边缘的内部隐藏的一个叶轮则把空气以圆形轨迹喷出，最终形成一股不间断的冷空气流。

就这样，通过对电风扇的缺点改进、通过设法满足人们对电风扇的希望，电风扇一步步得到"进化"。

1. 什么是属性列举法

属性列举法也称为特征列举法，是20世纪50年代在美国布拉斯加大学的克劳福德提出的。属性列举法是一种通过列举、分析事物特征，应用类比、移植、替代、抽象等方法变换特征以获得发明创意的方法。克劳福德认为，创造即不单凭灵感，也不是机械地将不同产品结合起来，而是应对研究对象有用的特点进行改造，且改进时应吸收其他物体的特点，因此要尽量地列举研究对象的特征。

属性列举法通过对研究对象的特性进行详尽分析，迫使人们将复杂的问题分解，并逐项思考、探究，进而诱发创造性设想。我们学会这种方法，并充分地进行练习后，会提高大脑的发散性加工能力，会提高分析问题时的条理化程度，从而提高创新效率。

2. 属性列举法应用步骤

属性列举法的操作程序如下：

（1）确定研究对象。

（2）讨论研究对象的特征，一般采用日本学者上野阳一提出的区分事物属性的三种方式进行。

① 名词性特征，包括结构、材料、整体、部分组成及制造工艺的名称。

② 动词性特征，包括产品的主要功能及辅助性功能，附属性功能。

③ 形容词性特征，包括人对产品的各种感觉。如：视觉包括大小，颜色、形状、图案、明亮程度等；触觉包括冷热、软硬、虚实等。

（3）从需要出发，分析产品的各个特征，对比其他产品，寻求功能与特征的替代、更新、完善。

（4）将新增特征与原特征进行综合，提出产品设想。

3. 属性列举法应用须知

属性列举法适用于在已有产品的基础上进行新产品开发和革新改造，在使用时应注意以下几点：

（1）研究对象的确定应十分具体，若研究的是产品，应是具体的某一型号的产品；若研究的是问题，应是具体的哪一个问题，抽象的研究得不到应有的效果。

（2）列举属性时越详细越好。

（3）进行思维变换时应注意打破思维定势。

（4）所研究的题目宜小不宜大，一般来说，要着手解决的问题越小、越简单、越具体，就越容易成功。对于较为庞大、复杂的物体应先将它拆为若干小的部分，分别应用属性列举法进行研究，然后再综合考虑。

4．应用举例

对台式电风扇进行特性列举。

第一步，观察台式电风扇，弄清各个部分的功能、结构、原理、材料等特征。

第二步，按属性列举的操作程序进行属性分析、列举。

名词性特征

整体：台式电风扇；

部件：电机、扇片、网罩、支架、底座、遥控器；

材料：钢、铝合金、铸铁；

制造方法：浇注、机械加工、手工装配。

形容词性特征

性能：亮度、转速、转角范围；

外观：圆形网罩、圆形截面柱、圆形底座；

颜色：银白色、浅紫色、米黄色。

动词性特征

功能：扇风、调速、摇头、升降；

第三步，进一步提出改进设想。

针对名词特性思考：

① 扇叶的数量能否改变？如360°电风扇、五叶电风扇等。

② 扇叶的材料是否改变？如驱蚊电扇、加香电扇等。

③ 控制按钮改进能否改变？如遥控电扇、声控电风扇、模糊控制电扇等。

针对形容词特性思考

① 有级调速能否改为无级调速？

② 网罩形状是否可以多种多样？可否采用椭圆形或方形、动物造型、花朵造型电扇？

③ 颜色能否多变？如随温度变色彩色电扇。

针对动词特性思考：

① 改变送风方式如何？如改为移动送风、摆动送风、振动送风，利用涡轮增压技术送风等。

② 可否改为冷热两用电风扇？

③ 能否利用电风扇的噪声催眠？

④ 可否增加其他附加功能？如产生负离子、增加氧气、紫外线杀菌、节能环保风扇等。

第四步，进一步分析评价创造新思考的结果，筛选有价值的创造性设想。

二、缺点列举法

任何事物总有缺点，而人们总是期望事物能至善至美，这种客观存在着的现实与愿望之间的矛盾，是推动人们进行创造的一种动力。能够发现缺点并能提出改进方案，就是创造活动。

【案例2】照明拖鞋

图 10-2 照明拖鞋

如图 10-2 所示，美国发明家道格·维克最近发明的一种"照明拖鞋"能够在黑暗环境中自动照亮行进前方 6～7m 范围的空间。新型拖鞋的前端装有小灯泡，当内置感应器"察觉"到黑暗环境中有人穿上它时，就会自动点亮灯泡照亮前方，免去了频繁起夜的人在黑暗中提心吊胆摸索前行的烦恼。

与大多数发明创造一样，"照明拖鞋"的灵感也同样来源于日常生活中遇到的不便。发明人道格·维克表示，一天夜里他没看清撞上了床腿，有过许多发明经历的他马上意识到，也许成千上万有同样遭遇的人需要一种新型的可以照明的拖鞋。于是，几天后这种可以确保人们在黑暗房间中放心走路的拖鞋就从他的设计图上诞生了。

1. 缺点列举法的含义

俗话说，金无足赤，人无完人。世界上任何事物不可能十全十美，总存在着这样或那样的缺点。找到一个缺点，提出一个问题，就相当于找到了一个创造发明的课题。有意识地分析现有事物的缺点，并提出改进设想，便有可能有所创造。这种创造技法就叫缺点列举法。

【案例3】自清洁水龙头

公共水源的洁净问题一直是设计师们关注的焦点之一，为了帮助人们避免反复触碰水龙头所可能引发的交叉感染，两位设计师合作推出了一款自清洁的水龙头，如图10-3所示。它的出水口和开关合而为一，在使用时，只需将出水口向下按压，水便会

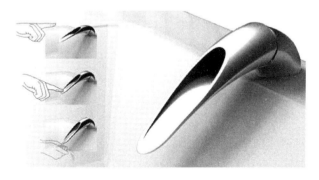

图 10-3 自清洁水龙头

流出——在清洗双手的同时，也清洁了出水口。除此之外，该水龙头也装有延时系统，即在使用后，出水口会缓慢抬起直至关闭水源，取代了常用的手动式关闭方式，能够更为有效地保证用水安全。

从某种意义上讲，缺点列举不仅是一种方法，更是一种生活态度，是一种思维习惯，是创新者对一切事物应持有的敏锐审视能力。一般情况下，人们对于熟悉的事物容易形成"理所当然"、"本该如此"的惯性、惰性想法，习惯性地被动接受，维持现状。任何事物都有缺点，缺点列举法有意识地提示人们用挑剔的眼光从新的角度审视、列举分析现有事物，发现不足，燃烧不满，走出思维定式，改掉缺点、克服缺点、利用缺点。只有不满足于现状事物才能进步，人类才能发展。

2. 缺点列举方法

列举缺点列可以从以下角度思考：

① 事物的功能，能否实现预定的功能，实现功能时性能如何？效率如何？能耗如何？对环境产生的影响如何？

② 原理是否先进？有没有更先进的技术？

③ 结构是否简单？有没有可以省略的部分？

④ 制造工艺、方法、有没有缺陷？成本能否降低？

⑤ 使用中操作是否省时、省力、方便？是否符合人机工程原理？

⑥ 维护是否花费很高的代价？能否改变维护的方法？

⑦ 价格是否过高？性价比如何？

⑧ 是否符合时尚？

⑨ 观念价值如何？是否符合人们的审美需求？

【案例4】护栏清洗机

硕士生小熊一次外出时看到环卫工人在手洗护栏，发现劳动强度很大，效率很低，于是萌发了做一台机器解决护栏清洗难的想法。在机械创新基地老师的指导下，他们设计了一台外形像一个大盒子一样的自适应护栏清洗机，工作时机器扣在道路护栏上缓缓"爬行"，两个滚刷高速运转对护栏进行清洗，清洗基本无死角。清洗洁具可清洗，可拆卸，可重复利用，节约成本且环保。一个环卫工人在路边通过机器上的按钮，就可以对清洗机进行启停控制。

在行驶时清洗机跟着护栏走，维持相对平行，既节省空间，也不会出现损坏和拉倒护栏的情况。它在一个小时里可清洗约两千米长的护栏。相比之下，一个环卫工人一小时大约只能清洗几十米，且清洗效果也因人而异，一段一段清洗痕迹很重。而大型清洗车价格在三十万左右且耗水，每清洗100公里需要耗费几十吨水，该团队发明的这个机器相对体积小，造价低，每清洗100公里约耗水5吨。目前，这项发明已经受到全国各地相关公司和市政部门的极大关注。

3. 分析与鉴别缺点

列举缺点的目的在于改进。所以，要从所列举的缺点中分析和鉴别出有价值的主

要缺点，作为创造的目标。分析和鉴别主要缺点，要从影响程度和表现方式两方面入手。不同的缺点对事物特性或功能影响程度不同，表现方式也各有不同。分析时要注意区别对待。

我国创造学研究者肖云龙深入研究分析与鉴别缺点的措施，他根据缺点不同作用把列举出的缺点分为关键性缺点、潜伏性缺点和可以利用的缺点等三类。

① 关键性缺点：一般情况下，关键性缺点是相对而言的，对事物功能有重大影响的缺点往往被认为是关键性缺点，如电动工具绝缘性能差，较之其重量偏重、外观欠佳来说重要得多；工艺礼品的包装不精美，较之礼品本身某小部件的色彩欠佳更重要。

② 潜伏性缺点：潜在的近期没有表现出的，但会对未来带来重要影响的缺点。比如，电子产品使用时对人体产生辐射作用、塑料制品报废后不能降解就属于潜伏性缺点。抓住别人还没有意识到的潜伏性缺点，提出改进设想是突破创新的妙招之一。

③ 可逆用的缺点：事物有用两重性，缺点和问题的另一面可以向有利的方面转化。缺点在一定条件下可转化为优点，据此我们可以化害为利，变废为宝。常见思路及案例见表10-1。

表10-1 常见思路与应用案例

缺点逆用的思路	应用案例
此路不行，另有成就	焦耳从不可能的永动机中发现能量守恒定律
以毒攻毒	接种疫苗故意染病，增强免疫力
天生我才必有用	利用盲人在暗室操作处理胶片，工作效率高、工作质量好
改换视角，用其所长	新研制胶水黏性太低，制成不干胶 造纸少放了一种原料，成了废品，写字洇成一片，利用这一点做成吸墨纸
独辟蹊径，化害为利	利用海浪、海啸、飓风发电 利用噪声使尘粒聚集发明噪声除尘法 铜在低温下出现冷脆性，利用这一特征，在低温下加工铜粉，效率更高 塑料不能降解，有人用它制造建筑材料，更坚固耐用
发现被忽视的宝藏和资源	对空调散发的余热进行再利用，一方面达到空调热气的"零排放"，降低环境温度；一方面还可节约大量热能

4. 体验缺点列举

问题1：有人对男士衬衫进行缺点列举，得到以下缺点，请你从功能、原理、结构、制造、使用、维护、价格、时尚、美感等九个角度思考，找出关键性缺点、潜伏性缺点、可逆用缺点。据此提出关于男士衬衫的创造性设想。

➤ 散热性差   ➤ 透气性差
➤ 功能单一   ➤ 易皱
➤ 式样单一   ➤ 不易清洗
➤ 易脏   ➤ 不能根据指令展开帮人穿上

- ➤ 衣领易卡脖子
- ➤ 衣领袖易脏
- ➤ 扣子太多
- ➤ 无警示色
- ➤ 一般为男士专用
- ➤ 领口磨损快
- ➤ 易变形
- ➤ 怕雨
- ➤ 不保暖
- ➤ 冬天贴身穿冷、硬
- ➤ 扣子掉了不好配同样的
- ➤ 出汗后贴在身上
- ➤ 不能装多东西
- ➤ 火星溅到身上能烫坏衬衫、皮肤
- ➤ 没有弹性
- ➤ 携带不方便　制成折叠书包式的
- ➤ 穿脱不方便
- ➤ 不能防电
- ➤ 不能显示环境污染是否超标
- ➤ 有异味
- ➤ 洗后不能速干
- ➤ 长短袖不方便换
- ➤ 颜色少
- ➤ 人变胖瘦衬衫不能随着变
- ➤ 不能根据体温调节温度
- ➤ 不能把体温用来发电
- ➤ 不能给手机充电

- ➤ 呆板
- ➤ 多次洗褪色
- ➤ 价格贵
- ➤ 易穿反
- ➤ 领子太高
- ➤ 用途单一
- ➤ 衬衫不可制冷
- ➤ 不时尚
- ➤ 包装豪华不利环保
- ➤ 购买不易试穿
- ➤ 袖口系扣伸展胳膊受限
- ➤ 类型少
- ➤ 肘部易坏
- ➤ 系领带费时间
- ➤ 不防紫外线
- ➤ 缺乏个性
- ➤ 缺少装饰
- ➤ 缺少娱乐功能
- ➤ 不能随天气变化变色、保温
- ➤ 不能适应外衣的颜色变化
- ➤ 不挺括
- ➤ 染上异色洗不掉
- ➤ 直接接触皮肤可能不是天然面料
- ➤ 大小不合身
- ➤ 透气性与透光性矛盾
- ➤ 不能自然分解污物
- ➤ 不能根据环境调温

问题2：请从功能、原理、结构、制造、使用、维护、价格、时尚、美感等九个角度思考对公路汽车减速带进行缺点列举，并提出有价值的创造性设想。

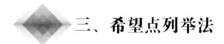

三、希望点列举法

【案例5】体检魔镜

当你站在镜子前面时，它不仅能像普通镜子那样照出你的容颜，还能照出站在镜子前的你的实时脉搏——这就是体检魔镜，就像当前大多数照相机那样，该系统利用

摄像头识别你的面部所在区域，就像当前大多数照相机那样，然后将该区域的数据分解为红、绿、蓝三种颜色，并且记录下由面部血管血液流动的细微变化而引起的亮度变化，从而分析出你的脉冲，该技术还能提供更多信息，它能记录下你每日的生命特征，包括脉搏、呼吸、体温、血压等数据。

1.希望点列举法的含义

希望点列举法是对某一创造对象提出种种希望，经过归纳，沿着所提出的希望去进行创造的方法。希望，就是人们心理期待达到的某种目的或出现的某种情况，是人类需要心理的反映。创造者从社会需要或个人需要的希望出发，通过列举希望来形成创造目标或课题，在创造方法上就叫作希望点列举法。

比如，人们希望夜间上下楼梯时，楼梯灯能自动亮、自动灭，于是就发明了光声控开关；人们希望洗手后手能快速干燥，于是发明了电热干手机，人们希望擦楼上玻璃窗不会发生危险，于是发明了磁性双面擦窗器、自洁玻璃、擦玻璃机器人等。人们希望能在通信联络时看到对方的形象，于是就发明了可视电话、视频网络通信。

2.希望点列举法应用步骤

① 激发和收集人们的希望。

② 仔细研究、鉴别人们的希望，以形成"希望点"。

希望总是很多，但能不能形成创造课题的希望点，就需要分析和鉴别。表面希望与内心希望的鉴别，要能透过表面希望，发现内心的真正希望，要能鉴别现实希望与潜在希望。而一般希望与特殊希望的鉴别方法是大多数人的希望是一般希望，而少数人的希望就是特殊希望。

③ 以"希望点"为依据，创造新产品以满足人们的希望。

希望点列举法适合于任何创造课题，不同于缺点列举法。缺点列举法是围绕现有物品缺点提出各种改进设想，这种设想不会离开已经设计完成的物品，因而是一种被动的创造发明方法。而希望点列举法是从发明者的意愿提出各种新的设想，它可以不受原有物品的束缚，想象自由空间大，是一种积极、主动地创造发明方法。

3.体验希望点列举

> 问题3：有人对家用电饭锅、手枪钻进行希望点列举，提出部分希望点，请你从功能、原理、结构、制造、使用、维护、价格、时尚、美感等九个角度思考，对其进一步补充完善，提出更多的有价值的希望点，找到关于电饭锅、手枪钻的创造性设想。

电饭锅：

① 希望能够远程控制。

② 希望能够提示营养成分。

③ 忘了按煮饭键能提示。

④ 防干烧。

⑤ 有不同功率的选择。

⑥ 减少烹饪时间。

……

手枪式电钻：

① 噪声比现有产品小。

② 重量越来越轻。

③ 钻孔后的污物不乱溅。

④ 有测量定位功能。

⑤ 换钻头更容易。

⑥ 能钻斜空。

⑦ 能在任何位置钻孔，在任何材料上的钻孔。

……

 四、列举法综合运用

属性列举、缺点列举、希望点列举可以综合运用解决问题。

例如，对手提电脑包缺点与希望点列举分析：

（1）研究对象　手提电脑包。

（2）缺点列举　不能防盗，携带不便，不能为电脑充电，不能防水……

（3）希望点列举　质量轻携带方便，有防盗功能，外壳能防水，能防挤压……

（4）改进设想

① 附加太阳能电池板能为电脑充电——可充电电脑包。

② 附加密码锁防盗——安全电脑包。

③ 附加防水层——防水电脑包。

……

 基本训练

1.运用属性列举法，分析感兴趣的生活用品，提出改进设想。要求分析该物品的名词性特征、形容词性特征、动词性特征，然后逐条提出改进意见。

2.在对事物进行特性列举的基础上，请你设法寻找事物的关键性缺点、潜伏性缺点并提出改进设想，如有可能设法逆用某些缺点形成奇异的创造性设想。

3.请你从人们的愿望和需要出发，从功能、结构、材料、维护、造型这五个角度对各种生活用品进行希望点列举来寻找创新点、提炼创新目标，进而形成有价值的创造性成果。

4.运用属性列举发现自己的职业特质以增强自信，运用缺点列举发现自己努力的方向，运用希望点列举明确自己的美好人生需求及明确社会需求，进一步完善自己的职业生涯规划，形成有具体行动计划的职业生涯规划书3.0。

拓展训练

训练 我的发现——案例分析

1.目的

理解如何从特性列举、缺点列举、希望点列举中找到创新切入点与突破口，寻找可供学习、借鉴、模仿的榜样。

2.训练内容

利用互联网搜集从特性列举、缺点列举、希望点列举中找到创新切入点与突破口进行创新的案例并作出分析，案例类型与关注点见下表。

案例类型	重点关注
特性列举	如何由表及里，将复杂事物简单化
缺点列举	如何发现关键性缺点或潜伏性缺点，如何去完善
希望点列举	创新者如何识别需求、创造需求

3.实施策略

根据自己的兴趣选择项目，自主拟定分析方案，撰写案例分析报告。所选案例典型且适度综合、语言表达流畅、图片有震撼力。

老师根据案例分析四个不同层次的深度给出成绩。

第一层次，案例分析与基本概念相符；

第二层次，基于所分析的案例，提出自己的独到见解；

第三层次，将案例中包含的创新思维或方法移植到其他领域解决其他的问题，由此产生新的创意；

第四层次，将创造性设想进一步设计形成有价值的技术方案。

4.案例分析报告呈现形式

有两种呈现形式可供选择：

① 用 Word 文档，可借鉴下表的形式，表格尺寸根据内容调整。

作者	学号	班级	作品编号
案例名称			
基本内容			
创新点			
产生的价值			
运用的创新方法（特性列举、缺点列举、希望点列举）			
你受到的启发			
由此产生的创造性设想			

② 用幻灯片呈现，自己设计格式分析案例：基本内容、创新点、产生的价值、运用的创新方法（特性列举、缺点列举、希望点列举），对你的启发、由此你产生的创造性设想。

参阅资料

『资料1』卫生间狭小发明折叠马桶

问题提出：有没有一种不占空间，还节水的马桶？现在很多家庭卫生间空间窄小使用不便。能不能给马桶和面盆作些改变，不用就隐藏，用时再打开？

解决方案：一次，小彭乘车外出，受公交车折叠车门启发，他开始构思折叠马桶。选择材料、制作模具、组合安装……经过冥思苦想和动手尝试，2003年，小彭设计出了折叠马桶。

『资料2』"世界筷子"

问题提出：筷子是中国的"专利"吗？怎样才能让中国的筷子走向全世界，让世界人都会使用。

解决方案：武汉市16岁的在校高中生小胡在一双筷子上加三个套环，以固定筷子，让外国人也能熟练地使用。让筷子走向了全世界。

『资料3』"密码锁"

问题提出：锁子一定要用钥匙来开吗？每天带一大把钥匙太麻烦了，怎样可以更方便。

解决方案：重庆退休工人老钟的一项小发明，卖了200万元。把门锁用数字操作键盘取代传统锁眼，手指头是"钥匙"，输入正确密码，门会自动打开。

『资料4』个人随身净水器

问题提出：水资源匮乏，污染愈来愈严重，怎样才能提供纯净安全的饮用水？

解决方案：以色列Water Sheer公司开发的个人随身净水器，它可以有效净化被有机物、生物以及化学物质污染的水，从而使得那些生活在水污染严重的国家人们也能够喝到纯净安全的水。当然它也适用于野营、科学考察以及军事领域。每个这样的净水器可以净化约1000mL的污水。

『资料5』充气式洗衣机

问题提出：现在住房空间较小，特别是年轻人因工作需要经常搬家，希望有一个易携带、平时不用时体积小易收藏、用时体积变大的洗衣机。

解决方案：由游泳圈（用时吹气胀大，不用时放气变小收藏）想到，将洗衣机的洗衣桶做成充气式，用时充气膨胀成桶，不洗衣时，放气、收藏。

『资料6』白色鸡蛋黄

日本美食家们用大米喂鸡，潜心研究出了白色蛋黄的鸡蛋，并开始批量生产。这种产生了白色变异的鸡蛋据说与普通鸡蛋的口味相同，烹调方法也一样，但可以给厨师们更大的发挥空间。蛋黄是困扰了日本糕点师许多年的问题，人们喜欢它的味道，但浓重的黄色却束缚了它的用途。如果他们想要一种特别些的艳丽色彩，就必须采用更加浓重的颜色才能将黄色掩盖住。有了白色蛋黄，想要调配出任何颜色的蛋糕都将轻而易举。

『资料7』德国科学家造出全球第一台"心灵感应打字机"

问题提出：现在打字一般用手打，可是对于一些残疾人或者其他有特殊需要的人就不太方便。有不用手打字的机器吗？

解决方案：德国科学家已经制造出世界上第一台"心灵感应打字机"，能根据使用者的思想活动打出字来。

虽然现在用这台机器打字速度还很慢，但科学家们相信，有朝一日其速度将赶上甚至超过普通打字机，从而给办公方式带来一场革命。

要使用这台打字机，先得戴上一个特制的皮帽，上面有128个传感器，通过电线与一台电脑相连。电脑屏幕上显示着一张字母表，使用者看着屏幕，心中想着"左"或"右"来操纵屏幕上的一个鼠标箭头。这时，传感器就会探测到脑电波的活动，并将这一信号放大，从而控制箭头选中某个字母。

就目前而言，使用这台"神奇"打字机相当"费神"，打一个普通句子都需要好几分钟。不过，科学家说，经过改进，这种打字机将来可以达到并最终超过普通打字机速度。

如今，能够通过思维控制的试验型装置已有一些，但这台打字机是第一种不需要使用者接受长时间训练就能使用的"心灵感应装置"。任何人，即使是第一次戴上这顶特制皮帽，也能顺利打出字来。对于驾车者来说，类似的"心灵感应系统"可用来作为安全装置。一旦探测到驾车者脑部活动有过于紧张或疲劳的迹象，它就能及时发出警告。

创 新 潜 能
开发实用教程

课题11 1+1＞2——组合法

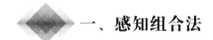

学习目标

能领会组合创造的内涵；

尝试运用同类组合、异类组合、主体附加、重组组合、形态分析等组合方法进行创新实践。

学习内容

一、感知组合法

创造学研究者认为，创造的实质是信息的截取和处理后的再次结合，在创造活动中把聚集的信息分离开，以新的方式进行组合，就会产生新的事物。组合法就是将两个或两个以上的事物通过巧妙结合，来获得具有统一整体功能的新事物的方法。

组合是对事物的创造性综合，综合的结果创造出新思想、新概念、新技术、新产品。参与组合的事物，相辅相成，优势互补，共同发挥作用，组合后不仅是量的叠加，更是质的突变，参与组合事物的原有功能被保留，组合后又产生了新的效应，即 $1+1＞2$。

爱因斯坦说："组合作用似乎是创造思维的本质特征。"组合确能带来创造。有人对1900年以来480项重大创新成果进行分析，发现技术创新的性质和方式，在20

世纪50年代后发生了重大变化，原理突破型成果的比例开始明显降低，而组合型发明开始变成技术创新的主要方式。据统计，现代技术中组合型成果已占全部发明的60%～70%。

【案例1】LifeNet网式水面救生系统

传统的救生圈在救援时反应速度慢，一个救生圈只能在同一时间给一个落水者使用，当发生大规模海难时，需要大量的救生圈，且被救者很容易漂散开，又面临新的危险，因此传统水面救生设备无法及时起到有效的救援作用。

为了解决这个问题，浙江大学学生发明了"网式救生系统"（见图11-1），平时，救生网压缩折叠后储存在一个救生包中，发生海难时，将救生包抛向落水者，按下按钮就能在短时间内给救生网充气，迅速充气形成网式救生圈。单个的救生网还能互相连接，形成更大的救援系统，避免落水者分散失踪，为数十甚至上百待救人员提供第一时间救助。（摘自浙江大学求是新闻网）

图11-1　救生网[1]

二、怎样运用组合法

（一）直接组合法

运用组合法进行创造能够涵盖人类活动的方方面面，可以选择同类或不同种类的物品进行组合，可以分解原来的组合，围绕新的目标重新布局，使其产生新的功能，还可以把某一事物的功能扩展到其他物品中去，以实现资源共享的目的。

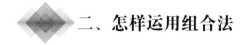

[1] http://www.news.zju.edu.cn/

1. 同类组合

【案例2】鸡尾酒

图11-2所示的鸡尾酒，仅仅是不同的酒勾兑成而成，但意义与口感都远超单一的品种。

图 11-2　鸡尾酒

（1）什么是同类组合　把两个相同或相近的事物简单叠合就是同类组合法。同类组合的原理是以量变促质变，弥补单个事物单独使用时功能或性能上的缺陷，以得到新的功能、产生新的意义。而这种新功能或新意义，是事物单独存在时不具有的。

在同类组合中，参与组合的对象与组合前相比，其基本性能和基本结构一般不会发生根本性的变化，因而同类组合是在保持事物原有的功能或原有意义的前提下，通过数量的增加以弥补功能上的不足或发挥新的作用，即通过量变促使质变。

我们可以用普通订书机作例证。用订书机装订书、本、文件、票证时，常订两个书钉。需要操作者按压订书机两次。钉距、订与纸件的三个边距全凭眼睛瞅着定位。因此，装订尺寸不统一，质量差，工效也很低。福建有位青年运用同类组合的方法，将两个相同规格的订书机设计到一起，通过控制和调节中间机构，就可以适应不同装订要求。每压一次，可订出一个书订，也可同时订出两个书钉，钉距可以根据需要确定。这种双排订书机既提高了装订工效，又保证了装订的质量。

（2）怎样运用同类组合

① 观察在我们的周围，哪些事物是单独的，或处于单独运用状态的。

② 原来单独的事物成对成双后，其性能是否改善或能带来新功能。

③ 原来单独的事物成双成对后，是否产生了新意义。

例如，把几个听诊器组合起来，设计成多头听诊器；几位大夫可以同时听诊，既能缩短诊断时间，又能提高会诊的准确性。

【案例3】组合插座

如图11-3所示，将若干插座连接为一体，公用外壳，连接线等，使用操作、控制更方便。想一想其他物品也能这样组合吗？

图 11-3　组合插座

【案例4】双向手灯

　　普通的手电筒只能照亮一个方向，在黑暗中行走的人不时变化手电筒的方向，既要照亮脚下又要兼顾前方，以防出现意外。有设计师将手灯设计手提的圆环状，在圆环上设置三个照明灯，开关位于圆环上方手提处，用大拇指就可控制。一个大灯用来照亮前方，另外两个小灯则可以分开一定的角度照亮脚下（见图11-4）。这样，只需要这一个手灯就可以同时照亮两个方向，行走起来也可以更加迅速。

图 11-4　双向手灯

2. 主体附加法

　　（1）什么是主题附加　主体附加就是在原有的技术思想中补充新内容，在原有的物质产品上增加新附件，主体添加附属事物后，促使主体功能增加或性能改善，以添促变，使主体有了进步。

【案例5】漂浮钥匙

临水作业，不小心将钥匙掉入水中怎么办？不用急，钥匙附加一气囊遇水会打开，保证钥匙能漂浮在水面上（见图11-5）。想想看这一技术还能用于哪些场合？

  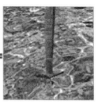

图11-5　漂浮钥匙

（2）操作步骤　主体附加法的思维要领及思考步骤，归纳起来有六条：

① 有目的、有选择地确定一个主体。

② 运用缺点列举法，全面分析主体的缺点。

③ 运用希望点列举法，对主体提出种种希望。

④ 能否在不变或略变主体的前提下，通过增加附属物克服或弥补主体的缺陷。

⑤ 能否通过增加附属物，实现对主体寄托的希望。

⑥ 能否利用或借助主体的某种功能，附加一种别的东西使其发挥更大作用。

【案例6】河北一农民培育出"艺术苹果"

只有小学文化的河北成安县农民段振培育出了"艺术苹果"，造型各异的苹果一上市就受到青睐。"艺术苹果"主要为方形、圆柱形和葫芦形，各种造型奇特的苹果"长"着"福""寿"等字样，有的苹果上还"长"着京剧脸谱、八仙过海、金陵十二钗、清明上河图等优美逼真的图画。经过5年不懈努力，段振发明了水果套膜的方法及模型，并试验成功。2003年8月，获得了国家知识产权局颁发的方形、圆柱形、葫芦形水果造型3项专利。

段振的"艺术苹果"的价格均比一般苹果高出3至5倍，他还聘请电脑设计人员，制作出八仙过海、京剧脸谱、清明上河图、传统剪纸等30余种人物图案。利用特殊的工艺，辅以人工控制果品表面的吸光量，让这些生动逼真的形象造型"长"在了苹果上。

3. 异类组合

两种或两种以上不同领域的技术思想或不同功能的物质产品的组合，都属异类组合。在异类组合中，不同种类的事物之间一般没有明显的主、次之分，各自发挥自身的构造、成分、功能等方面的优势，参与组合的对象从功能、原理、结构、意义等任一方面或多方面互相渗透、连接、嵌套，从而使组合后的整体发生变化。异类组合绝不是事物的简单叠加，而是围绕一个中心互相取长补短，创造出新事物。

【案例7】充气混凝土房

英国的两位大学生利用混凝土特性发明了一种快速成型的充气混凝土房屋（见图

11-6）：成型前房屋是一个占据空间很小的压缩包，由可充气塑料"内胎"和"外皮"两层组成口袋式，"外皮"是一种注有水泥的纤维——混凝土布，内外层紧紧贴合。压缩包内胎一经充气，混凝土布制成的"外皮"就能够不断扩张到所设计的形状和尺寸，"外皮"喷上水干透后就形成房子坚固的墙壁，并且该房屋的基础也是利用充气混凝土布创造的一个适于承压的平面，保证站在其上的混凝土外墙稳稳当当，利用这个发明，在12小时之内可建成出一栋混凝土房屋。房子成形后呈半圆形活动房形状，薄薄的混凝土外墙保证房子的安全。

注水充气　　　　　逐渐膨胀、凝固　　　　　　风干后使用

图 11-6　充气混凝土房

用"神奇包包""吹"出来的房子携带运输轻便，搭建时只需要空气和水，操作简单方便，随建随用，房子成型后牢固，且经久耐用，这类建筑成形后可矗立10年不倒。这一发明已获得多项大奖。

异类组合的特点是：

① 组合对象来自不同的方面，一般无主次之分。

② 组合过程中，参与组合的对象从意义、原理、构成、成分、功能等任一方面或多方面互相渗透，整体变化比较显著。

③ 异类组合是异类求同，可受多方面信息启发联想组合，因此适用范围很广。异物组合真正体现出 $1+1>2$ 的"杂交"优势，创造性很强。异类组合无处不在。

【案例8】创意照片花盆

创意照片花盆是哈萨克斯坦一家名叫"GOOD"的广告公司的创意：它类似我们经常看到的旅行杯的双层外壳设计，照片塞在夹层当中，你可以变换不同人的照片，搭配花盆里面的不同植物，这样看起来，就好像给对方换了个发型，趣味盎然（见图11-7）。

图 11-7　创意照片花盆

4. 重组组合

任何事物都可以看作是由若干要素构成的整体。各组成要素之间的有序结合，是确保事物整体功能和性能实现的必要条件。如果有目的地改变事物内部结构要素的次序，在事物的不同层次上分解原来的组合，再以新的意图、新的方式进行重新组合，以促使事物的性能发生变化，这就是重组组合，简称重组。

重组组合特点是：第一，组合在一件事物上施行；第二，组合过程中，一般不增加新的东西；第三，重组主要是改变事物各组成部分间的相互关系。

比如：拼装家具，可根据位置尺寸、面积、爱好组装成各种样式的家具。再如，重组组合法在文学创作中也能大显身手。

【案例9】七巧板变形记

七巧板是中国传统的智慧玩具，设计师利用他的重组功能设计七巧板书架、墙贴、地垫等，使用者可以根据自己的喜好，将书架墙贴、地垫等拼成各种造型，美化居室，如图11-8所示。

图 11-8　多功能七巧板

重组组合的操作步骤：

① 解剖事物的组成部分，分析事物的组合层次。

② 理清每一层次的功能和该层次的组成部分的独立功能。

③ 弄清每一层次上组成部分间的联系。

④ 弄清层次间的组合关系。

⑤ 分析哪些组合层次和哪些组合部分存在欠妥之处。

⑥ 从中确定组合的层次和重组的部分。

⑦ 提出重组方案，进行可行性研究。

⑧ 进行重组试验验证。

5.技术集成

技术集成创新是指将公知技术、有效专利和部分自创技术，系统化地组合集成为一个新的具有创造性的技术方案直至获得实际应用，并产生良好的经济和社会效益的商业化全过程的活动。技术集成创新的主体是企业，其目的在于有效集成各种技术要素，提高技术创新水平，为企业建立起真正高层次的竞争优势。例如乔布斯带领苹果，将手机、触摸屏、GPS定位、重力感应等现成的技术集成到iphone当中，引发全球热购。

（二）形态分析法

形态分析法是由瑞士天体物理学家兹维基提出的一种创造方法。

形态分析法是将需要解决的问题分解为相互独立的要素，找出每个独立要素可能的形态，然后将各要素和形态进行组合的创新方法。

形态分析是对研究目标进行要素分解和形态组合的过程。要素和形态是形态分析中的两个基本概念。所谓要素，是指构成事物各种功能的特性因子。相应的实现各功能的技术手段，则称之为形态。形态分析法的基本思想就是要通过系统组合各种形态、筛选求优。

① 要素分析。这是应用形态分析的首要环节，是确保获取创造性设想的基础。分析时，要使确定的要素满足3个基本要求：一是各个要素在逻辑上彼此独立；二是在本质上是重要的；三是在数量上是全面的。

② 形态分析。即按照创造对象对要素所要求的功能属性，列出要素可能的全部形态（实现功能的技术手段）。

③ 方案组合。按形态学矩阵进行方案组合。

④ 方案评选。技术发明方案一般用新颖性、先进性和实用性三条标准进行初评，再用技术经济指标进行综合评价。

⑤ 最后，选择最佳解决方案。

通过不同的组合关系会得到若干个不同的方案，我们可以优中取优，选定最适合的一种。这种创新方法有利于人们冷静地分析、评判，将一切可能性都考虑在内，不会轻易地、盲目地否定任何一个可行的方案。

【例1】 用形态分析法，设计维生素含片的剂型

解答：我们把维生素含片的基本要素分为形状、口味、辅料三种，列举每种要素

可能的形态，如下表所示。

要素	形态
形状A	三角形A1、仿生植物A2、动物形A3、塔形A4、棱柱形A5、球形A6、月牙形A7
口味B	柠檬B1、葡萄B2、苹果B3、草莓B4、菠萝B5、玉米B6
辅料C	淀粉C1、葡萄糖C2、植物纤维素C3、蛋白质粉C4、奶粉C5

从理论上讲，由上表可组合出 $7 \times 6 \times 5 = 210$ 种技术方案。除去已经上市的产品和目前不能制造的产品，经过进一步筛选可以得出维生素含片的多种设计方案。

形态分析法广泛应用于自然科学、社会科学等领域。在应用中只要列出研究对象的全部要素和要素可能具有的全部形态，并进行排列组合，可以网罗各种可能的具有独创性、实用性及较高创造性的设想。由于依靠人们程序化、系统化思考，形态分析得到的方案更具理性。形态分析法的目的不仅是得到各种组合方案，而且是学会如何在成百上千个方案中选取最有创新价值的方案。这就需要调动创造者创造性思维能力，进行敏锐地捕捉和筛选。

【例2】 应用形态分析法进行关于"外星生命入侵地球"科幻小说（或电影）创作。我们分解出"入侵者"、"入侵方式"、"入侵地"、"抗争领导者"、"抗争方式"和"结局"这六个独立的要素，对这六个要素开展形态分析，列出可能的表现形态，进一步创作出动人心魄的作品。

科幻小说形态分析表

要素	形态
入侵者	外星人、外星动物、外星植物、外星细菌、外星病毒、外星机器人
入侵方式	覆盖、渗透、掠夺、占领、控制
入侵地	整个地球、某一国家、某一城市、某一乡村、某处山峰、某片陆地、某片海洋
抗争领导者	军人、科学家、医生、教师、工人、农民
抗争方法	战争、感化退兵、其他星球援助、地球自然力量
结局	消灭、投降、俘虏、暂时撤退、取代、家园重建

根据这个表格进行排列组合，即可在短时间内得到很多故事情节的构思方案。

 基本训练

1.用下列物品中，运用同类组合、异类组合、主题附加和重组组合，你能提出哪些有价值、有意义的设想？

计算机、百合花、门口的棕垫、太阳镜、手机、卧室、电视、雕塑、吊床、窗户、吸尘器、电话、汽车、电影票、饮用瓶装水、易拉罐、杀虫剂、钢笔、电饭煲、缆车、电风扇。

2.运用主体附加法，在保留以下主体功能不变的情况下，加上其他附加物，以扩大其功能或改善性能，把结果填入表内。

主体	附加物	改进后的名称
例：跳绳	计数器	可计数跳绳
风筝		
口罩		
安全帽		
手提行李箱		
眼镜		
台灯		
优盘		
充电器		
太阳伞		
篮球		

3.试分析下列组合型产品的进步之处，哪些产品发生质的渐变、哪些产品发生质的突变？

双管日光灯、香味纺织品、收音机钢笔、三人自行车、情侣衫、双面绣、温度计勺、反光路标、拍照手机、复合材料、轮椅、CT。

4.形态分析法是将需要解决的问题分解为相互独立的要素，列出每个独立要素可能的形态，然后将各要素和形态进行组合的创新方法。用形态分析法，设计校园围墙，把分析写在表内，选择的最佳方案写在表中。

要素	形态
材料	
造型	
附加功能	
选择的最佳方案	

5.运用形态分析法设计环保、使用方便的大学校园照明灯具。

要求：① 填写形态分析表，要求至少写出三个要素及对应的形态。

② 选择一种方案作出详细设计，可以画图表示。以科学性、新颖性、实用性作为评价标准。

6.根据形态分析法的实施过程，进行牛奶等液体状食物的包装设计。

要求：画出形态分析表，并选出最佳方案。

7.审视你已经具有的就业、创业本领，写出一份个人简历及下一步行动计划，思考如何运用组合法"以添促变"，增长知识技能、增加阅历使自己成为"多功能"的创新人才，提升就业竞争力、未来职业适应力及储备职业转换力。

产品组合训练

1.训练目的

体验运用组合法提出创造性设想。

2.训练内容

依照表中的要求，选择一种组合方式，提出一项具有新颖性、创造性和实用性的新产品设想。要求说明新产品名称、新产品用途、结构、工作原理、使用方法等内容。

组合方式	训练内容
同类组合	① 观察你的周围，哪些事物是单独的，或处于单独运用状态的 ② 思考原来单独的事物成对成双后，其性能是否改善或能带来新功能 ③ 原来单独的事物成双成对后，是否产生了新意义 ④ 试着进行同类组合，并请试用者进行评价
主体附加	① 有目的、有选择地确定一个主体 ② 运用缺点列举法，全面分析主体的缺点 ③ 运用希望点列举法，对主体提出种种希望 ④ 能否在不变或略变主体的前提下，通过增加附属物克服或弥补主体的缺陷 ⑤ 能否通过增加附属物，实现对主体寄托的希望 ⑥ 能否利用或借助主体的某种功能，附加一种别的事物使其发挥更大作用
异类组合	越来越多的物品趋向于多功能，请你观察我们使用的生活用品，以实现多功能为目标进行有效的异类组合，寻找创造性设想
重组组合	尝试改变熟悉事物构成顺序、操作方式，寻找新的功能或优化性能
形态分析	① 选定要研究的事物画出形态分析表 ② 因素分析时要使确定的因素满足3个基本要求：一是各个因素在逻辑上彼此独立；二是在本质上是重要的；三是在数量上是全面的 ③ 形态分析：按照创造对象对因素所要求的功能属性，列出因素可能的全部形态 ④ 按形态学矩阵进行方案组合 ⑤ 方案评选：用先用新颖性、先进性和实用性三条标准进行初评，再用技术经济指标进行综合评价，最后选择相对最优的解决方案

参阅资料

『资料1』组合手电筒（见图11-9）

把普通手电筒中间变成可弯折的褶皱设计，然后两边都安装上照明灯，就变成了这样一款双头手电筒，解决普通手电筒只能照明一个方向的问题。

图11-9　组合手电筒　图11-10　"瓶装"易拉罐

『资料2』"瓶装"易拉罐（见图11-10）

问题提出：打开易拉罐一次无法喝完时，怎样密封？

将"瓶子"和"易拉罐"组合，设计出了这样一款"瓶装"易拉罐。它表面看来就是一个普通饮料瓶的上半部分，不过它却是特意为易拉罐量身定做的。当你打开易拉罐而又无法喝完时，则只需要将这样一个瓶口扣在易拉罐上即可。这样一来，一个罐装的饮料就变成了瓶装的了。

『资料3』雨伞包（见图11-11）

为了防止满是雨水的雨伞弄脏室内，很多地方都会提供一些塑料袋用来包装雨伞。可是出于环保的考虑，连购物用的塑料袋都被取消了，包雨伞的塑料袋大概也不能幸免吧？来试试这款新颖的提包雨伞吧。该雨伞在不用的时候，可将其折成一个提包。

图11-11　雨伞包

『资料4』充气衬垫

包装箱内衬可以充气衬垫，将物品放入后向气囊充气，将物体固定，见图11-12。

图11-12　充气衬垫

『资料5』可以发电的地板（见图11-13）

图11-13　发电地板

『资料6』多功能场地

　　羽毛球、篮球、网球、排球等场地的画线用投影生成，根据需要可以灵活调整场地用途，如图11-14所示。

图11-14　多功能场地

『资料7』可以发光的滑雪板（见图11-15）

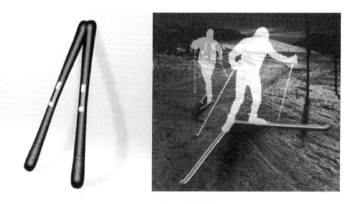

图11-15　可发光的滑雪板

『资料8』楼梯与电梯的组合（见图11-16）

图11-16　楼梯与电梯的组合

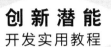

创 新 潜 能
开发实用教程

课题12 他山之石——移植法

　　学会"搬",将一个事物原理、技术和方法"搬"到其他领域推广或善于从别的领域学习、借鉴解决难题的原理、技术和方法。

学习内容

 一、感知移植法

　　某领域的原理、方法及成果引用或渗透到其他领域,用以创造新事物或变革旧事物,移植也可以说是"搬",是最简便也是最有效的创造方法。

　　移栽植物、移植动物器官,是人类在农业和林业劳动中创造的一种技术,在医学上创造的一种手术;作为移植创新法,则是科技创新的一种重要方法。

　　比如,发明汽车发动机上的汽化器原理,来自香水喷雾器。新式声音除尘,其装置构造类似高音喇叭。无轮电车的运行,采用的是滑冰鞋溜冰的原理。外科手术中用来大面积止血的热空气吹风器,其原理和结构基本上与理发师手中的电吹风器相同。

二、怎样运用移植法

1.移植法原理

移植往往要以联想、类比为前提，要把研究的对象和熟悉的对象进行比较，把未知的东西和已知的东西联系起来，寻求不同对象之间的共同点和相似点，从而实现各种事物的技术和功能相互之间的转移，促进事物间的交叉、渗透和综合。移植法可分为原理移植、方法移植、结构移植、材料移植和环境移植等方法。

（1）原理移植　从现有的成果出发去寻找新的载体，将某一学科的技术原理向新的领域推广以有所创新。如磁性物质同性相斥推广到机械设计中，有磁悬浮轴承、磁悬浮列车、磁悬浮弓箭的诞生。

【案例1】超声波技术推广

超声波技术原用于清洗、测量、探伤、熔解、研磨、切割等。近年来，通过对超声技术进一步开发，使某些传统产品产生了"革命性变化"。日本研制的超声波洗衣机，洗衣时，洗衣机把超声波和空气流一起压入水中，从而使衣物中的油脂和污垢脱离纤维，将衣物洗干净。美国研制出了靠高频超声波缝合衣服的缝纫机。当将化纤、混纺衣料片送入缝纫机内时，超声波便在两块衣料缝合处振动，摩擦热以极高的速度将衣料片熔接在一起，比用针线缝更美观、坚固。市场上新近还推出了超声波牙刷，刷牙时，从牙刷毛中喷出一束细小的水柱，并产生气泡和超声波，不仅清洁效率高，而且对牙龈有保健按摩作用。

（2）方法移植　从问题出发去寻找其他现有成果以解决问题。属于解决问题的途径和手段的移植。例如，"发泡"是蒸馒头、做面包时使其松软的方法，人们先后把这种方法用到其他领域得到发泡水泥、发泡肥皂、发泡保温材料、海绵橡胶等多种创造成果。

【案例2】小猫爪套风靡欧美

家里养一只可爱的宠物猫，在享受乐趣的同时又增添许多烦恼，小猫锋利的爪子会划坏沙发和地板，抓伤主人，必需要不停地为小猫剪指甲，甚至有人通过风险很大的猫爪切除手术来避免这一问题。有位兽医从手术之后给小猫带的护套受到启发，发明了小猫爪套。在给小猫修剪指甲后，在爪套中注入特殊的粘贴胶水，罩住猫脚爪上锋利的指甲，就达到了目的。不仅小猫的爪子戴上爪套之后"变"柔软，而且五颜六色的猫爪套使得小猫更加可爱。（摘自中国发明专利信息网）

（3）结构移植　将某一事物的结构形式或结构特征向另一事物移植，是结构变革的基本途径之一。

物品的结构都是为使用功能和原理功能的要求服务的，同样的结构功能，可以有很多不同的具体结构形式，而同一种结构功能又可以体现在不同技术、不同行业和不同类属的物品上。所以，某种产物的结构功能，同另一待创造物所需要的结构功能相近时，该结构就有可能满足待创造物的某些使用功能或原理功能。因此，在发明创造的结构设计阶段，要明确创造对象的基本结构功能是什么，然后运用分析信息法，横向寻觅有同类结构功能的产品，优选出最佳结构，大胆进行移植试验。

【案例3】肥皂泡与建筑物

肥皂泡是在表面张力和内部的气体压力作用下的一个球状结构。近年来，人们仿照肥皂泡的原理造成了各种功能的产品。大致可以分为两类，一类是用薄膜做成气囊，或多个气囊的组合，用气泵往气囊充气后，气囊鼓起来，称为充气结构。充气结构使用的范围越来越广，从充气屋顶、充气大厅、充气枕头、充气床到充气玩具等；另一类是用金属制造一些刚度很大的框架，然后把薄膜绷到框架上，称为薄膜结构。如以往发电厂的大型冷却塔都是用钢筋混凝土建成，现在只要制造成所需要的框架，然后把一定质量的薄膜绷上去就可以了，既省工又省料。

（4）材料移植　产品的使用功能和使用价值，除了取决于技术创造的原理功能和结构功能外，也取决于物质材料。物质材料的每一次创造性应用，在带来新的使用功能和使用价值的同时，也使人们对它产生了新的认识。物质材料在各种产品上的广泛应用，大大开拓了人们的眼界。

【案例4】用玻璃架桥

在人们的心目中，桥只能用砖头、木料、藤条、钢材、铁索、钢筋混凝土等材料建筑。然而，科学家们在千方百计地开发建桥新材料中，破天荒地想用玻璃架桥。玻璃透明，质轻，传统观念中的玻璃是易碎材料，它能否承受重力和负载振动，作为结构材料移用到建桥行业，造出晶莹透彻的玻璃桥呢？保加利亚的科学家们用玻璃建造了一座宽8m，长12.5m，重18t的桥梁，经试验，25t的载重汽车飞驶而过，玻璃桥安然无恙。科学家们终于将玻璃植入别的行业发挥了新的作用。

随着材料工业的发展，新型材料络绎不绝地出现，通过移植进行创造发明的前景将更加绚丽迷人。再如，水泥的颜色本来不能变化，而拌入二氧化钴后的水泥，就会具有随空气湿度变色的性能。用这种材料建筑的楼堂厅阁，将会自动变幻色彩，大晴天呈蓝色，阴天呈现紫色，雨天呈现深红色……

（5）环境移植　事物本身不变化，将其"原封不动"地搬到其他领域可以产生新的使用价值。例如：家用远红外防盗报警器移植到学生课桌上，用于坐姿不良时的报警，可预防近视眼病的发生。

【案例5】新型小狗沐浴机

最近美国科学家发明了新型小狗沐浴机，机器内部带有37个小型喷头，不管狗狗是否愿意，只要设定好了程序，把门关上，喷头就自动喷出含有清洁沐浴露的水，在4min内把狗狗身上的污泥脏物全部消灭，然后是长达20min的烘干过程，怕水的狗狗们一般都对刮来的小暖风格外消受。（摘自中国发明专利信息网）

2．应用步骤

运用移植法有两条思路。一条是成果推广型移植，即主动地考虑把已有的成果向其他领域拓展延伸的移植。另一条是解决问题型移植，即从待研究的问题出发，为了解决其中有关基本功能、原理、结构、材料或方法方面的问题而考虑移植其他领域中相似的情形。

3．注意事项

移植是借助类比的启示和沟通来实现的，这决定了移植法在很大程度上是一种试探性方法，移植到载体的功能、结构、原理、材料要经过适应性调整并且经过验证才能证明新事物有生命力。移植法的适应范围是会受到一定客观基础与主观认识的限制的。移植的跨度越大，这种限制表现得越突出。因此，分析和准确地把握移植的限度，是运用移植创造法必须注意的问题。

 基本训练

（1）成果推广型移植训练　检索各种媒体获取新发现、新发明、新创意等新事物，从中提取有价值的信息，思考把新成果向其他领域拓展延伸移植。

① 原理移植训练。从现有的成果出发去寻找新的载体，将熟悉的某一学科的技术原理向新的领域推广。

② 方法移植训练。从现有的成果出发去寻找新的载体，将解决问题的途径和手段向新事物移植。

③ 结构移植训练。将某一事物的结构形式或结构特征向有待解决的问题移植。

④ 材料移植训练。将新材料创造性推广到其他旧事物，以带来新的使用功能和使用价值。

⑤ 环境移植训练。将某一新事物"原封不动"地搬到其他领域，以创造性解决其他领域的问题。

（2）解决问题型移植训练

① 设计各种农作物果实采摘器。

训练指导：

首先，界定农作物果实采摘的原点是分离，即将果实与枝干分离。

其次，从上述给定的问题出发，检索其他领域的信息，去寻找其他现有成果，哪些农作物具有分离功能，它采用的什么样的方法？应用哪种原理？采用什么样的结构？制造这一装置用什么样的材料？思考能否"搬"到要解决的问题中？

通过这样的思考，你是否产生了新的认识、是否形成新的创意？如果没有找到启发，再换一个距离较远的领域，重复上述过程，直到问题解决。

② 设计各种方便打开如核桃、松子等坚果的装置。

首先，界定打开如核桃、松子等坚果的装置的功能是分离，即将果仁与皮核分离，并思考此处的分离，与果实采摘的分离有何区别及相同点，农作物果实采摘器的设计给本题的解决提供哪些启示？

其次，从上述给定的问题出发，检索其他领域的信息，去寻找其他现有成果，哪

些具有分离功能，它采用的什么样的方法？应用哪种原理？采用什么样的结构？制造这一装置用什么样的材料？思考能否"搬"到要解决的问题中？

通过这样的思考你是否产生了新的认识、是否形成新的创意，如果没有找到启发，再换一个距离较远的领域，重复上述过程，直到问题解决。

 **拓展训练**

训练一　技术手段移植训练

1.尽可能多地找出实现"伸缩"这一功能的技术手段。例如，气球膨胀收缩，雨伞张开合拢，卷帘门的卷曲伸直等。首先从不同角度，界定伸缩的内涵，并找出实际应用的案例。

要求小组合作，利用网络检索，要有图片及文字介绍。

2.尽可能多地找出"压缩空气驱动"这一技术手段多种功能。例如，压缩空气驱动汽车门的开合，压缩空气驱动汽车轴的转动，压缩空气驱动船模。尽可能多地找出实际应用的案例，进一步思考你利用压缩空气驱动还能做成什么，每个小组至少提出三个创造性设想。

要求小组合作，利用网络检索，要有图片及文字介绍。提出的创造性设想要求有具体的功能、原理、结构、材料等详细设计方案。

训练二　新技术推广移植训练

1.将以下技术以移植到各种产品上，提出你的创造性设想

目前，一种新型的以纺织物为基础的照明材料问世，它能在白天吸收太阳能，并在晚上为数百万生活在没有电力设施地方的人提供照明。6块这样的便携式发光样品相当于一个60瓦灯泡的亮度。一个14盎司的肩带就能转变成一个照明天棚；一个2.5磅的肩挎包打开后就是一个灯笼；一个3磅重的背包也能做照明工具用。一个8盎司的垫子卷起来或打开都能提供一个足够阅读的空间。

这种可携带型的光源模型可以被制成便携式包，甚至工具、垫子和有肩带的包，用来为家庭、教室和乡村小型工厂提供照明，同时也可以来改善发展中生活社区的居住状况。

2.运用你在课堂上学到个各种知识，尝试用于解决别的领域的问题，写出你的创造新设想。

参阅资料

『资料1』类似电梯超载报警　专家发明船舶"治超"技术

翻船事故80%由船舶超载引起，超载造成的翻船，船员与乘客都难以逃脱，死亡率极高。

然而，一直以来治理船舶超载都只能靠人力监管，如派专人在渡口严格限制载客

人数，由于种种条件限制，这种监管实际上很难杜绝超载现象的发生。

有船舶专家根据电梯超载报警设备发明"船舶超载报警器"，通过语音、断续警笛、红绿灯光以及字幕显示四种方式实现超载报警。与此同时，警报设备与船舶动力系统"连通"，一旦发生超载，多余的人员如果不下船，船只就无法行进，由此从根本上解决了超载问题。

『资料2』香蕉皮与润滑剂

一个人踩到丢弃路上的香蕉皮会使他滑倒，这是众所周知的常识。香蕉皮为什么滑溜呢？想到这个问题的人也许不多，把它当作个问题去研究的人，可能更少。有人用显微镜加以观察，发现它由几百个薄层构成，层与层间可以滑动。

据此，有人提出推断，如果能找到类似结构的物质，就可由此发现性能优异的润滑剂。在对许许多多的物质进行研究后，人们终于发现二硫化钼和石墨的结构完全类似于香蕉皮的结构，石墨早已被用作润滑剂，二硫化钼却是通过这种移植方法被发现的。

二硫化钼具有极薄的层结构，厚度为 $0.1\mu m$，仅为香蕉皮层厚的二百万分之一，其易燃性相当于香蕉皮的200万倍。它的熔点高达1800℃，常用润滑剂黄油只能在150℃以下的条件下使用，而二硫化钼在400℃温度下使用也不成问题，是一种良好的耐热性润滑剂。

留意、研究"日常小事"，有时也可引出新发现，这对于我们很有启示。

课题13 触类旁通——类比法

学习目标

学会运用类比法，把表面看来毫不相干事物联系起来、异中求同，发现创新的目标或为待解决问题寻求突破的措施。

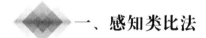

◆ **一、感知类比法**

【案例1】中文"一滑输入"法的发明

近些年来，中文输入法各显神通。在2008年，有人发明一种名叫swype新颖的输入方式，该输入法跳出点按输入的思维定势，以滑动手势输入英语单词。

上海交通大学的学生团队想把swype移植到汉字输入上，在项目过程中，发现了汉语拼音特有的规律——任何一个汉语拼音字母后面可能跟的字母不超过6个，他们利用这个特性动态改变键盘布局，从而达到滑行输入的目的。例如输入上海的"上（shang）"字，当按下需要输入的第一个按键"s"时，此按键立即变为红色，迅速切换至相应动态键盘，周围6个显示为绿色的字母是下一个可能的字母，显示为黄色的是继绿色之后的可能字母。使用者只需要在触摸屏上通过一条不间断的滑行路径即可输入汉字，实现"一滑输入"。

与直接移植swype相比，他们的输入法滑行路径更短、效率更高。经过实验，"一滑输入"的最高速度达到了每分钟75.9个字。而通过比较实验，手机键盘每分钟中文输入字数为22个；手写每分钟输入29.4个；普通软键盘每分钟输入37.6个。滑行输入法比普通输入法的速度，提高了两三倍，这个成果已经申请了四项专利。

类比法就是通过对两个（或两类）不同的事物进行比较，找出它们的相似点或相同点，把其中某一事物的有关特征推移到另一对象中去，从而实现创新的方法。

类比创造法是建立在类比推理基础上的一种创造方法。所谓类比，简单地说就是把两类事物加以比较。作为类比创造方法，除了比较之外，还要进行逻辑推理，即从比较中找到比较对象之间的相似点或不同点，在同中求异或异中求同中实现创造。

类比法源于类比推理。类比推理是根据两个或两类对象在某些属性上相似而推出它们在另一个属性上也可能相似的一种推理形式。比如，因为A对象具有a，b，c，d属性或关系，B对象具有a'，b'，c'属性或关系，且与a，b，c相似，所以，B对象可能有与d相似的d'属性或关系。在类比过程中，如果发现所揭示的属性d'鲜为人知，或由此悟出新的设想，便意味着这种类比推理产生了创造功能。

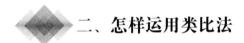

二、怎样运用类比法

1. 直接类比法

直接类比法就是从自然界或者已有成果中寻求与创新对象相类似的事物，将它们进行直接比较，在原型的启发下产生新设想的一种技法。

【案例2】石头与光波

1924年，法国青年物理学家德布罗意以爱因斯坦的光子概念为类比对象，把一块石头和一束光联系起来，提出了一个惊人的论点：石头并不是沿直线运动的，而会产生一种波，并骑在自己所产生的波上前进，如果它穿过一个小洞，迎面又有一堵墙，那么它不一定正撞在运动轨迹与墙面的交点上，而会偏离到不知哪一点上去，如果大量的石头一块接一块飞来，就会在墙面上打出许多同心环构成的图案。

他的这个惊人的论点是运用了类比推理的方法得出的，他把光学现象与力学现象做类比，发现在几何光学中，光的运动具有服从最短路程原理，在经典力学中，质点的运动具有服从力学的最小作用原理。光是波动性和粒子性的统一体，具有波粒二象性，从自然界的和谐、对称出发，他提出了实物粒子具有波粒二象性的假说。所以，石头具有波动性就不足为奇了。后来，德布罗意因此而获得诺贝尔物理学奖。

运用直接类比法一般可遵循以下步骤：

第一步，根据要解决的问题，想一想世界上还有什么事物与要解决的问题具有同样的功能？

第二步，那个事物的功能是如何发挥的，既它的原理如何？

第三步，运用那个原理到要解决的问题中。

第四步，完善这个设想。

2. 拟人类比法

① 方法定义、拟人类比法亦称自身类比、亲身类比、人格类比或角色扮演，就是将自身与问题要素等同起来，创造者从精神到机体上参与创造活动，把自己想象成要研究的对象，体验作为研究对象会有什么感受，在角色扮演中悟出一些与解决问题有关而平时又无法感知的因素，从而创造性地解决问题。

【案例3】能预告寿命的灯泡

日本一家公司研发出了一种会预告自己"大限"的灯泡，家中灯泡寿终正寝之前，它会提醒你"我快不行了"，从而避免使你的家突然陷入黑暗之中。原来，他们设计的灯泡在快坏掉的时候，能发出无线电信号传输到互联网上，然后以手机短信的形式通知你——该更换灯泡了。

② 操作程序：

第一步，把自己比作要解决的问题，或把无生命的研究对象想象成有生命的、有意识的，就像人一样。

第二步，变化角色，想想自己是研究对象，体验产生的新感受。

第三步，从新鲜的感受中设法寻找解决问题的办法。

第四步，重回研究者的角色，评价设想。

3. 象征类比法

象征类比亦称符号类比，是借助事物形象或象征性符号来类比所思考的问题，从而使人们在间接地反映事物本质的类比中启发思维，开阔思路，产生创造性设想。

4. 幻想类比法

幻想类比亦称空想类比和狂想类比，是通过幻想思维或形象思维对创新对象进行比较，从而寻求解决问题的答案的一种方法。幻想类比的作用可体现在以下三个方面：

（1）使深奥、费解的事物变得清晰。

（2）使人们的联想力和想象力变得丰富。

（3）使解决问题的方案变得具体。

一般说来。幻想类比讲究"神与物"的相互渗透，人们正是在这种相互渗透之中去把握要点，悟出道理，并进而取得发明创造的成果。

5. 因果类比

所谓因果，就是指原因和结果，合起来说是指二者的关系。两个事物之间都有某些属性，各属性之间可能存在着同一种因果关系，根据某一个事物的因果关系推出另一个事物的因果关系，这种类比就叫作因果类比。

在创造过程中，掌握了某种因果关系，触类旁通有可能获得新的发现，产生新的创意。

【案例4】水流旋涡与台风的旋向

美国麻省理工学院谢皮罗教授发现，放洗澡水时，水流出浴池的下水口总是形成逆时针方向的旋涡。经过研究，原来这种现象与地球自转有关，由于地球是西向东不停地旋转，所以北半球的洗澡水总是逆时针方向流出浴池的。

谢皮罗教授由此想到了台风的旋转方向问题，并进行了因果推理——北半球的台风也应该是逆时针方向旋转的，与洗澡水流出的旋转方向是一致的。他推断：如果在南半球，情况应该恰恰相反。谢皮罗有关台风旋转方向的科研论文发表后，引起世界各国科学家的极大兴趣，他们纷纷进行观察或实验，其结果与谢皮罗的推断完全相符。

6. 仿生类比

仿生类比法是通过仿生学对自然系统生物分析和类比的启发创造新方法。1960年在美国诞生的边缘学科——仿生学，就是为解决技术上的难题而应用生物系统知识的学问。因此仿生类比法又被称为仿生学法。

无数事实表明，生物界所具有的精确可靠的定向、导航、探测、控制调节、能量转换、生物合成等生物系统的基本原理和结构，是人类创造新事物的巨大智慧源泉。比如能够像鸟类和蝙蝠一样在天空中振翅飞翔的侦察相机，拥有壁虎足垫一样黏附功能的机器人可以在垂直的光滑墙壁上攀爬等。

中国科技大学刘仲林教授总结出仿生类比一般实施步骤如下：

第一步，根据生产实际提出技术问题，选择性地研究生物体的某些结构和功能，简化所得的生物资料，择其有益内容，得到一个生物模型。

第二步，对生物资料进行数学分析，抽象出其中的内在联系，建立数学模型。

第三步，采用电子、化学、机械等手段，根据数学模型，制造出实物模型，最终实现对生物系统的工程模拟。

7. 对称类比

对称是指图形或物体对某个点、直线或平面而言，在大小、形状和排列上具有一一对应关系。自然界中许多事物都存在着对称关系，如物理学中的正电荷和负电荷，人的左手和右手等。运用对称类比也可能做出某种对称创造。

三、运用类比值得注意的问题

值得注意的是，类比推理所得的结论是不完全可靠的。类比推理结论的可靠程度取决于进行类比的事物之间的相同属性的相关程度。例如，牛奶是液体，能干燥成奶粉；而汽油也是液体，但不能干燥成"汽油粉"。这种简单类比所得到的结论并不可靠。只有抓住两个事物的在某些本质属性方面进行类比，可靠性才会大大提高。

在实际运用上述类比方式开展创新活动时，在解决问题之初，通常喜欢从相似的问题中去直接寻找借鉴或答案。只有当尝试多次而失败或是问题过于复杂时，人们才会转用拟人、象征、幻想等越来越间接的类比方法，以求在奇思异想的启发下，创造性地解决问题。各种类比各有特点和侧重，它们在创造活动中相互补充、渗透、转化，都是创造过程中不可缺少的部分。

课堂报告：利用网络检索现有创新成果中运用直接类比法、拟人类比法、象征类比法、幻想类比法、对称类比法、仿生类比法的真实案例各一个，分析每个案例采取的类比法的类比原型、找到原型的过程、解决问题的步骤、研究者的思维特征，并写出由此得到哪些启发：你想到了什么？你准备做什么？

要求做成幻灯片（ppt）要有图片及文字介绍，每人独立完成。

1.要求小组合作，分析并写出螳口式仿生园艺剪的研究与开发的创造方法，研究步骤。

2.每个人独立完成以下任务：

从此例中你受到哪些启发，如果你设计园艺剪，你能想到可以类比的哪些事物，你会设计出什么样的园艺剪？

进一步思考设计园艺剪的原点是保证绿篱的高度和整齐度，那么是否只有"剪"这一条思路吗？能否借鉴不需要修剪的草坪，来培育不需要修剪的绿篱品种呢？由此你又想到了什么？

示例：螳口式仿生园艺剪的研究与开发（来源：挑战杯官网，作者：东北农业大学.赵艺等）

（1）作品详细介绍　随着城市化进程的加快，人们对城市中自然环境的要求不断提高，园林绿化如雨后春笋，遍布于城市的各个角落，点缀着城市。在园林机械当中，对灌木的修剪要求切割设备具有优越的切割性能，其切割形式与刃口的质量，将直接影响装置的作业效率。针对个人居住庭院及楼宇小区内绿化带的日常修整，螳口式仿生园艺剪是一种高效、经济、环保型园林剪。

由螳虫的优越撕咬、切割能力获得仿生灵感，深入研究螳虫进食运动机理及其口器的结构特征，提取有价值的仿生信息。利用三维激光扫描系统对螳虫口器进行外形

扫描，得到其三维数字模型，提高了获取仿生特征的准确度，用数字式线切割加工方式加工本作品的刀部刃口，保证了加工刃口与提取得到的具有仿生特征的刃口形式的最大吻合度，且通过实地观察工人对绿篱的修剪动作习惯，与蝗虫进食机理相结合，构建发明特征结构，符合人体工程学要求。

最后通过试验，验证了本项目所提取的蝗虫口器的特征应用于切割的思想的可行性。

本研究以仿生科学为主导思想，以生物科学、农业物料学及园艺学为理论基础，以力学、逆向工程技术、机械工程学及数控线切割等为实现手段，跨越了仿生工程、人因工程、机械工程、农业工程、林学等多学科门类，是一个交叉综合型的科研项目。通过本研究还有望拓展各学科门类的外延；扩大各学科的应用领域；增强学科之间的有效融合，是现代仿生应用模式的一个缩影，为切割工具刃口的研究提供一个新的思路，也为提高我国城市绿化发展略尽绵力。

（2）作品设计、发明的目的和基本思路、创新点、技术关键和主要技术指标

① 目的：针对个人居住庭院及楼宇小区内绿化带的日常修整，满足迅速扩大的绿化规模要求，从而减轻工人的劳动强度，提高工作效率。

② 基本思路：由蝗虫的优越撕咬、切割能力获得仿生灵感，深入研究蝗虫进食特点及其口器的结构特征，提取有价值的仿生信息，并制造相关切割装置。

◆采用高速摄影技术获得蝗虫进食过程的视频信息。

◆采用六自由度关节臂三坐标激光扫描测量机，获取蝗虫口器的空间三维数据。

◆采用现代数字式线切割机床加工设备，完成具有仿生特征的部件加工，并通过试验调试，使蝗口式仿生园艺剪的切割性能达到理想状态。

③ 创新点：

◆本研究以耦合仿生科学为主导思想，为园林剪的仿生优化奠定生物学基础。

◆采用生物解剖技术与高速摄影、逆向工程、图像处理等先进的科技手段相结合的研究方法。

◆将关键特征指标化、参数化。在保证高效切割的同时，使结构部件加工方便、实现批量生产。

④ 技术关键：

◆通过提取蝗虫口器特征，深入研究特征机理，将特征参数化，揭示蝗虫的切断食物能力的本质，为应用到实际中的切割奠定基础。在试验中，将解剖提取的蝗虫口器形状特征与口器内各部分运动机理相结合，实现耦合仿生。

◆通过实地观察工人对绿篱的修剪习惯，与分析得到的蝗虫进食特征相结合，构建发明特征结构，符合人体工程学要求。

⑤ 主要技术指标：

◆剪刀的有效切割直线行程182mm；

◆与传统园艺剪相比较，可降低切割功耗10%以上。

⑥ 科学性、先进性：

◆蝗虫剪的刀刃刃口部分具有明显滑切效果。

◆发明中的特征结构符合人体劳动行为习惯。

◆蝗虫剪有多种工作形态，可根据不同的切割作业环境，方便快捷地调整其结构，

更利于提高工作质量。

◆具有经济、结构简单、高效、节能环保、无污染等优点。

◆针对修剪的绿篱树枝枝条的平均直径大小，决定发明的"蝗虫剪"的刃口的具体形状大小，具有针对性特点。

◆本作品针对现阶段绿篱修整工具、机械的优缺点，填补了市场上应用于小面积修整园林树枝缺少有效且经济的工具的空白。

（3）使用说明，技术特点和优势，适应范围，推广前景的技术性说明，市场分析，经济效益预测

本作品的使用操作简单，与传统手持式剪刀使用方法统一。作品提升了对绿篱修整的有效切割范围，充分实现滑切效果，力求降低整体切割功耗，并可通过调节作品的结构形态，来更好地应对不同粗细的待切割木料。本作品主要应用于个人居住庭院及小区内小面积的绿篱日常修理维护，也可针对电动式绿篱剪处理后的部分修整，填补了市场上应用于园林小面积修整树枝缺少有效且经济环保的工具的空白。基于农业收获机械、园林机械、日常生活等诸多行业中，都涉及了大量的用以切割物料的机械装备，对传统的切割作业模式及刃口几何结构进行合理地优化，对于提高相关作业装备的效率有重要的影响。本作品的刀部具有蝗虫口器特征的刃口形式的提出，为在其他领域中应用于切割的工作部件（日常用刀，手拉锯，机械圆锯片等）的改良提供了参考，具有很好的市场开发价值和应用价值。现本作品已申请国家专利，为将作品转化为产品，推广发展、开辟市场空间做好前期基础。

参阅资料

『资料1』海豚与潜艇

科学家在研究潜艇过程中将潜艇与海豚进行类比。人们发现海豚在水中运动的速度非常快。为什么呢？原来，海豚具有流线型的形态和特殊构造的皮肤。它那具有双层结构的柔软表皮可以产生糯滑，并借助滑移时产生的旋涡来减少前进时的阻力。于是，设想使潜艇也具有流线型形体，并外穿一种用橡胶仿制的"海豚皮"。

事实证明，这种运用仿生类比创造的新型潜艇，前进的阻力可降低50%，使运动速度得到较大的提高。

『资料2』世界第一台能自由行驶的深潜器的发明历程

瑞士科学家阿·皮卡尔，不仅在平流层理论方面很有建树，而且还是一位非凡的工程师。他设计的平流层气球，飞到过15690m的高空。后来，他运用直接类比法发明了世界第一台能自由行驶的深潜器。

在此前，深潜器是靠钢缆吊入水中的，它既不能在海底自由行动，潜水深度也受钢缆强度的限制，由于钢缆越长，自身重量越大，从而也容易断裂，所以它一直无法突破2000m大关。

阿·皮卡尔在研究深潜器时，首先想到尽管海和天是两个完全不同的世界，然而

海水和空气都是流体，存在潜在的相似性。因此，他决定利用平流层气球的原理来改进深潜器。平流层气球由两部分组成：充满比空气轻的气体的气球和吊在气球下面的载人舱。利用气球的浮力，使载人舱升上高空。如果在深潜器上加一只浮筒，不也像一只"气球"一样可以在海水中自行上浮了吗？据此他设计了一只由钢制潜水球和外形像船一样的浮筒组成的深潜器，在浮筒中充满比海水轻的汽油，为深潜器提供浮力；同时，又在潜水球中放入铁砂作为压舱物，使深潜器沉入海底。如果深潜器要浮上来，只要将压舱的铁砂抛入海中，就可借助浮筒的浮力升至海上。再给深潜器配上动力，它就可以在任何深度的海洋中自由行动，再也不需要拖上一根钢缆了。

经过多次试验和不断完善，他设计的深潜器"的里雅斯特号"下潜到世界上最深的洋底——10916.8m，成为世界上潜得最深的深潜器。

『资料3』电视塔的造型设计

电视发射塔的设计，要求既有抗各向风力的性能，又能满足发射信号的需要。人们发现山上的云杉树由于受狂风长年累月的打击，底部直径显著增大，树形长成了圆锥状。通过类比分析，就出现了圆锥形的电视塔。

『资料4』新型健身球的发明

上海网球厂是一家生产网球的专业工厂，一度产品积压，濒临停厂。后来一设计人员借鉴了尼龙搭扣既能牢牢钩粘，又能便捷分离的设计，创造性地设计出集健身和娱乐于一体的两用娱乐球。说来十分简单，它由两块布满圆钩形尼龙丝的靶板和绒面皮球组成，投掷时能够随意脱取和粘贴。一方面，可以用作正式球比赛的规范用球；另一方面，可以作为健身运动或娱乐活动自乐用球。该产品投放市场不到半年，仅海外客户的订单就超过150万只，企业因而全面扭亏为盈。一项发明创造救活了这家企业。

创新潜能
开发实用教程

课题14 系统质疑——设问法

学会运用奥斯本检核表法、和田十二法、5W2H法（6W2H法）质疑提问，创造性分析解决问题。

学习内容

一、奥斯本检核表法

1.奥斯本检核表法的涵义

【案例1】各式各样的"电钻"

将一根除草杆连接到电钻上，可以利用除草杆前端的多项头勾住泥土深处的草根，轻而易举地帮您去除"难缠"的杂草（见图14-1）。

使用电钻时，转头高速旋转，操作不仅带有一定的危险性，还容易污染周围环境。设计师对生活进行深入观察之后，设计了这款新型电钻（见图14-2），它不仅操作方便，同时也更加安全。电钻的把手可以任意转动角度，以此来适应操作者的各种握持方式，减

图14-1 电钻除草器

轻长时间使用的肌肉疲劳感。这款电钻前端带有透明的保护罩，不仅可以起到稳定机身的作用，还可以在仰视操作时防止飞沫四溅。

图14-2　可变把手位置的电钻

另有设计师考虑到转角处钻孔的不方便，特别设计了直角转接口，可以让将钻头方向扭转90°（见图14-3）。给使用者在狭小空间中作业带去许多方便，非常实用。

考虑到钻孔的精确定位，又有设计师设计出可以定位的电钻，如图14-4所示。

图14-3　90°转角电钻　　　　　　图14-4　定位指示电钻

提问是创新活动的切入点，问题能促使人们进行思考，提出问题是一切创新活动的起点。因此，怎样发现问题，怎样才能提出适当、有价值的问题，是从事创新活动的人们普遍关心的。美国创造工程研究所从创造学家奥斯本的著作《发挥创造力》中选择相关内容编制成促使人们提出问题的"检核表法"，引导人们设问思考。

奥斯本检核表法是利用一系列提问引导创新者围绕研究对象不断地从多角度、宽范围进行思考，以便启迪思路、开阔思考空间，使之更容易产生新设想和新方案的一种方法。

奥斯本检核表法由九个方面的提问组成，见表14-1。

表14-1　奥斯本检核表

问题	扩展思考
① 能否他用？	现有的事物有无他用？ 保持不变能否扩大用途？ 稍加改变有无其他用途？
② 能否借用？	现有的事物能否借用别的经验？ 能否模仿别的东西？ 过去有无类似的发明创造创新？ 现有成果能否引入其他创新性设想？
③ 能否改变？	现有事物能否做些改变？ 如：意义、颜色、声音、味道、式样、花色、品种等。 改变后效果如何？
④ 能否扩大？	现有事物可否扩大应用范围？ 能否增加使用功能？ 能否添加零部件？ 能否扩大或增加高度、强度、寿命、价值？
⑤ 能否缩小？	现有事物能否减少、缩小或省略某些部分？ 能否浓缩化？ 能否微型化？ 能否变得短点、轻点、压缩、分割？
⑥ 能否代用？	现有事物能否用其他材料、元件？ 能否用其他原理、方法、工艺？ 能否用其他结构、动力、设备？
⑦ 能否调整？	能否调整已知布局？ 能否调整既定程序？ 能否调整日程计划？ 能否调整规格？ 能否调整因果关系？ 能否从相反方向考虑？
⑧ 能否颠倒？	作用能否颠倒？ 位置（上下、正反）能否颠倒？
⑨ 现有事物能否组合？	能否进行功能组合、原理组合、方案组合？ 能否进行形状组合、部件组合？

　　检核表法几乎适用一切领域的创造活动，被称为"创造技法之母"。人们运用检核表法，依照检核项目的各个角度逐一的思考分析问题，会使人的思维更有条理性，有利于比较系统和周密的思考问题，也有利于人们更为深入的分析问题，进而有针对性地提出更多的有价值的设想。

　　2.奥斯本检核表应用举例

　　（1）能否他用？保持不变能否扩大用途？是否可以直接用于新的用途，稍加改变有无其他用途？

　　例如，利用淘汰的飞机发动机产生强大的气流吹雪，发明吹雪车，效果良好。

【案例2】可以发电的足球

哈佛大学社会学系的两名女生发明一种"插座足球"，把人对足球的爱好与对照明的需要结合起来。既可以用来踢，又可以把动能转化成电能储存下来。"插座足球"看起来就像一个普通的足球，储存电力的原理是将踢球时的能量储存到一节电池里，而这节电池可以用来给手机等小电器充电。踢30分钟球所储存的能量足够令LED灯亮3个小时。在投资者以及家庭的帮助下，两名女生完成了原型的发明，并展开一系列测试。很多孩子们都玩过这种足球的"初级版"，随后，她们又根据需要不断加以改进，令其重量更轻。进一步她们成立了一家社会企业，继续致力于将有趣性和社会服务性相结合的发明，如今该企业的年收入已经达到200万美元。

（2）能否借用？现有事物能否借用别的经验？过去有无类似的发明、创造、创新是否能够加以模仿、学习？现有成果能否引入其他新设想？

【案例3】巧借爆气法解决"地沟油"的问题

"地沟油"中的毒害物质主要为具有致癌危害的黄曲霉素和多次加热后产生的苯并芘。在市民谈"油"色变的背景下，上海科研人员日前发布了一项能从源头上解决"地沟油"的新技术。这项发明的灵感其实来自城市污水处理的"爆气技术"。该科研团队成功效法污水处理的"爆气技术"，加以改进后将活性氧变成许许多多的"微泡"。在"微泡"的作用下，"地沟油"就会产生裂变，形成酒石酸、甲醇和甲酸等亲水性降解物，最终被水中的微生物分解。捞不到地沟油，就意味着从源头上斩断了"地沟油"回流餐桌的路。

（3）能否改变？能否改变意义、颜色、运动、声音、气味、样式和类型等，能否有其他变化？改变后效果如何？

【案例4】多彩花炮

一般的花炮仅是一个圆纸筒，里边装了火药。为了满足人们日益增长的需求，一些厂家将圆纸筒变成动物、花篮、坦克车、西游记人物等各种造型，将烟花的颜色由单一的红黄色变为赤、黄、橙、绿，青、蓝、紫各种颜色，烟花燃烧后的形状也变化多端，火药的喷射方式也是各种各样。还有一些厂家还制造出各种音响效果。使无数的孩子及家长被它们所吸引。

（4）能否扩大？能否增加使用功能？能否扩大应用范围？能否更高些、更长些、更厚些，能否附加价值，能否增加材料？能否添加零部件？能否增加强度、寿命、价值？能否复制或是加倍乃至夸张等？

【案例5】牙膏的升值术

含有各种添加物的牙膏，已经把刷牙的功能从卫生的层面提升到了具有抗菌、防蛀、美白、舒缓口腔神经，预防口腔炎症等保健功效，使牙膏这一传统产品焕发新的活力。

【案例6】手机的成长历程

从摩托罗拉公司注册手机专利，一直到1985年，才诞生出第一台现代意义上的、真正可以移动的电话，然而当时它重量达3kg，使用者要像背背包那样背着它行走，所以被叫作"肩背电话"。与现在形状接近的手机，诞生于1987年。与"肩背电话"相比，它显得轻巧得多，而且容易携带。尽管如此，其重量仍有大约750g，像一块大砖头。

从那以后，手机的发展越来越迅速。1991年时，手机的重量为250g左右；1996年秋，出现了体积为100cm³、重量100g的手机。此后又进一步小型化、轻型化，到1999年就轻到了60g以下。也就是说，一部手机比一枚鸡蛋重不了多少。除了质量和体积越来越小外，现代的手机已经越来越像一把多功能的瑞士军刀了。而智能手机中加入大量的GPS、加速器、陀螺仪、麦克风、照相机、蓝牙等传感器，除了最基本的通话功能，手机还可以用来收发邮件和短消息，可以上网、玩游戏、拍照、看电影、传微信，越来越多的使用功能，使智能手机风靡全球。

（5）能否缩小？能否减小些什么，能否更小些，能否微型化，能否做到浓缩、更低、更短、更轻或是加以省略，能否分割？

如图14-5所示，将照相机微型化，信息直接储存在优盘上，携带使用方便。

图14-5　微型相机

（6）能否代用？谁能代替？可用什么代替？能否采用其他材料、其他素材、其他工序或是其他动力，能否选择其他场所、其他方法？

【案例7】透水地面

夏天的城市连降暴雨后，容易造成道路积水和内涝等情况，重要的原因是路面不透水。以环保技术见长的德国，把全国城市90%的路面改造成了透水路面。相比全硬化地面，透水路面能平衡城市生态系统。雨水由透水路面渗透入地，地下水位可以迅速回升。透水地面能通透"地气"，使地面冬暖夏凉，雨季透水，冬季化雪，可以增加城市居住的舒适度。另外，由于透水地面的孔隙多，地表面积大，对粉尘有较强的吸附力，减少了扬尘污染，也可降低噪声。

（7）能否调整？能否替换要素，能否采用其他顺序或其他布局，能否置换原因和结果，能否改变步调或改变日程表？能否从相反方向考虑？

【案例8】如何减少大型客机登机时间

如何减少大型客机登机时间是很多人研究的课题，有人找到了一种更为高效的登机方法，能够将平均登机时间减少一半。他建议先让过道一侧奇数排靠窗位的乘客登机，再让过道另一侧奇数排靠窗位乘客登机，接下来是中间位、靠走道位以此类推，奇数排乘客登机完毕后，偶数排乘客按照同样顺序登机。对比实验传统"随机登机法"、现行"分区登机法"和新型"按号登机法"的登机效率，结论出乎许多人意料，"按号登机法"用时最短。

（8）能否颠倒？能否作用颠倒、位置颠倒？是否可以换一换方向？

【案例9】塑料变耐水胶

塑料泡沫具有难以分解、耐水、耐寒、耐老化、抗腐蚀等特点，而这些特性恰恰是建筑黏结剂所需的特性，北京一名退休的技术人员变废为宝将这些"白色污染"转化成建筑装修所用的耐水胶。

（9）能否组合？例如，西门子公司发明洗衣烘干熨烫一体机，大大提高衣物保洁的效率，受到消费者欢迎。

【案例10】室内楼梯储物柜

如图14-6所示，将楼梯与储物柜组合，实现资源的充分利用。

图14-6　楼梯储物柜

3.体验运用检核表

奥斯本检核表法实际上是多种方法的综合，其中第一项和第二项属于移植法；第三至第七项与列举法相当；第九项是组合法。因此，在使用检核表时要对所涉及的多种方法有较深刻的理解，才能较好运用检核表。

在创造过程中，根据需要可以将检核表的九个方面问题作为一个方法使用，逐项提问思考，也可以如前所述将其中的一条单独使用，应灵活掌握。

我们研究超市购物车，可以运用奥斯本检核表从表14-2所示9个方面思考。

表14-2　检核表法应用示例：超市购物车的开发

序号	检核项目	新产品名称	设想要点
1	能否他用	发电购物车	将购物车移动中的动能转化为电能，并储存
2	能否借用	导航购物车	在购物车上安装商品区位导航仪
3	能否改变	侧开门购物车	将购买的商品从侧面推到收银台上，免去上下移动，更省力
4	能否扩大	双层购物车	分为二层，可以携带较多商品
5	能否缩小	小型购物车	将购物车缩小成多种微小型，满足不同的需要
6	能否代用	可移动购物篮筐	购物篮加轮、拖拉杆等
7	能否调整	扫描结算购物车	购物车自动扫描商品结算
8	能否颠倒	可翻转购物车	车筐可翻转，方便货物包装
9	能否组合	广告购物车	安装广告媒体，使购物车成为广告载体

二、和田十二法

【案例11】彩虹玫瑰

如图14-7所示，一种被称为"彩虹玫瑰"或"幸福玫瑰"多色玫瑰花，已成为年轻人当中一种新的送礼时尚。彩虹玫瑰是在乳白色玫瑰的花茎不同部分注射不同颜色和剂量的鲜花染色剂，控制每个花瓣的颜色，使其最终呈现出绚丽的彩虹花瓣。

图14-7　彩虹玫瑰

和田十二法是在借鉴检核表法和其他创造方法的基础上，由我国创造学研究者在上海和田路小学试验后提炼总结出来的。它表述简捷，便于掌握，从十二个角度提问，更具有启发和发散性，有助于对问题深刻理解。具体如下：

（1）加一加　可在这件东西上添加些什么吗？把它加大一些，加高些，加厚一些，行不行？把这件东西和其他东西加在一起，会有什么结果？需要加上更多时间或次数吗？

例如，把载重车加长一点，就成为大平板车，可以运载超长物件；把火车车辆加高一层，就成为双层车厢，增加载客量。

（2）减一减　能在这件东西上减去些什么吗？把它减小一些，降低一些，减轻一些，行不行？可以省略取消什么吗？可以降低成本吗？可以减少次数吗？可以减少些时间吗？

例如，用减一减的办法，将眼镜架去掉，再减小镜片，就发明制造出了隐形眼镜。随着科技的发展，许多产品向着轻、薄、短、小方向发展。

又如，一封信件通常由信纸、信封和邮票三件物品构成，用"减一减"的技法，使三件物品变成一件——明信片。

（3）扩一扩　使这件东西放大，扩展会怎样？功能上能扩大吗？

例如，宽荧幕电影、投影电视、投影教具等都可以说是"扩一扩"的结果。一物多用的工具和生活用品越来越多，如多用刀、多用剪、多用起子等，均属功能方面的扩展。

（4）缩一缩　使这件东西压缩，缩小会怎样？能否折叠等？

例如，目前一些小巧玲珑产品在竞争中吃香走俏，MP3、MP4越做越小，掌中宝电脑、折叠自行车，压缩饼干、书籍的缩印本、袖珍词典都是采用缩的创意，有一种"迷你型"复印机，它只有笔记本那么大，可以随身携带，可方便地复印报刊文章或资料，给人们的工作和学习带来了很大的方便。

（5）变一变　改变一下形状、颜色、音响、味道，气味会怎样？改变一下次序会怎样？

例如，据研究表明，黄光照射胡萝卜，可加快生长；红光照射黄瓜可提高产量一倍。根据不同作物的需要，可生产不同颜色的农用塑料薄膜，改变单一白色的状态。

（6）改一改　这种东西还存在什么缺点？还有什么不足之处？需要加以改进吗？它在使用时，是不是给人带来不便和麻烦？有解决这些问题的方法吗？

例如，将普通旗杆改为可吹风的旗杆，可以使旗帜在无风的环境里"高高飘扬"。又如，某同学看到漏斗灌水时因空气阻塞使得水流不畅，将漏斗下端口由圆变方解决问题。

（7）联一联　每件东西或事物的结果，跟它的起因有什么联系？能从中找出解决问题的办法吗？把那些东西与要研究的事情联系起来，能帮助我们达到什么目的吗？

例如，分众传媒的创始人江南春在久等电梯百无聊赖时看到一张电梯内壁上的海报，联想到在电梯门旁安装电视机，造就中国第一家户外电视广告经营商——分众传媒广告公司，带来亿万财富。

（8）学一学　有什么事物可以让自己模仿、学习一下吗？模仿它的形状和结构会有什么结果？学习它的原理技术，又会有什么结果？

例如，福特汽车公司老板福特看到本公司生产线上装配一辆T型车需12.5h，他认为太慢了。决心改进，但又无良策。他夫人建议参观一下屠宰场、橡胶厂，看看他们运输材料的生产过程。他们首先到了罐头厂，看到生产线很长，整块猪肉经切碎、蒸煮、装罐，输送过程全用滑轮，不用人力，迅速简便。回厂后，召集技术人员设计制造了装配汽车的输送带，装配一辆车的时间降为83min，极大地提高了装配速度。

（9）替一替　这件东西有什么东西能够代替？如用别的材料、零件、方法等，行不行？

例如，用纸代布，制成纸衬衣领、纸领带、纸太阳帽、纸内衣、纸结婚礼服等一次性产品，色彩鲜艳，造型别致，价格低廉，在国际市场上甚为走俏。

又如，德国生产的灭火泡沫炮弹代替了传统的灭火方法，用于机场灭火，当出现火情时，发出信号，在机场范围内，泡沫炮弹在100s内就可飞临现场，在20～30微秒瞬间，放出大量泡沫，将火扑灭。

（10）搬一搬　把这件东西搬到别的地方，还能有别的用途吗？这个想法、经验、道理、技术搬到别的地方，也能用得上吗？

【案例12】不断"搬家"的拉链

拉链这种产品直至今日仍受到人们广泛的欢迎，是与不断发现它的新用途有着很大的关系。

1893年，一个叫贾德森的芝加哥工程师，获得了"滑动锁紧装置"方面的第一个专利，这就是"拉链"。他将这种"拉链"用于高筒靴没有成功。瑞典人桑巴克于1913年改进了粗糙"拉链"，将它变成了一个可靠的商品。

1926年美国小说家弗朗克才给这种装置起名为拉链。一家服装店的老板将拉链用于钱包上，后又用于海军服上。第一次世界大战期间，美国军队最先订购大批拉链给士兵做服装。战后传入民间。彼得公司将拉链用于运动衣，也取得了成功。

普通锁紧装置的专利权至1931年到期。在这之后，人们想到了拉链的更多用途。例如，有一个公司曾为生羊蹄病的羊做了成千上万双拉链靴，一个奥地利外科医生把一条拉链缝入一个男人的胃里，还有人将拉链用于渔网上和将拉链用于苗棚上。

病人进行胰脏手术后会大量出血，美国外科医生H·史栋把拉链移植到人体胰脏手术上，它可以随时打开拉链检查患者腹腔的病况，更换一次纱布只需5min，在这种方法完成的胰腺手术中，康复率达90%。而在此之前，只能采用在腹腔上反复开刀、缝合，以更换纱布排除淤血，每次手术长达60min，这种传统的治疗方法使患者不堪忍受，并导致患者死亡，仅有百分之十的患者能够康复。如今，医用缝合拉链已经广泛使用于各种外科手术中。

拉链的生命周期随着新用途的不断发现而得到延续，并且效益也越来越大。在这种多样的使用中，各种新的拉链也不断产生，形成了拉链产品系列。

若没有新用途的发现，就不会有拉链产品的今天。由此可见，发现新用途可以引起发明，产生新产品，可使不完善的发明得到完善和应用，从而取得成功。从某种意义上说，用途的发现本身也是一种发明。

（11）反一反　　如果把一件东西、一个事物的正反、上下、左右、前后、横竖、里外颠倒一下，会有什么结果？

例如，农村木工李林森运用"反一反"的方法，解决木工刨床易伤手问题，获得成功。以前的刨床旋转的刨刀滚是固定的，木料要靠人用手来推进，推到最后，一不小心，手就被刨刀切了。这种结构世界通行。尽管人们采用各种光电、机械防护装置，但都是在"防"字上做文章。李林森采用与通行结构相反的结构，木料不动，刨刀滚往复行走，从根本上解决了刨刀吃人手的问题。

（12）定一定　　为了解决某一个问题或改进某一件东西，提高学习和工作的效率，防止可能发生的事故或疏漏，需要规定些什么？制订一些什么标准、规章、制度？

例如，茅台酒所含对人体有益的微量元素至少在170种以上，远胜于其他白酒，储存时间越长，保健功能越突出。茅台酒股份有限公司采取"定一定"的方法实施了将每瓶茅台酒出厂前都标上出场年份，出厂后第二年，茅台酒价格自动上调10%，以后逐年以此类推。这一做法称为"价格年份制"，在中国白酒市场上是首创。

又如，制订标准和游戏规则的企业总能赚取更多的利润，众所周知，微软、英特尔、思科都是行业标准的制订者，所以都能引领市场。

奥斯本检核表法是其中一种，以该方法的发明者亚历克斯·奥斯本的名字命名的。其特点是在创造过程中要求人们拓宽思维想象空间，进而产生新设想、新方案。奥斯本检核表法根据需要解决的问题，或创造的对象列出有关问题，一个一个地核对、讨论，从中找到解决问题的方法或创造的设想。

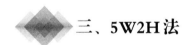

三、5W2H法

1. 感知5W2H法

你想跟同学解释清楚一件事，必须提到哪些内容呢？时间、地点、人物、事件的起因、经过和结果，这些我们在小学学写作文时就知道了，那么跟创新有什么关系呢？

在进行发明创造时，善于提出问题对于解决问题是非常重要的，发明家几乎无一例外地具有善于提问题的能力。发现问题，并能对一个问题追根刨底，才有可能发现新的解决办法。所以从根本上说，学会发明首先要学会提问，善于提问。

2.5W2H法的具体内容

（1）What　　需要做什么事情？什么目的？什么要求？什么条件？什么是关键问题？什么主题？

（2）Why　　为什么做这件事情？为什么采用这种方法？为什么设置这些程序和环节？其他人为什么在这些事情上会失败？

（3）When　　什么时间开始？何时结束？什么时机最合适？

（4）Where　　这些事情应该在哪里解决？哪里的成本最低？哪里的条件最好？

（5）Who　　由谁来做？谁是潜在的顾客？谁可以对这件事情提供帮助？

（6）How　　这件事情怎么做？怎样扩大知名度？怎么才能降低成本？怎么做才是

最佳方案？

（7）How much　多少？做到什么程度？数量如何？质量水平如何？

因为是以五个W开头的英语单词和一个以H开头的英语单词进行设问，启迪思路，指导创新实践活动，所以被称为5W1H法，后来人们又将最后How扩展到做到什么程度（How much）？于是5W1H又变成了5W2H，如果再加上做了哪些选择（Which），就是6W2H法。

3. 体验用5W2H解决发明问题

用于管理创新可以这样提问：

（1）Why—为什么？如：为什么做这项工作？为什么应用这个原理？为什么采用这一方法？

（2）What—什么？如：任务是什么？目的是什么？条件是什么？方法是什么？规范是什么？重点是什么？功能是什么？与什么有关？

（3）Who—何人？如：谁会做？谁来做？谁不能做？与谁有关？谁来决策？谁会赞成？谁会反对？

（4）When—何时？如：何时开始？何时完成？何时最适宜？何时最不适宜？

（5）Where—何处？如：何处可做？在何处做？何处最适宜？何处最不适宜？

（6）How to—怎样？如：怎样去做？怎样做效果好？怎样做效果不好？怎样得到？怎样改进？怎样发展？怎样避免失败？

（7）How much—多少？如：需要多少人力、物力、财力？成本多少？多少利润？多大效益？

又如，用于新产品开发又可以这样提问：

（1）Why—为什么？如：为什么需要？为什么做成这个样子（形状、大小、颜色等）？为什么有这种性质？为什么使用这种材料？为什么要这样生产？为什么非做不可？不做为什么不行？

（2）What—什么？如：条件是什么？哪一部分工作要做？目标是什么？重点是什么？与什么有关系？功能是什么？规范是什么？经济效益、技术效益是什么？达到什么样的工效指标？什么样的质量标准？

（3）Who—何人？如：包括谁是发明者？谁是工艺设计者？谁是标准化制订者？谁是生产者？谁是消费者？谁是销售者？谁来办事方便？谁不可以办？谁赞成，谁反对？谁决策？谁被忽视了？

（4）When—何时？如：包括何时研究？何时实施？期限是多少？研究顺序是什么？事物的寿命有多长？产品的保修期，折旧期，维修期各是多长？何时完成？何时安装？何时销售？何时产量最高？何时上市销售最切合时宜？

（5）Where—何处？如：包括何地研究？何地试验？何地生产？何地安装？何部门采用？何地有资源？何处买？何处卖？何处推广？何处改进？

（6）How to—怎样？如：包括怎样省力？怎样速度快？怎样效率高？怎样改进？怎样得到？怎样避免失败？怎样求发展？怎样使产品观大方、使用方便？怎样增加销路？

（7）How much—多少？如：功能如何？效果如何？利弊如何？安全性如何？销售额如何？成本多少？

再如，某创业者欲在大学开一家校园超市，可以使用5W2H法分析制订经营策略：

① Why—为什么开超市？住校的大学生有多种消费需求，而校园超市能为学生节约购物时间和节省交通成本。

② What—学生需要买什么？

③ Who—超市顾客是谁？消费者主要是学生，因此首先要了解学生的消费需求。

④ When—何时？课外活动时间才是消费的高峰时段。

⑤ Where—超市开在什么地方？超市选址应紧邻食堂或位于生活区到教学区的必经之路，方便购物。

⑥ How to—怎样增加消费量？与学生社团联合，为社团服务购置活动用品，以宿舍为单位举办团购等增加消费量。

⑦ How much—成本多少？在消费高峰期雇用一部分学生，可以降低雇员成本等。

基本训练

1.运用检核表法提出创造新设想

问题	物品（技术、方法、原理、结构等）	创造性设想
能否他用？	光触媒技术	
	充气膨胀	
	定时器	
	太阳能热水技术	
能否借用？	鼠标	
	闹钟	
	电风扇	
	晴雨伞	
能否改变？	电暖气	
	订书器	
	跳绳	
	餐桌	
能否扩大？	圆珠笔	
	自行车	
	路灯	
	围墙	
能否缩小？	洗衣机	
	垃圾箱	
	插座	
	信用卡	

问题	物品（技术、方法、原理、结构等）	创造性设想
能否代用？	玻璃窗	
	键盘	
	羽绒服	
	创可贴	
能否调整？	组合家具	
	公共汽车候车亭	
	座椅	
	喷墨打印机	
能否颠倒？	矿泉水瓶	
	手机	
	水龙头	
	电风扇	
能否组合	学习桌	
	电视遥控器	
	行李箱	
	滑板车	

2.借助5W2H设问法，为下列方案制订行动计划：

① 发明覆盖屋顶的保证屋内冬暖夏凉的建筑材料。

② 邀请一位同学外出旅游。

③ 设计别具一格的班级晚会。

④ 向新生推销生活用品。

3.运用"能否他用？"对我院校园的围墙进行开发设计，要求写出设计依据、详细方案，画出示意图。以新颖性，实用性为评判标准。

4.运用"能否改变？"设计具有我院特色的校园文化衫，要求写出详细设计方案，并画出示意图。以新颖性，独特性、实用性为评判标准。（给定素材：白色短袖圆领衫）

拓展训练

训练一　运用检核表对一件你感兴趣的产品进行改进设计。要求对应检核表的每一问，提出一种新产品创造性设想。

训练二　我国汽车消费渐热，以小组为单位来设计各式各样的汽车消费品。

训练三　我的发现——案例分析

1.目的

理解设问法，寻找可供学习、借鉴、模仿的榜样。

2.训练内容

利用互联网搜集利用设问法进行创新的案例并作出分析，案例类型与关注点见下表。

案例类型	重点关注
检核表法	①利用奥斯本检核表对一件物品的从九个角度系统发散思考，从而产生的创造性设想 ②利用检核表中的某项提问，对物品进行分析，从而产生的创造性设想
和田十二法	①利用和田十二法对一件物品的从十二个角度系统发散思考，从而产生的创造性设想 ②利用和田十二法的某项提问，对物品进行分析，从而产生的创造性设想
6W2H法	①利用6W2H法对一件物品的从八个角度系统发散思考，从而产生的创造性设想 ②利用6W2H法的某项提问，对物品进行分析，从而产生的创造性设想

备注：要求从共青团中央"挑战杯"作品库中检索收集案例。
案例类型为技术发明、文化创意、大学生创业、社科论文等。

3.实施策略

根据自己的兴趣选择项目，自主拟定分析方案，撰写案例分析报告。所选案例典型且适度综合、语言表达流畅、图片有震撼力。

老师根据案例分析四个不同层次的深度给出成绩。

第一层次，案例分析与基本概念相符；

第二层次，基于所分析的案例，提出自己的独到见解；

第三层次，将案例中包含的创新思维或方法移植到其他领域解决其他的问题，由此产生新的创意；

第四层次，将创造性设想进一步设计形成有价值的技术方案。

4.案例分析报告呈现形式

有两种呈现形式可供选择：

① 用Word文档，可借鉴下表的形式，表格尺寸根据内容调整。

作者	学号	班级	作品编号
案例名称			
基本内容			
创新点			
产生的价值			
你受的启发			
由此产生的创造性设想			

② 用幻灯片呈现，自己设计格式分析案例：基本内容、创新点、产生的价值、对你的启发、由此产生的创造性设想。

参阅资料

『资料1』可以踢的台球

你想过台球还可以踢吗？有设计师发明可以踢的台球，用脚将台球踢进球洞，既活动大脑，又活动四肢。你想一想，台球还有怎样的"打"法？

『资料2』手机专用清洁产品

一位韩国人制造出了世界上第一台专门为手机清洁美容的设备。该产品可以消除附着在手机表面的所有细菌，同时在清洁过后，还能够使手机留下一种淡淡的香气。

这款设备的发明者已经正式申请了专利，已经有很多韩国国内的手机销售网点表示非常看好这项售后增值业务，将购买此产品，为用户提供有偿服务。

对于自己最喜爱的手机，花一些钱给它洗个澡，真的一点也不过分。

『资料3』可以吃的餐具

『资料4』有设计师将中国智慧玩具尺寸扩大，使用时既动脑，又锻炼臂力，一举两得

创新潜能
开发实用教程

课题15　神奇的TRIZ

学习目标

认识TRIZ的起源与构成，体验运用TRIZ中四十个发明原理解决问题。

学习内容

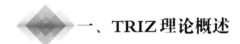

一、TRIZ 理论概述

1.TRIZ 的涵义

TRIZ的涵义是发明问题解决理论，其拼写是由"发明问题的解决理论"的俄语含义的单词首字母（Teoriya Resheniya Izobretatelskikh Zadatch）组成，其英文全称是Theory of Inventive Problems Solution，在欧美国家也可缩写为TIPS。

苏联发明家阿奇舒勒等人通过对世界近250万件高水平发明专利的分析研究，总结出人类进行发明创造解决技术问题过程所遵循的40个原理和法则。建立一个由解决技术问题，实现创新开发的各种方法、算法组成的综合理论体系，简称TRIZ。其基本原理以两个主要发现为基础：

（1）技术的演化不是一个随机过程，它与顾客需求的演化相关，并且每个工程领域的演化都对其他工程领域产生影响。

（2）创造性问题来源于矛盾，解决矛盾问题有两个方法：一是在冲突参数间寻找折中方案，二是消除矛盾。TRIZ的目标是通过消除矛盾来解决问题。古典TRIZ由问题建模和问题求解技术组成。现代TRIZ包括四部分：技术演化倾向、问题求解技术、近期专利汇集和功能与价值分析。TRIZ的方法不是针对某个具体的机构、机械或过程，而是要建立解决问题的模型及指明问题解决对策的探索方向，以提供人们思考问题和解决问题过程的科学化依据。

2.TRIZ理论的九大经典理论体系

TRIZ理论包含着许多系统、科学而又富有可操作性的创造性思维方法和发明问题的分析方法。经过半个多世纪的发展，TRIZ理论已经成为一套解决新产品开发实际问题的成熟的九大经典理论体系。

（1）TRIZ的技术系统八大进化法则。

（2）最终理想解。

（3）40个发明原理。

（4）39个工程参数及阿奇舒勒矛盾矩阵。

（5）物理矛盾和四大分离原理。

（6）物—场模型分析。

（7）发明问题的标准解法。

（8）发明问题解决算法。

（9）科学效应和现象知识库。

3.TRIZ理论对发明问题的基本认识

（1）产品及其技术的发展总是遵循着一定的客观规律。

（2）同一条规律往往在不同的产品或技术领域被反复应用，很多创新实质上往往是其他领域技术在某一领域的全新应用。

（3）人们只要遵循着产品及其技术发展的客观规律就能能动地进行产品设计并预测产品的未来发展趋势。

例如，使用密闭容器将内部的压力增加，再急速下降至常压，来分离物体的不同部分，这一技术遵循TRIZ发明原理35状态变化，利用这一原理产生系列发明，仅举几例见表15-1。

表15-1 TRIZ发明原理应用示例

系列发明	发明内容	采用的方法	所依据的TRIZ发明原理
发明一	甜辣椒罐头制造方法1968年获得专利	1.将辣椒放置于密闭的容器 2.将容器内压力增加到8个大气压力 3.释放压力到常压，在辣椒外表最脆弱的点会产生破坏而将果实取出	状态变化
发明二	剥开杉树果实	1.将果实放置于压力容器内的水下 2.加热使压力增加到好几个大气压力 3.释放压力到常压，经过高温与高压的水渗透，压力突降会使果壳破裂而果实飞出来	状态变化
发明三	向日葵种子的剥壳在1986获得专利	1.将向日葵放入密封的容器 2.加压 3.压力快速地下降，在高压扩张下，气体贯穿外壳，果实与外壳分离	状态变化

系列发明	发明内容	采用的方法	所依据的TRIZ发明原理
发明四	制造糖粉末	使用相同的技术利用压力将糖的结晶体变为粉末	状态变化
发明五	清洁滤清器	1.将滤清器暴露于5～10的大气压力中 2.快速地将压力下降到一个大气压下 3.突然压力变化产生的力量将空气压出,并带走滤网的灰尘粒子。而附着在表面的灰尘也一并清除	状态变化
发明六	处理有瑕疵水晶	1.将水晶放入一个封闭的容器内 2.增加容器内压力达到上千的大气压力值 3.再快速将压力释放回一般值,突然的压力变化利用裂缝中的空气破坏水晶	状态变化
发明七	制造金刚石刀具	制造金刚石刀具时,需设计一种设备,利用该设备将大块金刚石沿已存在的微小裂纹的方向将其分解为小块 1.设计一容器,将大块的金刚石放入 2.升压,突然降压 3.大块金刚石将沿内部微裂纹分开	状态变化

4.TRIZ理论的核心思想

现代TRIZ理论的核心思想主要体现在三个方面:

(1)无论是一个简单产品还是复杂的技术系统,其核心技术的发展都是遵循着客观的规律发展演变的,即具有客观的进化规律和模式。

(2)各种技术难题、冲突和矛盾的不断解决是推动这种进化过程的动力。

(3)技术系统发展的理想状态是用尽量少的资源实现尽量多的功能。

二、技术系统的8大进化法则

20世纪90年代美国Ideation公司将阿奇舒勒系统4个演化阶段和8条进化法则加以融合、完善定义为技术系统的8大进化法则:

(1)技术系统的S曲线进化法则。

(2)提高理想化水平法则。

(3)子系统不均衡进化导致冲突法则。

(4)增加动态性与可控性法则。

(5)通过集成以增加系统功能法则。

(6)部件的匹配与不匹配交替出现法则。

(7)由宏观系统向微观系统进化法则。

(8)增加自动化程度减少人的介入法则。

三、TRIZ理论体系中的理想化思想

TRIZ理论提倡人们在解决问题之初，首先抛开各种客观限制条件，通过理想化来定义问题的最终理想解，以明确理想解所在的方向和位置，保证在问题解决过程中沿着此目标前进并获得最终理想解，从而避免了传统创新设计方法中缺乏目标的弊端，提升了创新设计的效率。

1.TRIZ理论的理想化形态

（1）理想系统　没有实体，不消耗能源，功能实现。

（2）理想过程　只有过程的结果，而没有过程本身。

（3）理想资源　资源可以随意使用，而且不必付费。

（4）理想方法　不消耗能量及时间，获得所需功能。

（5）理想机器　没有质量、体积，但能完成工作。

（6）理想物质　没有物质，功能得以实现。

2.TRIZ中的理想化水平

理想化是技术系统的进化方向，系统的理想程度用理想化水平来进行衡量。

理想化水平衡量公式：

$$理想化（I）= \Sigma 有用功能 / \Sigma 有害功能$$

该公式的意义为：产品或技术系统的理想化水平与有用功能之和成正比，与有害功能之和成反比。有用功能包括系统发挥作用的所有有价值的结果；有害功能包括不希望的费用、能量消耗、污染和危险等。

理论上讲，通过人们的努力，理想设计和现实设计之间的距离可以缩小到零。

3.TRIZ中的最终理想解

产品处于理想状态的最终解决方案称为理想化最终结果。

理想化最终结果具有以下五个特性：

① 能够减少原始系统的缺点。

② 尽可能保留原始系统的优点。

③ 并不会让系统更趋复杂（使用免费获得的资源）。

④ 不会引进新的缺点。

⑤ 无任何设备或机构即可达到目的。

当我们规划理想化最终结果时，可以透过上述特性进行确认，看一下是否符合理想化最终结果的五个特性。

4.最终理想解的确定程序

确定理想化最终结果要思考以下问题：

① 设计的最终目标是什么？

② 理想方案是什么？

③ 达到理想方案的障碍是什么？

④ 出现这种障碍的结果是什么？

⑤ 消除这种障碍的条件是什么？

⑥ 创造这些条件存在的可用资源是什么？

理想化最终结果的确定是解决问题的关键所在，很多问题的理想化最终结果被正确理解并描述出来，问题就直接得到解决。

应用实例：改进割草机的理想解

如果将割草机作为工具，草坪上的草作为被割的目标。割草机在割草时发出噪声、消耗燃料、产生空气污染、甩出的草片有时会伤害推割草机的工人。假如设计者的任务是改进已有的割草机，设计者可能会很快想到要减少噪声、增加安全性、降低燃料消耗。但如果确定理想解，就会勾画出未来割草机及草坪维护工业的更佳蓝图。

用户需要的究竟是什么？

是非常漂亮且不需要维护的草坪！

割草机本身不是用户需要的一部分，从割草机与草坪构成的系统看，其理想解为草坪上的草长到一定的高度就停止生长。目前，至少国际上有两家制造割草机的公司正在试验这种理想草坪的草种。该草种被称为"聪明草种（Smart Grass Seed）"。

 四、TRIZ 的四十个创新原理

TRIZ 理论总结提炼出四十个解决发明问题的创新原理，体现发明的一般规律，可广泛用于解决发明问题，见表 15-2。

表 15-2 TRIZ 的四十个创新原理

1. 分割	11. 预置防范	21. 急速作用	31. 多孔物质
2. 抽出	12. 等势	22. 变害为益	32. 变化颜色
3. 局部质量	13. 反向作用	23. 反馈	33. 同质化
4. 不对称	14. 曲面化	24. 中介物	34. 抛弃与再生
5. 组合	15. 动态性	25. 自服务	35. 状态和参数变化
6. 多用性	16. 未达到或超过的作用	26. 复制	36 相变
7. 嵌套	17. 多维化	27. 一次性用品替代	37. 热膨胀
8. 仅重力	18. 振动	28. 机械系统的替代	38. 强氧化
9. 预先反作用	19. 周期性作用	29. 气压与液压结构	39. 惰性介质
10. 预先作用	20. 有效作用的连续性	30. 柔性壳体或薄膜	40. 复合材料

TRIZ 四十个发明原理中在此列出 38 项供大家参考，其内容与应用实例详解如下：

1. 分割原理

1）将一个物体分割成几个独立的部分。例如，将公园长椅分割成独立的，便于不相识的人同时使用（见图 15-1）。

图15-1　长椅分割

2）将物体分成可拆卸的几部分。例如，如图15-2所示，将整块的固体肥皂分割，一次只用一片，避免污染，携带方便。

图15-2　肥皂分割

3）提高物体的分割程度。例如，将窗帘改为百叶窗（见图15-3）。

图15-3　百叶窗

2．抽出原理

1）抽出物质中的"负面部分"或不需要的属性。例如，分体空调器将压缩机置于室外。

2）抽取物质中必要的、有用的部分或需要的属性。例如，一般市面上的加湿器体积都比较大不便携带。设计师专门为出门在外的商旅人士设计便携式加湿器（见图15-4），为了最大限度地节约空间，这款加湿器本身并没有储存液体的容器，使用者只需购买一瓶普通矿泉水安装在加湿器上即可。

图15-4　便携式加湿器

3．局部质量原理

1）将物体（或外部环境、外部作用）由同类结构变成异类结构，使物体的各部分都处于最有利于执行工作的条件下工作。例如，为方便熨烫纽扣附近的衣服，设计师给电熨斗开一凹槽（见图15-5）。

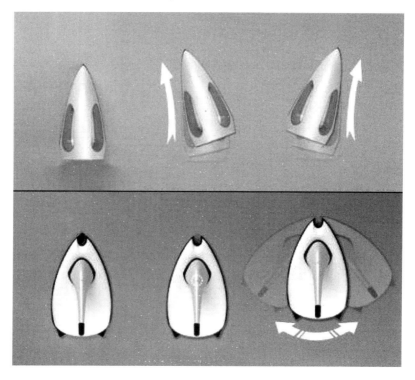

图15-5　凹槽电熨斗

2）使物体的不同部分具有不同功能。例如，开槽纽扣（见图15-6），兼做耳机线卡子。

图15-6　开槽纽扣

4. 不对称性原理

1）将物体的形状由对称变为不对称。例如，如图15-7所示三相插头。

图15-7　三相插头

2）已经是不对称形状的物体，进一步加大其不对称的程度。

5. 组合原理

1）在空间上将同类的或相邻的或辅助的操作物组合在一起。例如，如图15-8所示的组合式水龙头，出水能够计流量和显示水温度。

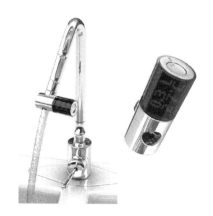

图15-8　组合式水龙头

2）将时间上相同的或相近的或辅助的操作物体组合在一起。如图15-9所示，太阳能板与风能发电机扇叶组合，同时兼有风能与太阳能两重发电作用。

图15-9　太阳能板与风能发电机扇叶组合

6.多用性原理

使一物体具有能替代其他物体的多项功能。例如，公园、街道的围墙、树木护篱，可兼做座椅，如图15-10所示。

图15-10　街边休闲椅

又如，赋予牛仔裤空气过滤功能的神奇涂层，英国的科学家制出一种附着于织物表面具有吸收氮化物的神奇涂层。该涂层主要成分为二氧化钛（TiO_2）纳米粒子，在有光照情况下，纳米二氧化钛作为催化剂可以促使氮化物与空气中的氧发生氧化反应，所得物会同汗液等一齐被洗掉，如图15-11所示。

图15-11　具有空气过滤的功能牛仔裤

再如，如图15-12所示，有设计师在雪糕中间的那根棍子上面根据一定的规则开出8个口子，每次，吃完雪糕之后你可以将这棍子保留下来，这些开口将让它们像乐高玩具一样具备近乎无限机能，你可用它搭建各种"作品"。

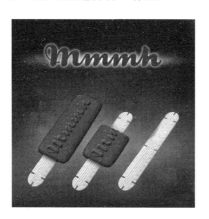

图15-12　像乐高玩具的雪糕棍

7. 嵌套原理

1）把一个物体嵌入第二个物体，然后将这两个物体再嵌入第三个物体，依此类推。例如，同样是将椅子与书架整合在一起，不过在这款产品中，椅子仅仅是作为书架的一部分，拼接起来之后，椅子与书架很好地融合在一起，同样具有书架的功能。需要的时候则可以直接拉出来，凳子、椅子与书架嵌套可以节约存放的空间（见图15-13）。

图15-13　嵌套凳子椅子的书架

再如嵌套式超市购物车的创意，如图15-14所示。我们去超市购物，一般情况下收银时需要将购物车中的物品一件件拿出，放到收银台上，经收银员扫描后，再一件件放到购物车里，费时费力。实用新型专利ZL200920254650.3，提供了一种新型购物车，可以整车嵌套在收银台上，打开购物车的侧门，从车内进行收银扫描操作，也可以在收银时将侧门搭在收银台上，将商品推出或推进进行操作，节约收银时间，减轻收银员劳动强度。

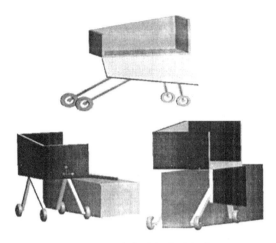

图15-14　嵌套式超市购物车

2）使一物体穿过另一物体的空腔。例如，如图15-15所示，为风扇式晾衣服机器，可提供冷、热风两种选择来烘干衣服。它内置的塑料薄膜会在风扇开启时充气，并在不需要晾衣服时，这款机器还可以当做风扇使用，非常实用。

图15-15　风扇式晾衣服机器

8.反重力原理

1）将物体与另一具有升力的物体组合，来补偿物体的重量。例如，图15-16所示，有人将儿童喜欢玩耍的气球与输液器连在一起，用气球的升力举起输液器，适应儿童活泼好动天性。

图15-16　漂浮输液器

2）利用外部环境（空气动力或流体动力或其他力）来补偿物体的重量。例如，图 15-17 所示为利用水的浮力设计飘浮音响。

图 15-17 飘浮音响

9. 预先反作用原理

针对需要完成的作用而可能出现的不利因素，预先施加反作用，用以防范其不利因素的产生。

例如，对处于受拉伸状态的物体，给予预先施加压力，在灌注混凝土之前，对钢筋施加压力。

10. 预先作用原理

1）将产品所需的后置处理动作，事先就全部或部分地完成它。例如，事先将花盆加工方便悬挂的形状，如图 15-18 所示。

2）预置物体，一旦需要时能及时地从最方便的位置使其发挥作用。

例如，如图 15-19 所示在壁纸内嵌入照明设备，把三维立体的照明设备转换成为平面的。打开开关可以提供屋内的照明；而关掉开关，外表则是普通的壁纸。而且灯光可以呈现出各种颇具美感的造型，将家居装饰地更加美观和个性。

图 15-18 悬挂花盆

图 15-19 照明壁纸

3）预先将产品运作所需的对象，内建在产品里，以便将来使用时，可以立即发生作用。例如，由台湾一家高科技公司研发的太阳能足球（见图 15-20），使用五边形的软性太阳能电池板和胶质六边板代替了传统足球的皮质表面。太阳能板为足球内部的音频播放器和运动感应装置供电，这些装置可以协助视觉有障碍的人士参与足球运动，让他们和正常人一样可以享受足球的乐趣。

图15-20　太阳能足球

11.预置防范原理

对可靠性较低的物体预置紧急防范措施。例如，为跳伞人员提供备用降落伞。

12.等势原理

改变工作条件，减少物体的提升或下降。例如嵌套式病人术后搬运推车。

实用新型专利ZL200920254563.8提供了一种嵌套式病人术后搬运推车，该推车可以嵌套在手术台上，将预置于手术台上的被单或软质床板与推车连接后，平移推车离开手术台，将手术后病人轻松转移到推车上，免去升降、平移病人，减少对病人的伤害，减轻医务人员劳动强度，当把病人从手术台运至病房后，再将推车嵌套在病床上，断开床单与推车的连接，病人可回到病床上。例如，为方便汽车维修设置的修车地槽。

13.反向作用原理

1）不以常规的方式作用，而是用相反的方式作用来替代，把物体上下位置（或过程）翻转或倒置。例如，将锅盖安装上电炉装置，则不再需要把食物翻面煎烤。

2）把通常活动部分变为不活动的，把通常不活动的部分变为活动的。例如，如图15-21所示，跑步机本身的道路在移动，运动者则相对的变成在原地不动。

图15-21　跑步机

14. 曲面化原理

1）将直线或平面变成曲线或曲面，将立方形结构变成球形结构。

2）将线性运动变成回转运动利用其产生的离心力。例如，洗衣机通过高速旋转，产生离心力来去除衣物上的水分。

15. 动态性原理

1）将刚性不活动的物体变为可活动的、可移动的或具有可自适性的。例如，图15-22所示为一种可以改变针孔大小的"大眼针"，能解决视力不好人的穿针引线问题。

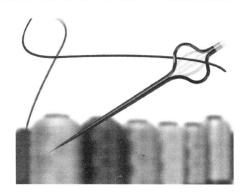

图15-22 "大眼针"

2）改变物体或外部环境，使作用在任何阶段，均能达到最佳性能。

3）产品的某些关键或特征零件，设计成可以调整与改变大小、形状，使得产品不管在什么情况下，都可以依照需要运作。

4）将一物体分成彼此能相对改变位置的几个部分，将产品的某些刚性连接转为单铰接或多铰接。例如，将防盗窗设计成灵活移动的形式，满足紧急情况下的逃生需要。

16. 未达到或超过作用（略）

17. 多维化原理

将物体由一维变为二维或由二维变为三维空间的运动。例如，利用多层结构替代单层结构设计多层汽车库；螺旋楼梯可以减少占用空间。

18. 振动原理（略）

19. 周期性动作原理

用周期性动作（或脉动）替代持续动作，将原本连续的动作改变成周期性的间断式动作。

例如，间歇性鸣叫的警车警铃能格外招来人们的注目。

如果动作已经是周期性的，则改变其周期频率，利用脉动的间歇来完成另一个动作或将一些其他的动作，穿插在原本周期性的动作之间。

例如，在使用心肺呼吸器时，每五次胸廓压缩后，进行一次心肺呼吸，如此周期性地交替着进行。

20. 周期性作用原理

使组成物体的各个部分均能连续保持在满负荷状态下运行，不间断地作用，消除间歇和中断。例如，点阵打印机或喷墨打印机在打印机头回程中也执行打印。

21. 急速作用原理

在极高速下进行作用过程或某些阶段。瞬间高速作用，使作用过程中可能产生的危险或有害影响降至最小。例如，在极短的时间内完成X光拍片；照相用闪光灯。

22. 变害为益原理

利用有害的因素，获得有益的效果，或将物体的有害因素与另一有害因素结合，用以消除物体所存在的有害作用。例如，利用垃圾发电，以及发电厂用炉灰的碱性中和废水的酸性。

23. 反馈

引入反馈，通过反馈来控制物质性能。若反馈已存在，则改变反馈方式、控制反馈信号的大小或灵敏度。例如，驾驶室各种仪表将车辆所处的行驶状态反馈给驾驶员，便于驾驶员操作车辆。

24. 中介原理

利用中介物体来转移和传递作用或将物体和另一个容易去除的物体暂时组合在一起。例如，弹琴用的拨子，安装灯具的操作杆（见图15-23）。再如，化学反应中引入催化剂等。

图15-23　安装灯具的操作杆

25. 自服务

让物体服务于自我，具有自补充、自修复功能。例如不倒翁玩具；利用废弃的物质资源及麦秸、草等有机废物直接填埋作为下一季的肥料；利用水流的冲力使喷灌用的喷头自动摆动或旋转；利用热电厂余热供暖等。

26. 复制

用简易的和廉价的复制品替代复杂的、不便于操作的、不容易获得的或易损、易碎、昂贵的物体。例如飞行员虚拟训练系统，看电视实况转播替代去现场观看，公园中的微缩景观，售楼处的楼盘模型，用唱片、录音磁带、MP3或看光盘替代去音乐厅，卫星图像代替实地考察等。

再如图15-24所示高耸入云的攀岩墙替代自然山峰，可以任意设计。

图15-24　攀岩墙

27.一次性用品替代

用廉价的物体替代昂贵的物体，用模型替代真实物品，在某些性能上稍做些让步。例如假花代替经常更换的真花，一次性物品替代价格昂贵且需要存储的物品，一次性水杯替代陶瓷、金属水杯等。

28.替换机械系统原理

用感官系统（光学、声学、味觉、嗅觉）替代机械系统，采用电场、磁场和电磁场与物体进行相互作用。

如图15-25所示的无线遥控插座，其出彩之处就在于通过遥控器来实现对电源开关的控制。这套产品配有两个3头的插座。一个室内室外均可使用，一个只能用于室内。用于室外插座由特殊的防水材料制成，并有一根防水电线，能够保证适合任何恶劣的天气，可以放在房屋拐角处或者院子里。另外一个插座比较普通，只需要直接安装在室内的墙里即可。遥控器使用了无线电传播技术可以穿透很多障碍物：墙壁、天花板、门、地板都不在话下。遥控器则非常小巧，可以直接挂在钥匙链上。

29.气压与液压结构原理

将物体的固体部件用气体或液体的部件替代。例如消防救生的充气气垫，机动车的减振器等。例如，图15-26所示的滑雪安全气囊背心，为了保障人们在雪崩事故中的人身安全，提高生还概率，"安全气囊"这一技术已经被广泛应用于生产各类安全背包。更有厂家独具创新地将"安全气囊"与运动背心结合到了一起，旨在为户外滑雪运动者们提供一种更便捷、更直接的安全保护。

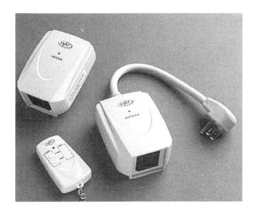

图15-25　无线遥控插座　　　　　　图15-26　滑雪安全气囊背心

30.柔性壳体或薄膜结构替代

1）用柔性壳体或薄膜结构替代传统结构。例如，图15-27奥运会水立方等薄膜建筑。

图15-27　水立方外景

再如柔性计算机键盘，如图15-28所示，携带方便，高低温不变形，静音设计，体积小，色彩艳丽。

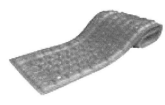

图15-28　柔性计算机键盘

2）使用柔性壳体或薄膜将物体与外部环境隔离。例如，图15-29水上步行球。

图15-29　水上步行球

31．多孔物质原理

给物体加孔或加入（或涂上）辅助的多孔物质。若一物体已是多孔的，则利用这些孔预先引入有用的物质。例如，针对煤块不能充分燃烧的缺点，有人发明蜂窝煤，后来又有人在蜂窝煤中添加助燃剂，发明了用火柴点燃的蜂窝煤。

32．变换颜色原理

1）改变物体或周围环境的颜色可以让产品本身与环境的差别更明显，让某些部件令人醒目。

2）改变难以观察的物体或过程的透明度，以提高可视性。例如，用透明物质做成绷带，以便随时能观察到伤口变化情况。

3）引入有色附加物来提高观察物体或其作用过程的可视性。如果已经使用了颜色添加剂，则可借助于发光迹线来追踪物质。如果加了添加剂还是无法观察清楚，那么就利用荧光的追踪剂或者其他不同于原先的添加剂。

例如：将具有发光材料的纤维添加到材料中，用此来辨别假证件和假钞。

33．同质化原理

将一物体及与其相互作用的其他物体采用同一材料或具有相同性质的材料制成。例如，切割金刚石的刀具用金刚石制作。

34．自弃与再生原理

物体中已经完成功能和无用的部分自动消失，或在工作过程中自动改变。例如，胶囊药物的外壳自行溶化。

工作过程中消耗或减少的部分自动再生。例如，太阳能路灯。

35．状态和参数变化原理

1）改变物体的物理状态为增强有效功能，将物体在固态、液态、气态、位置、动静状态等各项物理状态方面进行转换。例如将天然气液化，以减小体积便于运输。

2）改变物体的浓度或密度。例如用液态的洗手液代替固体肥皂洁净效应更好，且可以定量控制使用，减少浪费。

3）改变物体的柔性（或灵活性）程度。例如，普通键盘变为可折叠键盘，可折叠键盘变为柔性键盘，柔性键盘变为液晶键盘，液晶键盘变为虚拟激光键盘（见图15-30）等。

图15-30　虚拟激光键盘

4）改变物体的温度或体积。例如改变压力的爆米花和坚果脱壳技术。见表15-1。

36.相变原理

利用物体相变时产生的效应来实现某种有效功能。

例如，设计师利用醋酸钠的化学特性，设计了图15-31所示的自助加热杯。杯身夹层内置固态醋酸钠，热饮倒入杯中后，它会吸收部分热量，转换为液态，而当饮料稍凉后，挤压杯身的两个突起，液态醋酸钠便会放出热量转为固态，杯中的饮品又会被加热。

图15-31　自助加热杯

又如，水在冻结后会膨胀，可用于爆破水泥和石块。

再如，预先冻好的冰块放入便携式容器内，用于短期保存所携带的物品处于冷却状态。

37.热膨胀

使用热膨胀或冷热收缩物质或材料。例如，热气球。

使用具有不同热膨胀系数的物质组合。例如，热敏开关由于两片金属的热膨胀系数不同，对温度的敏感程度也不一样，温度改变时会发生弯曲，从而实现温度控制。

38.强氧化原理

通过更加丰富的"氧"的供应，提高氧化作用的强度。使氧化从一个级别转变到更高的一个级别。用富氧替代普通空气，用纯氧替代富氧，使用离子化氧代替纯氧，使用臭氧替代离子化氧。

39.惰性介质原理

用惰性气体环境替代通常环境。例如氩弧焊为防止焊缝的氧化，将一惰性气体罩在电弧上。

将中性或惰性气体与一物体结合。例如灯泡中充入惰性气体保护灯丝。

利用真空环境。例如真空包装食品，延长储存期。

40.复合材料原理

使用复合物质替代单一同种材料。例如复合的环氧树脂—碳素纤维高尔夫球杆、更轻、强度更好，更具有韧性。

 基本训练

借助实例，识记TRIZ的理想化思想、八条进化法则、40个创新原理，能熟练背诵。

 拓展训练

训练一　课堂报告

小组合作，借助互联网检索应用TRIZ的40个原理解决问题的实例，每个原理对应一个实例，以与原理准确对应、实例有启发为评价标准。

训练二　我的发现——案例分析

1.目的

理解TRIZ，寻找可供学习、借鉴、模仿的榜样。

2.训练内容

利用互联网搜集利用TRIZ进行创新的案例并作出分析，案例类型与关注点见下表。

案例类型	重点关注
理想化	利用理想化解决问题的实例。尝试移植其中思想，解决你遇到的问题，提出创造性设想
技术进化理论	利用八条进化理论解决问题的实例各一个。尝试移植其中思想，解决你遇到的问题，提出创造性设想

3.实施策略

根据自己的兴趣选择项目，自主拟定分析方案，撰写案例分析报告。所选案例典

型且适度综合、语言表达流畅、图片有震撼力。

老师根据案例分析四个不同层次的深度给出成绩。

第一层次，案例分析与基本概念相符；

第二层次，基于所分析的案例，提出自己的独到见解；

第三层次，将案例中包含的创新思维或方法移植到其他领域解决其他的问题，由此产生新的创意；

第四层次，将创造性设想进一步设计形成有价值的技术方案。

4.案例分析报告呈现形式

有两种呈现形式可供选择：

① 用 Word 文档，可借鉴下表的形式，表格尺寸根据内容调整。

作者	学号	班级	作品编号
案例名称			
基本内容			
应用的 TRIZ 的具体情况			
产生的价值			
你受的启发			
由此产生的创造性设想			

② 用幻灯片呈现，自己设计格式分析案例：基本内容、应用的 TRIZ 的具体情况、产生的价值、对你的启发、由此你产生的创造性设想。

第四单元
创新实践

创 新 潜 能
开发实用教程

课题16 广告创意实践

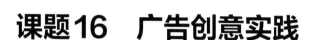

学习目标

熟悉广告创意的过程，尝试广告创意活动，发展广告创新能力。

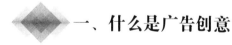

学习内容

一、什么是广告创意

1. 什么是广告

广告是为了某种特定的需要，通过一定形式的媒体，公开而广泛地向公众传递信息的宣传手段。

广告有广义和狭义之分，广义广告包括非经济广告和经济广告。非经济广告是指不以盈利为目的的广告，又称效应广告。如政府行政部门、社会事业单位乃至个人的各种公告、启事、声明等，主要目的是推广；狭义广告仅指经济广告，又称商业广告，是指以盈利为目的的广告，通常是商品生产者、经营者和消费者之间沟通信息的重要手段，或企业占领市场、推销产品、提供劳务的重要形式，主要目的是扩大经济效益。

2. 感知广告创意

【案例1】让火远离森林

图16-1是一则中国广告设计师创作的森林防火广告，设计师将树画在长火柴梗上，

并写下英文"让火远离森林",同时记录火柴被点燃的状态改变,直观展示一旦点燃火柴,火柴梗上的一棵棵"树"随之被烧毁。

这则广告的诉求是"森林安全",受众从点燃的火柴梗上被烧成焦炭"树"自然联想到森里一旦失火后的景象,它就是要告诉受众,让火远离森林,才能避免森林火灾发生。

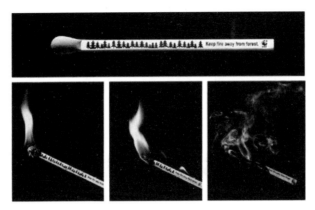

图16-1 森林防火广告

3.什么是广告创意

广告创意是指广告中有创造力地表达出品牌的销售讯息,以迎合或引导消费者的心理,并促成其产生购买行为的思想。简单来说,就是通过大胆新奇的手法来制造与众不同的视听效果,最大限度地吸引消费者,从而达到品牌传播与产品营销的目的。

广告创意由两大部分组成:

一是广告诉求,广告诉求是商品广告宣传中所要强调的内容,俗称"卖点",它体现了整个广告的宣传策略,也是广告成败的关键点。制订广告诉求一定要明确通过这个广告向消费者传达什么样的信息,达到什么样的目的。恰当的广告诉求,能对消费者产生强烈的吸引力,激发起消费欲望,从而促使其实施购买商品的行为。

二是广告表现,所谓广告表现,就是通过各种表现手法,将广告诉求有效地表达出来。即通过各种传播符号,形象地表述广告信息以达到影响消费者购买行为的目的,广告创意表现的最终形式是广告作品。广告创意表现在整个广告活动中具有重要意义:它是广告活动的中心,决定了广告作用的发挥程度。

一个好的广告创意表现方法要清晰、简练和结构得当。广告创意追求简单明了,主要是从思想上提炼,还可以从形式上提纯。达到平中见奇,意料之外,情理之中的效果。

常用的表现手法,有写实、比较、权威、示证、抒情、幽默、夸张、叙事、抽象、比喻、悬念、联想等。

广告表现最终结果是广告作品,表现作品的形式虽五花八门、千奇百怪,但表现作品手段即只有语言手段和非语言手段两种。语言分为有声语言和无声语言两种。

4.广告创意的原则

在运用创新思维进行广告创意过程中必须把握以下原则:

(1)冲击性原则 在令人眼花缭乱的广告中,要想迅速吸引人们的视线,在广告创意时就必须把提升视觉张力放在首位,照片是广告中常用的视觉内容。

(2)新奇性原则 新奇是广告作品引人注目的奥秘所在,也是一条不可忽视的广告创意规律。

（3）包蕴性原则　吸引人们眼球的是形式，打动人心的是内容。独特醒目的形式必须蕴含耐人思索的深邃内容，才拥有吸引人一看再看的魅力。这就要求广告创意不能停留在表层，而要使"本质"通过"表象"显现出来，这样才能有效地挖掘消费者内心深处的渴望。

（4）渗透性原则　人最美好的感觉就是感动。出色的广告创意往往把"以情动人"作为追求的目标。

（5）简单性原则　简单的本质是精炼化。广告创意的简单，除了从思想上提炼，还可以从形式上提纯。

总之，一个带有冲击性、包蕴深邃内容、能够感动人心、新奇而又简单的广告创意，才能唤起广告受众的共鸣，取得超乎寻常的传播效果。

5.广告创意的过程

广告创意一般经历以下五个步骤：

广告创意的过程，也是创新思维的过程，我们可以运用所学各种创造性思考的方法进行广告创意。

二、广告创意训练

（1）进入"视觉中国"网站，搜寻运用写实、比较、权威、示证、抒情、幽默、夸张、叙事、抽象、比喻、悬念、联想等手法制作的广告各一个。

要求：写出每个广告的具体广告诉求和表现手法。

（2）广告创意比赛。自由组合组成5～8人的团队，走访校园周边的小店，任选一家，为其经营的商品设计销售广告，目标受众群为学校的学生，表现手法任选，以冲击性、新奇性、包蕴性、渗透性、简单性作为评选原则。

（3）为班级《广告创意比赛》设计标示（logo）。

目标：受众群：本校全体师生。

要求：要有创意，具有时尚、简洁、醒目、易记等特点，标识主题突出，内涵丰富，且须为标识附上200字以内的创意说明。

（4）为班级《广告创意比赛》设计一句广告语，要求简明、易记、有个性，突出《广告创意比赛》的主旨是发展每个人的创新能力。

（5）你想创业吗？你想为自己的品牌设计广告吗？试着做吧。

要求：遵循冲击性、新奇性、包蕴性、渗透性、简单性的创意原则。为即将出山的威虎插上腾飞的翅膀吧。

课题17　发明实践

 学习目标

明确发明的内涵，初知选题方法；
会对自己的创造性设想进行处理；
知道什么是专利，会写技术方案；
会申请专利来保护发明成果。

学习内容

 一、发明与专利

1.什么是发明

人类的文明史就是一部发明创造史，我们今天拥有的一切都是来源于前人的发明创造。我们这里所讨论的是我国专利法中所定义的发明。我国专利法实施细则中指出"专利法所称的发明是指对产品、方法或其改进所提出的新的技术方案"。通俗地说，发明就是人们为了社会、生活的需要，设计出一些世上从来没有的，特别新颖，或比原来的东西更先进、更适用、更有价值的东西。

需要说明的是，发明的含义有两种，一是指如前所述的发明创造的结果，二是指专利的三种类型中的一种为发明（详见对发明、实用新型、外观设计三种专利的详细解释）。

申请专利是保护创造成果的有效手段，那么什么是专利，满足什么条件才能申请专利，有哪些专利类型，申请专利需要提交哪些技术文件呢？请看以下内容。

2．什么是专利

（1）专利是专利权的简称　专利权是国家专利主管部门依据专利法授予申请人在一定时间内对其发明创造成果所享有的独占、使用和处置的专有权利。它是一种知识产权，与有形财产权不同。具有独占性、时限性和地域性。

独占性，即未经专利权人的同意，任何人都不能制造、使用或销售已获得专利的发明创造成果，否则就是对专利权的侵犯。侵权人不但要赔偿经济损失，情节严重者还要受法律制裁。

地域性，一项发明创造专利权的有效范围仅限于授予国的领土范围内。经某一个国家法律认可的专利，仅在该国法律管辖范围内受到保护；而在未授予专利权的国家内，任何人使用该发明无需得到专利权人的同意或支付使用费。

时限性，各国对专利权的有效保护期限都有一定的限定。我国《专利法》规定：发明专利的保护期限是20年。实用新型专利的保护期限10年。外观设计专利的保护期限是10年。

（2）对发明、实用新型、外观设计三种专利的详细解释

① 发明。发明是指对产品、方法或者其改进所提出的新的技术方案。发明专利的技术含量最高，发明人所花费的创造性劳动最多，新产品及其制造方法、使用方法都可以申请发明专利。

② 实用新型。实用新型是指对产品的形状、构造或者其结合所提出的适于实用的新的技术方案。实用新型专利只要有一些技术改进就可以申请，但只有涉及产品构造、形状或其结合时，才可以申请实用新型专利。

③ 外观设计。外观设计是指对产品的形状、图案或者其结合以及色彩与形状、图案的结合所做出的富有美感并适于工业应用的新设计。满足此类条件即可申请外观设计专利。

（3）专利的价值　发明创造是有价值的创造成果，专利把发明创造的商品属性以法律形式固定下来，使之成为不得无偿占有的财产，从而保护发明者的利益。专利法还要求发明者公开其创造成果以利于他人有偿使用，并把实施发明创造作为专利权人的法律义务，以促进技术信息交流和发明的推广应用。

【案例1】一个两美元的插接器竟有8000项专利

一个小小的插接器，价钱可能只有两美元。但是富士康却不惜代价进行技术开发，在这小小的插接器上竟然获得了8000多项专利。富士康在小产品上做大自主创新文章的做法值得很多企业借鉴。

所有的电子电信产品，都有一些把"电子讯号"和"电源"连接起来的组件，而"电子讯号"之间也需要连接的桥梁，这些组件和桥梁就是插接器。它虽然是配件，却被看作传递电子产品指令的中枢神经。随着电子电器产品的精密化程度越来越高，插接器的精密要求也越来越高。富士康生产的一种连接内存和线路板之间的插接器，不

到1cm宽、5cm长，却布满400多个针孔般的小洞，传输讯号的铜线从中穿过，只要一个洞不通，整台计算机就无法运作。

2002年，富士康接下配套英特尔市场主流CPU的P4插接器，仅这一个产品就申请了涵盖材质、固定角度和散热方式等方面的199个专利。2003年，富士康每年生产6000万个PC主板插接器，占全球PC的二分之一，此后每年都大幅增长。连接6C巨型产业链。

千变万化、玲珑精微的插接器需要精密模具相配套。为此，富士康向下延伸建立了庞大的模具开发基地。一般公司3到6个月才开出一副模具，富士康3到5天就能开一副，整个开发基地一个月就开出上千副模具。

模具开发能力提升的是制造能力和水平。向上延伸，富士康逐步开发出囊括机壳、电路板、内存、光驱、电源器、中央处理器等关键零部件的插接器。在"复合式"、"模块化"、"光电"、"高频"、"表面直接粘着"的趋势下，富士康的插接器就成为电脑小、轻、薄、短、强的利器，尤其是大大提升了各类元器件"模块化"、"系统化"能力。在美国，开发一项结构模块需要16个星期，而富士康只需要6个星期。最终，富士康插接器形成一种强大的整合能力，将电脑制造整合到了一起，体现出速度、效率、成本和品质，这也成为富士康称霸全球PC代工市场的诀窍。

复制电脑插接器的模式，富士康迅速进入了手机、消费电子、汽车、电子通路、数字内容等6C产业。插接器不但是富士康做大做强的基石，目前仍是公司最赚钱的产品。比如，系统光纤插接器，毛利率达到45%，英特尔中央处理器连接主板的插接器，毛利率超过40%。因此，保住在插接器方面的全球领先地位，也就守住了全球PC的关键地位，从而稳固地向6C产业全面进军。富士康在这方面的办法就是密布专利"地雷"。

1995年之前，富士康在美国没有一项专利，但目前在插接器方面富士康已经形成了一个牢不可破的专利地雷网。

1992年，美国AMP公司曾诉富士康专利侵权，2001年也曾有美国公司对富士康提起专利侵权诉讼。当了20年被告的富士康，现在已经开始反过来控告专利侵权的竞争对手了。

"在插接器领域，富士康的价值就像处理器领域的英特尔。"这是电脑领域权威人士的评价。

富士康之所以能有今天的成就，其中重要一点是利用专利的保护作用，进而形成垄断地位的。

3．专利保护什么

专利保护是指未经专利权人的同意，不得对发明成果进行商业性制造、使用、经销或销售。这些专利权通常由法院实施，在大多数制度中，法院有权制止侵犯专利权的行为。但同时，法院在第三方提出的异议成立时，也可宣告专利权无效。

专利权人在发明成果受保护的时期内，有权决定谁可以或不可以使用该被授予专利权的发明成果。专利权人可允许或许可其他当事方按双方议定的条件对发明成果进行使用。权利人也可将其对发明成果享有的权利出售给他人，该人则将成为新的专利权人。专利一旦失效，即不再受保护，该发明成果便进入公有领域，也就是说，权利人不再对该发明成果享有专有权，该发明成果可由他人进行商业性利用。

【案例2】香菇栽培技术专利流失

福建某大学10多年来在菌草技术的研究与应用方面获得了突破性进展，先后研制成功了"菌草代木代粮食用菌"、"香菇、木耳菌草发酵法栽培"等近20项具有国际先进水平的成果。然而，在新成果中，只有3项申请了中国专利、一项外国专利。在绝大多数技术未取得专利保护的情况下，菌草技术通过会议、论文等各种方式传遍16个国家。据测算，使用菌草技术，每年仅用我国1%的草地，就可生产出4000万吨菇类产品，产值可达1000亿元。现在，全世界每年仅"花菇"一项的产值就达100亿美元。

因为支付不起或不愿支付区区几千元、几万元的专利申请费，我们就这样轻而易举地放弃了一个国际市场。

4.授予专利权的发明创造应当具备什么样的条件

授予专利权的发明创造应当具备：新颖性、创造性和实用性。

① 新颖性。申请人在提交专利申请之前，要对其发明创造的新颖性作广泛调查，对其是否具有新颖性要有正确的判断：

➤ 在专利申请提交前，没有同样的发明创造在国内外出版物上公开发表过。这里的出版物，不但包括书籍、报纸、杂志等纸件，也包括录音带、录像带及唱片等音像件。

➤ 专利申请提交前，在国内没有公开使用过，或者以其他方式为公众所知。所谓公开使用过，是指以商品形式销售或用技术交流等方式进行传播、应用，以及通过电视和广播为公众所知。

➤ 在该申请提交前，没有同样的发明创造由他人向国家知识产权局提出过专利申请，并且记载在申请日以后公布的专利申请文件中。

【案例3】丧失新颖性的发明

外科手术中有一种常用器械叫持针钳。我国过去的持针钳常常出现滑针、扭针现象。上海一家器械厂曾以解决这个难题为研究方向，用了近20年时间，研制成当时国内独创的"硬质合金镶片持针钳"。有关单位在申请发明专利时，一检索早在1952年美国就批准了一项名为"持针钳钳口硬质镶片"的专利，其主要数据与我国的产品相似。这样该研究成果就是重复了别人几十年前的创造，失去了发明的意义。据统计，全世界最新的技术发明成果，其中90%以上首先见之于专利文献。及时有效地检索、使用别人的创造成果，就可以避免走弯路。

② 创造性。

➤ 发明专利的创造性。根据《专利法》的规定，一项发明创造的创造性必须满足两个条件：a.同申请日以前的已有技术相比有突出的实质性特点。b.同申请日以前的已有技术相比有显著进步。

有突出的实质性特点是指发明创造与已有技术相比具有明显的本质的区别。也就是说，该发明创造不是所属技术领域的普通技术人员能直接从已有技术中得出构成该发明创造的全部必要的技术特征。

有显著的进步是指该发明创造与最接近的已有技术相比具有长足的进步。这种进步表现在发明创造克服了已有技术中存在的缺点和不足；或者表现在发明创造所代表的某种新技术趋势上；或者反映在该发明创造所具有的优良或意外效果之中。

> 实用新型专利的创造性。我国《专利法》规定，实用新型的创造性，是指同申请日以前已有技术相比，该实用新型有实质性特点和进步。可见发明创造的"突出的"和"显著的"就是判断发明和实用新型创造性的区别所在。

③ 实用性。《专利法》规定：实用性，是指该发明或者实用新型能够制造或者使用，并且能够产生积极效果。

能够制造或者使用，是指发明创造能够在工农业及其他行业的生产中大量制造，并且应用在工农业生产上和人民生活中，同时产生积极效果。必须指出，专利法并不要求其发明或者实用新型在申请专利之前已经经过生产实践，而是分析和推断在工农业及其他行业的生产中可以实现。

5.不予授予专利的情况

① 我国《专利法》明确规定以下情况不授予发明和实用新型专利权：

> 科学发现。例如对自然现象、社会现象及其规律的新发现、新认识以及纯粹的科学理论和数学方法。科学发现属于人类认识世界的范畴，并没有对客观世界作任何技术性改造。

> 智力活动的规则和方法。例如对人进行教育的方法、对动物进行训练的方法，生产管理、经商和游戏的方案、规则，单纯的计算机程序。

> 疾病的诊断和治疗方法。例如中医的诊脉方法、针灸方法，西医的化验方法等。

> 动物和植物的品种。一般认为动植物品种与工业商品不同，受自然条件影响大，缺乏用人工方法绝对"重现"的可能性。国际上尚有争议。

> 用原子核变换方法获得的物质。这主要是出于国防上的考虑。

> 此外，违反国家法律、社会公德或妨碍公共利益的发明创造，例如吸毒用具、破坏防盗门的方法和工具，伤害良风习俗的外观设计，以及违反科学原理的所谓发明，例如永动机等都不能给予专利保护。

② 我国国家知识产权局依据《专利法》规定下列八类发明创造不授予实用新型专利权：

> 各种方法，产品的用途。

> 无确定形状的产品，如气态、液态、粉末状、颗粒状的物质或材料。

> 单纯材料替换的产品，以及用不同工艺生产的同样形状、构造的产品。

> 不可移动的建筑物。

> 仅以平面图案设计为特征的产品，如棋、牌等。

➤ 由两台或两台以上的仪器或设备组成的系统，如电话网络系统、上下水系统、采暖系统、楼房通风空调系统、数据处理系统、轧钢机、连铸机等。

➤ 单纯的线路，如纯电路、电路方框图、气动线路图、液压线路图、逻辑方框图、工作流程图、平面配置图以及实质上仅具有电功能的基本电子电路产品（如放大器；触发器等）。

➤ 直接作用于人体的电、磁、光、声、放射或其结合的医疗器具。

③ 我国《专利法》对外观设计专利未明确规定不授予专利权的项目。

6. 申请专利需要提交的文件

向国家知识产权局申请专利所需文件包括：请求书、说明书、权利要求书、说明书附图、说明书摘要及摘要附图、外观设计的图片或者照片。

① 请求书。请求书是确定发明、实用新型或外观设计三种类型专利申请的依据，应谨慎撰写；建议使用国家知识产权局统一表格。请求书应当包括发明、实用新型的名称或使用该外观设计产品名称；发明人或设计人的姓名、申请人姓名或者名称、地址（含邮政编码）以及其他事项。

② 说明书。说明书应当对发明或实用新型作出清楚、完整的说明，以所属技术领域的技术人员能够实现为准。

③ 权利要求书。权利要求书应当以说明书为依据说明发明或实用新型的技术特征，清楚、简要地表述请求专利保护的范围。

④ 说明书附图。说明书附图是实用新型专利申请的必要文件。发明专利申请如有必要也应当提交附图。附图应当使用绘图工具和黑色墨水绘制，不得涂改或易被涂擦。

⑤ 说明书摘要及摘要附图。发明、实用新型应当提交申请所公开内容概要的说明书摘要（限300字），有附图的还应提交说明书摘要附图。

⑥ 外观设计的图片或者照片。外观设计专利申请应当提交该外观设计的图片或照片，必要时应有简要说明。

7. 谁有权申请并取得专利

① 发明人、设计人。

② 发明人、设计人所属的单位。

③ 申请权的合法继受人或继受单位。

④ 按照协议或者合同获得申请权的人。

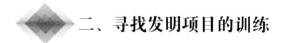

二、寻找发明项目的训练

发明项目的来源有两种，一种是由国家、省、市科技管理部门或企事业单位布置的科技攻关项目，另一种是发明者敏锐地发现的问题。

我们主要训练发明者如何敏锐地寻找发明课题。

1. 应用创新方法产生创造性设想

（1）找不满（运用缺点列举法） 想想看，你在生活、学习（实习、实训）中遇到

过哪些麻烦、挫折、困难，你的家人、同学、朋友对什么事物有不满，新闻报道中又揭示了哪些社会问题，放眼世界，人类文明进程中还有哪些阻碍，像环境污染、能源危机、劳动力短缺等问题，你试着用你的知识与技能去解决。即使你的能力解决不了，你能发现别人看不到的问题，这就是有创新能力的表现，如果你求助老师、社会科技力量试着将问题解决形成技术方案，这就是发明。

【例】 带"电子裁判"的竞走鞋的发明过程

➢ 发现问题：湖南省某中学小兰同学注意到，竞走运动员在比赛过程中双脚同时离地是违规的，但对此裁判很难保证目测判断的准确性，因此常常出现人为的误判。

➢ 思考：怎样避免这种情况的发生呢？他想如果有一种鞋在运动员双脚同时离地时发出警告，它既可在平时的竞走训练中提醒运动员注意纠正自己的动作，又可为正式比赛提供客观、公正的结果。

➢ 方案构思：利用电子技术，由开路触发电路和发射电路组成信号发射器，制作一套微型信号发射器，分别放置在竞走运动员两只运动鞋的鞋底内，再由信号接收装置和声、光报警装置组成一个微型报警器，扣系在竞走运动员的腰带上。在运动员单脚离地不违规时，只有一个发射器发射信号，报警系统不工作，不产生声、光报警；当运动员双脚离地违规时，两个信号发射器同时开路触发出两个信号，报警系统启动，发出声、光报警，并显示违规次数，同时还将违规信号发射到赛场裁判席上的远程监控器上。

➢ 进一步完善设计：运用编码技术，通过设置和破译密码，确保信号无误差。

➢ 专利检索：具有新颖性、创造性、实用性，能够申请国家专利。

训练一：阅读以下新闻事件并思考

据报道，北京时间2007年7月14日，2007年黄金联赛罗马站在奥林匹克体育场进行。在比赛进行中发生了令人惊悚的一幕，欧锦赛亚军芬兰名将皮特卡马基在进行标枪投掷时方向出现偏差，结果标枪直接扎到了正在热身的跳远选手法国人萨利姆·斯迪里后背，后者当即倒地并立即被救护车送往了当地医院。

然而，这一幕竟然在中国的校园内重演了，2007年9月29日福建某外国语学校一名女生在操场上体育课时被标枪刺中头部，情况紧急。急救人员赶到现场时，体育课已停止，一根1.5米左右长的标枪45°方向刺入受伤女生右耳上方。标枪为竹竿，前段有一金属制枪头，刺入女生头中的正是这段金属头。

思考：从标枪训练比赛或标枪投掷、场地设计中等多角度思考提出发明设想减少或避免此类悲剧的发生。

训练二：学校常存在"人走灯不灭"、"长流水"、"乱扔垃圾"的现象，试从多角度思考提出新的发明杜绝或减少这些现象的出现。

（2）找需求（运用希望点列举法） 想想看，你对你的生活、学习有哪些希望，你的家人、同学、朋友对生活、学习、工作有哪些希望。放眼世界，人类文明进程中不管是物质需求还是精神需求，都是人类文明进步的动力，也是新发明的课题。

学生小周发明"注水肉"测定仪器

南京某中学高三学生小周经过一年多努力，成功发明一种测定仪器，只要往肉里一插，马上就让"注水肉"现形。

小周同学制作这个仪器是因妈妈的烦恼引起的。2003年春节期间，他的妈妈在厨房里烧肉时，发现肉是注过水的，感叹自己无法辨别注水肉。小周想：能不能制出一个辨别仪呢？他把这个想法跟指导老师刘海林一说，刘老师认为是个好主意。小周说，肉和水都是导电体，但导电率不同，如果肉里加注一定量的水，肉的导电率就会相应改变。于是，他就运用一个电流表进行实验。当初的办法是，先从超市里买来正常的猪肉，测量后再注水，发现水进去后不渗透，电流量变化也不明显。后来才明白，注水必须在动物活体时进行，水才会均匀渗透。于是，小周同学就带着电流表去肉摊子上实验，结果发现，正常猪肉的导电率为260mA左右，牛肉为320mA左右，而注水猪肉最大导电率可达600mA左右，注水牛肉可达500mA左右，其中的变化随注水量的增加而递增。

经过多次实验，小周制作出这台测试仪。该发明在第五届中国发明展览会上荣获银奖。

请思考：你也把你学的知识用在解决生活中的问题吧，请写出你学有所用的二三事。

（3）新技术推广（运用移植法）

训练一：利用"防盗器可识别陌生人，然后通过设定的电话通知主人"构思一新产品？

材料：手机商屡屡被盗后发明防盗新方法

安徽省宿州市一名商人在手机屡次被盗后，"悟出"一项发明专利，能协助追回遗失或被盗的手机。从1999年起，宿州市手机经销商解先生经营的手机商店和手机营业柜台屡次被盗。他的一批手机货物在从合肥运往宿州的途中又遗失，令其蒙受巨大损失。据报道，解先生发现，防盗器可识别陌生人，然后通过设定的电话通知主人，家里可能来了窃贼。那么丢失的手机也可通过类似方式找回。

受此启发的解先生说："通过在手机主板上编写软件程序，并设置相应密码，买回手机的机主在使用时，输入自己或亲人好友的手机号码或具有来电显示的电话号码，在不知道密码情况下，这种手机在换卡使用时，会自动间隔拨打你先前输入的亲人好友手机或电话，非法使用者会在毫不知情中暴露了其现在使用的手机号码，从而很容易追回。"他的这种"隐形自动轮流拨号"方法已在国家知识产权局申请了专利。他说只要在手机上添加这一功能就可以了。

训练二：阅读以下材料请思考光触媒还能移植到哪些场合？

材料：影响未来环境的科技发明——光触媒

二氧化钛光触媒是一种纳米级的金属氧化物材料，在光的照射下，光触媒会产生类似光合作用的光催化反应，可氧化分解各种有机化合物和部分无机物，能破坏细菌的细胞膜和固化病毒的蛋白质，把有机污染物分解成无污染的水和二氧化碳，因而具有极强的杀菌、除臭、防霉、防污自洁、净化空气等功能，详见下表。

功能	作用效果
净化空气	对甲醛、苯系物、挥发性有机物、氨气、二氧化硫、一氧化碳、氮氧化物、汽车尾气等影响人类身体健康的有害物质，在光催化作用中，分解为二氧化碳和水，从而净化空气
抗菌防霉	对大肠杆菌、金色葡萄球菌、肺炎杆菌、霉菌等病菌具有杀灭能力，同时还能分解由病菌释放出的有害物质
除臭除味	生活环境的臭味大多是有机物，如油漆中的有机溶剂，馊水中的含氮有机物气体，香烟味、厕所臭、动物臭等。有机物都有碳基极易与纳米光触媒反应，从而分解为没有污染的水和二氧化碳
防污自洁	物体表面的污垢大多是含油脂污染物。油脂也是有机物，基于光催化的机理所以能分解后剥离于物体表面
亲水防雾	二氧化钛光触媒表面与水滴的接触角几乎是零度，所以表面覆有二氧化钛光触媒的物体都有亲水防雾的功能
水净化	净化水中的有害物质

2.将设想处理转化为发明课题

应用大部分创造技法的直接结果是产生大量设想，其中往往包括创造性设想。然而，已产生的设想能否变成具有社会经济效益的成果，关键在于能否对设想进行适当的处理。设想处理的步骤如下：

（1）对设想检索分类　各种设想大致可以划分为以下三种类型：

① 一般性设想。一般性设想是指内容一般化、无新意的普通设想，也包括重复性的（即别人已经提出过的）设想。

② 实用性设想。实用性设想是指在当前的科学、技术、经济条件下具有实用价值，可以立即实施或有可能尽快实施的设想。

③ 奇特性设想。奇特性设想是指构思新颖奇特但在当前科学、技术、经济条件下无法实现，脱离现实可能性的设想。不管设想如何荒诞离奇，只要一时不能实施，均可归入奇特性设想一类之中。

（2）不同类型设想的处理　设想分成三类以后，要区别情况，分别对待。概括起来有舍弃、实施、再开发和储存四种情况。

第一种，一般性设想舍弃。由于一般性设想缺乏新意，或者已由前人提出并经过开发，因此就失去了改进的价值，应当加以舍弃。

第二种，实用性设想的评价和实施。对实用性设想进一步评价，选择可行性的设想。评价从以下五个方面着眼：

① 该创造发明是否符合科学技术原理、是否能达到预期的性能？

② 该创造发明制造过程中是否存在什么困难？

③ 该创造发明是否真有实用价值？

该创造发明解决的问题是否迫切？"需要是创造之母"，你的发明如果解决了人们迫切需要解决的问题，那么其使用价值就比较高。

该创造发明是否容易使用？必须保证你的发明用起来很方便，否则，常会降低其使用价值。

是否富有美感？美感，也是组成使用价值的重要内容。

④ 是否相对最优？将你的发明同那些要解决同样问题的全部已有技术相比较，看其是否更加优越，认真思考一下该发明是否真有必要。

⑤ 是否机理简单？法国昆虫学家法布尔曾讲过：简单就是聪明，复杂便是愚蠢。机理简单是创造性高的表现。要达到同样的功能，设计出一种简单的装置要比设计复杂装置困难得多，需要花费更多的时间和精力去寻找更巧妙的设想。

经过进一步评价选出合适构想尽快形成技术方案，申请专利保护。进一步考虑试制生产、推向市场，实现技术发明的经济价值。

第三种，奇特性设想的再开发。奇特性设想内容新奇独特，体现了很强的创造性。因此有必要进行再开发，实现从奇特性向实用性的转换。转换可以从以下三方面着手进行。

① 换目标。把奇特性设想原拟达到的目标转换为另一个目标，或者把原拟解决的问题转换成另一个问题，但仍然保留原设想的新颖性和独创性。例如，"可以吃的汽车"转换成可吃的衣服——采用高蛋白材料造出可以吃的服装衬里，然后配以其他面料制成探险服。这种可以吃的探险服适用于登山、考察、探险等野外活动，满足了特殊的需要。

② 方法转换。原拟解决的问题达到的目标不变，换成相关的另一种方法。例如，为了及时清除高压电线上的积雪，有人提出由飞机用大扫帚去扫的奇特设想。经过转换，终于将人工扫除高压电线上的积雪这一方法，转换成用带有扫雪装置的直升机去扫雪的可行方法，解决了原来的难题。

③ 原理转换。所涉及的原理转换成等价的另一个原理，用于解决另一个问题或达到另一个目标。

例如，有个有关制造塑料软包装保温瓶的设想，利用热敷原理，使新产品既能保温，又能用于取暖或热敷。但由于现阶段尚难找到理想的材料，人们把热敷原理转换成药敷原理，开发出药物褥垫等一类新产品，把保暖和治病的两种功能很好地结合了起来。

第四种，暂无法开发设想的储存。暂时无法开发的设想不可随意舍弃而应该储存起来，等到条件成熟的适当时机，还可重新进行处理。

 三、实用新型专利说明书撰写训练

1. 实用新型说明书撰写要求

说明书应对实用新型作出清楚、完整的说明，使所属技术领域的技术人员，不需要创造性的劳动就能够再现实用新型的技术方案，解决其技术问题，并产生预期的技术效果。

说明书应按以下五个部分顺序撰写：所属技术领域；背景技术；发明内容；附图说明；具体实施方式；并在每一部分前面写明标题。详细解释见表17-1。

表 17-1　实用新型说明书撰写要求

所属技术领域	应指出你发明的技术方案所属或直接应用的技术领域
背景技术	是指对你的发明的理解、检索、审查有用的技术，可以引证反映这些背景技术的文件。背景技术是对最接近的现有技术的说明，它是作出实用技术、新型技术方案的基础。此外，还要客观地指出背景技术中存在的问题和缺点，引证文献、资料的，应写明其出处
发明内容	所要解决的技术问题：是指要解决的现有技术中存在的技术问题，应当针对现有技术存在的缺陷或不足，用简明、准确的语言写明实用新型所要解决的技术问题，也可以进一步说明其技术效果，但是不得采用广告式宣传用语 解决其技术问题所采用的技术方案：技术方案应当清楚、完整地说明所发明物品的形状、构造特征，说明技术方案是如何解决技术问题的，必要时应说明技术方案所依据的科学原理。技术方案不能仅描述原理、动作及各零部件的名称、功能或用途 其有益效果：是你的发明与现有技术相比所具有的优点及积极效果，它是由技术特征直接带来的，或者是由技术特征产生的必然的技术效果
具体实施方式	具体实施方式应当对照附图对实用新型的形状、构造进行说明，实施方式应与技术方案相一致，并且应当对权利要求的技术特征给予详细说明，以支持权利要求。附图中的标号应写在相应的零部件名称之后，使所属技术领域的技术人员能够理解和实现，必要时说明其动作过程或者操作步骤。如果有多个实施例，每个实施例都必须与本实用新型所要解决的技术问题及其有益效果相一致
附图	应写明各附图的图名和图号，对各幅附图作简略说明，必要时可将附图中标号所示零部件名称列出

2.实用新型专利说明书撰写示范

说　明　书

墩布挤水池

技术领域

本实用新型涉及一种家庭生活领域的卫生洁具，尤其涉及一种墩布挤水池。

背景技术

目前，存在于市面上的普通墩布涮洗池仅仅提供涮洗墩布的功能，并不能满足墩布除水的功能，由于人们不愿意用手来拧干墩布，造成了水资源浪费的现象，而且，未经除水的墩布会把水滴在地上，会弄的地面很不卫生。

实用新型内容

为解决现有技术中存在的不足，本实用新型提供了一种能够有效节约用水的具有挤水功能的墩布挤水池，其结构简单，使用方便。

为实现上述目的，本实用新型的墩布挤水池，包括可容纳涮洗墩布用水的池体，在池体的侧壁上设有可容纳墩布头的切口。

作为对上述方式的限定，所述的切口的尺寸由下至上逐步变大。

作为上述方式的进一步限定，所述的切口两侧的侧壁于其宽度方向的直线通过池体的中心。

　　作为上述方式的另一种方式，所述的切口两侧的侧壁于其宽度方向的直线相互平行。

　　采用上述技术方案，由于在池体侧壁设有可容纳墩布头的切口，且墩布涮洗过程中，可通过该切口将墩布头内的水分拧干，在实现涮洗墩布的同时，有效的排除了墩布头内的污水，同时，将切口的尺寸由下至上逐步变大设计，使得对墩布头拧干过程中，墩布头相对池体由下至上移动，直至拧干后从池体内滑出，其使用更加方便。

　　附图说明

　　下面结合附图及具体实施方式对本实用新型作更进一步详细说明：

　　图17-1为本实用新型实施例一的整体结构示意图。

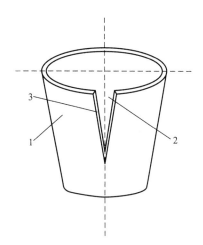

图17-1　实施例一结构示意图

1—池体；2—切口；3—侧壁

　　图17-2为本实用新型实施例二的整体结构示意图。

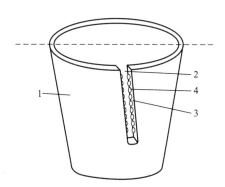

图17-2　实施例二结构示意图

1—池体；2—切口；3—侧壁；4—凸起

具体实施方式

实施例一

由图17-1所示可知，本实施例的墩布挤水池，包括可容纳涮洗墩布用水的池体1，在池体1的侧壁上设有可容纳墩布头的切口2。切口2的尺寸由下至上逐步变大；切口2两侧的侧壁3于其宽度方向的直线通过池体1的中心；此外，切口部分在设计时，为了墩布在挤水过程中，防止水流出挤水池，在结构设计上可将切口部分凹进池体1。

实施例二

由图17-2所示可知，本实施例与实施例一的不同之处在于切口2两侧的侧壁于其宽度方向的直线相互平行，且侧壁上设有凸起4，增加凸起4可增强本技术方案的挤水效果。

在使用时，将涮洗的墩布置于切口2内，然后旋转墩布，墩布头在切口内旋转过程中，使得墩布头内的水分被挤出，同时，墩布头在切口内由下至上逐渐滑出，其结构简单，使用方便。

基本训练

1.将你所积累的创造性设想进行分类处理，选出实用性设想，进行结构设计，形成较完整的技术方案。每人至少完成三个。

2.新闻背景：研究人员监测了多个人们经常接触到的物体上附着的细菌数，发现附着细菌最多的是超市购物车把手，网吧用鼠标在相同面积上附着的菌落数，位居"细菌榜"第二名。该榜的第三名和第四名分别为公交车拉手和公共浴室门把手。此外，电梯的按钮和地铁车厢的拉手也榜上有名。

据此消息，你能提出哪些创造性设想？

3.有些市区骤降暴雨至大暴雨时，多处道路积水，地道桥下积水更深，影响交通。针对上述问题多角度思考，提出有创意的解决措施？

拓展训练

实用新型专利说明书撰写实践

1.训练目的

学会表达创意。

2.训练内容

从你的21个设想中选择具有新颖性、创造性、实用性的技术方案，练习撰写成专利说明书。

3.要求

按以下五个部分顺序撰写：所属技术领域；背景技术；发明内容；附图说明；具体实施方式；并在每一部分前面写明标题。以表达准确、语言简练、图形完整。

创 新 潜 能
开发实用教程

课题18 创业准备

学习目标

认识创业、创业者、创业机会；

对创办新企业的一般过程及其资源的需求有明确的认识；

对创业活动有初步的知识准备、心理准备。

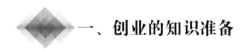

学习内容

一、创业的知识准备

1. 什么是创业

创业是一个由创业者发现、识别和捕捉创业机会并整合和配置相关资源，由此创造出价值且需要承担相关风险的过程。创业的重要特征是价值创造。创业者捕捉创业机会，整合资源，承担风险都是为了创造价值。

创业也有广义和狭义之分，广义的创业是指创业者的各项创业实践活动，其功能指向国家、集体和群体的大业。狭义的创业是指创业者的生产经营活动，主要是开办企业、开创个体和家庭的小实业体。我们主要讨论狭义的创业。

2. 如何寻找创业机会

创业机会在市场上通常体现为尚未满足和尚未完全满足的有购买力的消费需要。创业机会识别是创业的关键问题之一，只有发现创业机会才能开始创业过程，创业机

会是创业的起点。创业过程就是围绕着机会进行识别、开发、利用的过程。识别正确的创业机会是创业者应当具备的重要技能。

（1）影响创业机会识别的因素　首先，创业者自身应具有创造性。创业机会识别是一个创造过程，是不断反复的创造性思维过程。一个有创造性的人能够识别创业机会的规律、获取别人难以发现的有价值信息、具备优越的信息处理能力，具有创造性是创业者发现创业机会的前提条件。

其次，"内行看门道，外行看热闹"。创业者应该具有一定的经验。内行更容易在特定产业中识别出创业机会，某个人一旦投身于某产业创业，这个人将比那些从产业外观察的人，更容易看到产业内的新机会。

再次，创业者的"第六感"。多数创业者有"第六感"，使他们能看到别人错过的机会，他们比别人更"警觉"。"警觉"很大程度上是一种可以通过学习掌握的技能；某个领域拥有更多知识的人，比其他人对该领域内的机会更警觉。

还有，创业者的社会关系网络。社会关系网络能带来承载创业机会的有价值信息，个人社会关系网络的深度和广度影响着机会识别。

原来如此，想创业吗？首先从以上四个方面锤炼自己吧！

（2）发现创业机会的妙招　寻找创业机会首先要问自己：我想干什么？我对什么行业有兴趣？我学习过，发展过哪些技术技能？我擅长什么？

其次，我们还可从创业机会出现的某些规律性的表现上精心研究，从更多方面发现创业的机会：

① 寻找问题。创业的根本目的是满足顾客需求。而顾客需求在没有被满足前就是问题。寻找创业机会的一个重要途径是善于去发现和体会自己和他人在需求方面的问题、生活中的难处，以下事例的主人公就是这样一个将问题当做机会，最终实现了致富梦想的创业者。

【案例1】重设职业规划，开启创业人生

在"大众创业，万众创新"的新时代，千千万万的人被唤醒，他们随时捕捉痛点，识别创业机会，勇敢重设职业规划，开启创业人生，为满足人民日益增长的美好生活需要做出自己的贡献。

小巩是一家电器公司的一名普通技术开发人员，有一次他带孩子去打疫苗时，敏锐的发现了传统的疫苗接种中存在的问题，多次多地调研，他挖掘出传统疫苗接种模式中长期存在三大的痛点，如图18-1所示。

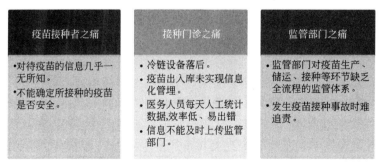

图18-1　传统疫苗接种模式的三大痛点

小巩敏锐地意识到了商机，凭他在公司积累的制冷设备领域的知识经验，他断定可以借鉴本公司功能相似且已经成熟的"物联网血液安全及信息共享管理方案"、"物联网生物样本库管理解决方案"来重塑传统的疫苗产业，构建新的疫苗接种生态系统。

小巩迅速组建了自己的创业团队，启动创业旅程。

他们找到一家可供落地实践的社区疫苗服务中心，利用三个月的时间，通过与家长、医务人员、疫苗接种监管机构等多方用户的交互沟通，构思疫苗智慧接种生态系统解决方案，从两个场景进行创新。

1.疫苗储存场景创新

他们将物联网技术与生物医疗低温存储技术融合创新，将"电器"变"网器"，很快研发生出物联网"智能疫苗仓储箱"等所需物联网智能设备；为"智能疫苗仓储箱"设计疫苗管理信息系统，实时监视疫苗存储量、储存温度、疫苗是否到期等重要信息，并将异常情况及时报警；实现疫苗接种的全流程追溯、核查、上报的精准化管理。

2.疫苗接种场景创新

接种现场，医务人员通过"智能疫苗仓储箱"对被接种人的信息多次扫描、核对；精准取苗，人苗匹配，保证接种零差错，使接种者能够体验先进、信息透明的疫苗接种方式；接种者通过手机APP可以提前预约、并获得接种疫苗全过程的所有信息；同时接种信息自动统计上报监管机构。

为保护知识产权，小巩团队将智慧疫苗接种生态系统所涉及的设备及信息管理系统申请多项专利。随着在不同的接种场景下落地实施，如图18-2，智慧疫苗接种生态系统还在不断迭代升级并持续创新中。

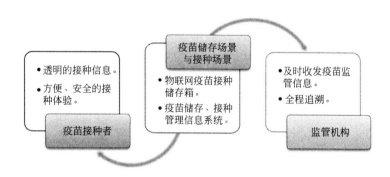

图18-2 智慧疫苗接种创新生态系统

在遥远的非洲，很多地区没有电，就没有冷链，不能保证疫苗的安全存储和管理。小巩团队通过与国际组织的共创，研发出了阳光疫苗生态，推出全球第一款适用于热带地区的太阳能发电直接驱动疫苗存储箱。

时间转至今日，新冠疫情全球蔓延，尽快接种新冠疫苗成为抗击疫情的重中之重，但仅靠现有的常规接种门诊无法满足人群大规模接种所需，小巩团队顺势而为，快速行动创新迭代出"物联网疫苗转运箱"、"移动疫苗接种车"、"疫苗接种方舱"……

小巩创业团队通过对传统的疫苗接种整体价值链进行创新，将疫苗接种涉及的多方利益相关者连接起来，用物联网解决方案创新赋能公共卫生管理，正在为全人类的幸福做出自己的贡献。

② 寻找变化。变化就是机会。环境的变化，会给各行各业带来良机，透过这些变化，就会发现新的前景。创业的机会大都产生于不断变化的市场环境，如科技进步、技术变革、政治和制度变革、价值观与生活形态变化、社会和人口结构变革、产业结构的变革等。环境变化了，市场需求、市场结构必然发生变化。以人口因素变化为例，我们可以发现一些机会，如为老年人提供的健康保障用品；为年轻女性和上班女性提供的美容用品；为家庭提供的文化娱乐用品等。著名管理大师彼得·德鲁克将创业者定义为"那些能寻找变化，并积极反应，把它当做机会充分利用起来的人"。

想一想，你所关注的、所熟悉的领域正在悄悄发生哪些变化，密切注意这些变化，善于捕捉有价值的信息，找到属于你的创业机会吧。

【案例2】手绘鞋走出创业路

手绘鞋，也称涂鸦鞋或彩绘鞋，即在原纯色成品鞋基础上，画师根据鞋的款式、面料以及顾客的爱好，在鞋面上用专门的手绘颜料绘画出精美、个性的图案。如今无论是逛街还是逛网店，那些画满卡通画的彩绘鞋、印上情侣照的T恤、充满民族风情的围巾，往往能吸引年轻人的眼球，这些充满文化创意和张扬个性的项目也正在被越来越多的创业者所关注。

灵灵在大学暑假打工期间，进入了一家服装出口的小外贸公司，接触到了手绘鞋项目。在北京的一所财经大学毕业后，一直以来喜欢美术的灵灵决定选择手绘鞋项目回家创业，她相信当时手绘鞋并没有被开发利用，市场还没有形成，发展空间很大。

2008年回到家乡，灵灵在家里创立了手绘鞋工作室，一台从大学朋友那里借来的电脑和几双廉价的白色帆布鞋，就是她全部的家当。她起步之初很是艰难：零散买一些白色女鞋，自己设计、收集素材，手工绘成后就在网上卖。

手绘鞋刚开始主要是在网上出售，偶尔一天卖掉两三双也仅够维持生计。慢慢的，灵灵在网上认识了对手绘鞋项目感兴趣的网友，向他们学习了很多经验。手绘鞋的制作质量也有了很大的提高。此后，一些实体店也纷纷为她代售鞋。

两年里，灵灵的手绘鞋渐渐走俏，手绘鞋项目也越做越好，有了固定客户和品牌后，销量越来越好，灵灵的小工作室已满足不了需求，她组建了手绘鞋团队，目前日销售量能达到百双左右，年营业额能达到50万元，利润也有十几万元。

灵灵相信手绘鞋的价值体现在创意和个性上，鞋的图案技术含量就是它的艺术价值。灵灵的设计团队不断推出新的设计版样，现在每年推出的新版样有100多种。

灵灵在打工期间，长时间的接触手绘鞋，根据自己平时的知识和经验以及自己所收集到的大量信息，萌发了她手绘鞋创业的灵感。并且能够坚持不懈地继续下去，不怕艰难困苦，在成功后一直不断创新，这才是她成功的秘诀。

③ 关注发明创造。发明创造提供了新产品、新服务，更好地满足顾客需求，同时也带来了创业机会。比如随着互联网的诞生，电脑维修、软件开发、电脑操作的培训、网页制作、信息服务、网上开店等等创业机会随之而来。即使你不发明新的东西，你也能成为销售和推广新技术、新产品的人，从而给你带来商机。

【案例3】小罗的"发明"创业之路

电子工程专业的毕业生小罗家庭接连遭遇不幸，父亲和弟弟患上重病，家庭负担的重压让他产生强烈的创业冲动，他苦苦思索着创业的方向，寻找创业的目标。他多么希望，某一次灵感和机遇能为自己带来商机。

为了生存，小罗选择了在超市商场做营业员等待机会成熟，在商场，他在小家电产品柜负责促销导购工作，时间一长，渐渐喜欢上了这份工作。因为对电器产品感兴趣，在为顾客介绍产品时，他总是显得很专业，讲解得很有耐心，这样一来，他的销售额直线上升。还有更重要的是，他在这里获得了创造的乐趣。每当有新产品时，他都要对它们的功能进行研究，从产品的功能和构造到产品的技术和成本，他都会搞个一清二楚。除此之外，他还会在现有产品的基础上发现它们功能的不足，然后再根据自己的创意在脑中将它们完善。两年的时间过去了，小罗在商场养成了这样一个习惯：看见一件东西就想去改变它、创造它。

2001年6月的一天，一件小事的发生，让小罗的命运再一次有了改变。

这天下午临近下班时，有一位顾客前来购买用于清新空气杀菌的机器。小罗向她推荐时下正热销的臭氧消毒机。可是，顾客却还想要具有过滤空气、清除颗粒灰尘的功能。小罗向她推荐了单独的空气净化机，可是老人又嫌多买一个机器回家占地方，而且价格也贵。最后顾客什么也没有买，遗憾而去。

顾客走了，小罗却动起了脑子。商场现有的一些空气净化器和空气消毒机，都只是单一性的产品，没有综合功能。如果将多种功能集中在一起，这样既能避免顾客买了多种机器在家摆放占地的不便，还能降低成本，让顾客受益。这个想法让小罗看到了创业的曙光。于是，他开始查找资料，实施这个创意。

人的一生有三分之二的时间是在室内度过，而其中大部分时间又是在家中度过。由于室内环境各个因素均会作用于人体，随着住宅不断向空中发展，高层建筑越来越多，人们也越来越开始重视住宅室内卫生。为此，专家们从日照、采光、室内净高、微小气候及空气清新度等五个方面对现代住宅提出卫生标准。因此，家用环保类小家电存在一个广阔的市场，当今，经过三十多年的应用，技术已十分成熟。

小罗将国内外空气净化普遍采用HEPA过滤技术、负氧离子、臭氧技术这三种技术集中在一起，设计出具有多重功能的空气清新机。高效HEPA过滤网，可过滤空气中99.9%以上的尘埃微粒、花粉、细微毛发、螨虫尸体、烟雾等；采用活性炭具有强大的吸附作用和脱臭功能；每秒钟散发150万个负氧离子可增强心肺功能、提高人体免疫力；经过空气干燥后的臭氧，纯度更高，杀菌能力更强。如果每天使用空气清新机3小时以上，对流行性感冒、肺炎、鼻炎、哮喘等有一定的预防作用。

产品技术完善后，小罗设计出了具有人性化、独特外观样机。带着样机，小罗找到厦门几个生产小家电的厂家，希望得到认同与之合作。一连好几天，当初感兴趣的厂家都没有与他联系，小罗的心揪得紧紧的。担心的一幕在一周后终于出现，几个厂家都回了话给他："你要是有兴趣，可以付款我们替你生产，但要双方合作，我们不愿意担风险。"

小罗只好再想办法，找遍了朋友，再将所有与他有过交往的商人在脑中过滤，最后一个与他有过一面之缘的香港商人跳了出来。还是在悦华集团做酒店管理的时候，这位姓林的香港客商来厦门参加"9.8台商展销会"时生了病，小罗组织人员为他帮忙

布展。事后，林先生很感动，留下了一张名片给他。虽然已事隔多年，但是小罗还是决定试一试。

好运在山穷水尽时开始降临。真是无巧不成书，林先生这时刚好在厦门成立了香港百事（厦门）分公司，投资贸易业务。与林先生见面后，小罗讲明了自己的处境，并将父亲和弟弟同时得了绝症的消息告诉他，真诚希望林先生能帮助他。林先生虽然感动于小罗的一片赤诚，但在商言商，他提出要产品有市场反馈时才能投资。这无疑又给小罗出了难题，产品未生产出来，怎么能看到反馈？情急之中，小罗猛然想到互联网，他提议，先将产品放到林先生的贸易网上去投石问路。

一个星期后，产品在网上有了反馈。香港的几家公司和欧盟国家的一些公司都发来了邮件询问。美国一家公司还发来一封邮件，希望订购500台这样的机器。虽然只是一笔意向性的业务订单，却带来了林先生和小罗的合作。接下来，产品在通过中国疾病预防控制中心、福建省卫生防疫站的检测和认证后，终于开始了生产。

欧洲500台订单成了他们的第一笔业务。就是这一笔业务，赚得了人民币100多万元。有了良好的开端，林先生也信守承诺，与小罗签订了合作协议（小罗以技术折价100万元占有公司的股份）。

签完协议的当天，小罗独自在新的办公室坐了一夜。重负多年的他在此时终于有了一丝宽慰。

20世纪90年代初期，空气清新机在欧盟、美国等发达国家已形成了周期性的消费，市场已非常成熟。互联网带来的商机和信息，加上林先生多年的贸易经验，使得产品销售逐渐看好。在空气清新机的基本机型上，小罗又研发出了超声波加湿机系列、臭氧杀菌加湿机系列。今年5月，针对非典及一些流行疾病，在HEPA过滤技术的基础上，小罗又研发出了具有熏香功能、电热效果的中草药杀菌网。独特的植物花香可消除疲劳、松弛神经。在清新空气的同时，还有着独特药疗保健作用。新产品互联网上一亮相，即受到了外国客商的青睐。

不怕没钱，就怕想不到，正如小罗一样，只要有创造，就会有赢利。

④ 找到竞争对手的缺陷。如果你能弥补竞争对手的缺陷和不足，这也将成为你的创业机会。看看你周围的公司，你能比他们更快、更可靠、更便宜地提供产品或服务吗？你能做得更好吗？若能，你也许就找到了机会。

【案例4】"发现"好记星

一个偶然的机会，上海某数码科技公司总经理杜国楹和他的团队发现了一个学生学习英语的电子工具行业，但是经过了解调查，杜国楹发现这个行业里站满了大大小小的竞争对手，自己来"晚"了。不过，在杜国楹仔细研究了市场上的产品后发现已有的产品有很多缺陷，自己尚有机会。

当时的英语学习工具行业，主要有两大类工具——复读机和电子词典。复读机解决的是听力和口语问题，而电子词典解决的是查询问题。特别是电子词典，一直停留在查询功能阶段。在市场推广方面，整个电子词典行业终端的卖点只有两个：一是版权，有的自称牛津，有的说自己是朗文，还有的宣传英汉双解等等；二是"词汇量"，你说你有30万的词汇量，我说我有50万的词汇量。

杜国楹经过市场调研发现，其实学生最需要的帮助是解决花费大量的时间去记单词的问题，如何帮助学生提高记忆效果呢？杜国楹决定在复读机和电子词典的基础上解决"词汇记忆"问题，就肯定会有新的商机。杜国楹在市场测试成功之后，值此，"好记星"闪亮登场，市场销售非常好。

正是杜国楹发现对手的产品缺陷，才为自己的创业找到领地。

⑤ 实施技术创新。运用熊彼特的创新理论实施技术创新：开发一种新产品或提高一种产品的质量，采取一种新的生产方法，开发一个新的市场，获得一种原料或半成品的新来源，实行一种新的企业组织形式。所有这些举措都可成为创业的机会。

【案例5】现代"伯乐"识浒苔

在我国东南沿海滩涂上生长着一种绿藻——浒苔，千百年来人们对浒苔的使用量很少。有时把浒苔捞上来，拿来炒炒花生，炒年糕，作为一种食品添加剂在使用，但这也只是偶尔吃个新鲜。也有人拿浒苔喂家禽、家畜，剩下的也就是让它自生自灭。而且，对于当地养贝、养蟹的人来讲，浒苔是一种灾害。因为浒苔过度生长会阻挡阳光和空气，影响鱼虾的养殖。2008年奥帆赛即将举行时，一场突如其来的绿藻灾害席卷了青岛。规模之大，甚至影响到奥帆赛的举行，当时灾害的元凶就是浒苔。

浒苔只生长在中国、日本、韩国的部分海域。朱文荣大学毕业后来到日本留学时，读到了这个极冷门的专业——浒苔研究。在日本，浒苔被叫作青海苔。将浒苔加工制作成浒苔粉，是一种奢侈的调味料。当时在日本，一公斤的浒苔粉价格高达760元人民币。因为价格昂贵，只在高档料理中使用。他曾多次回国考察浒苔资源，接触到了很多日本的浒苔经销商。为了抓住这稍纵即逝的商机，他甚至来不及等到博士毕业，放弃即将到手的博士学位。2005年，他拿着自己在日本打工攒下的十多万元人民币回到国内创业。打捞浒苔、加工浒苔粉，并根据他所了解的浒苔的特性及加工要求，自己来设计制作浒苔清洗和烘干设备。

朱文荣在短短几年的时间里，将浒苔加工发展成了一个年销售额500万的产业，也由此填补了国内的一个市场空白。

就是这种在当地习以为常的甚至被认为是一种灾害的东西，朱文荣将它变成了市场中的千里马，并带动了我国食品行业对浒苔的开发利用。今日，已经有人开始在食品中添加浒苔，并得到消费者的认可、追捧，我国丰富的浒苔资源正为人们带来源源不断的财富。

想一想，你的家乡是否有独一无二的资源，你该如何去利用？

（3）好的创业机会应具有的特征　不是每个大胆的想法和新异的点子都能转化为创业机会，许多创业者因为仅仅凭想法去创业而失败了。杰夫里·A·第莫斯教授在其著作《21世纪创业》中提出，一个好的创业机会有以下四个特征：

第一，它很能吸引顾客；

第二，它能在你的商业环境中行得通；

第三，它必须在机会之窗存在的期间被实施。机会之窗是指创业想法推广到市场

上去所花的时间。若竞争者已经有了同样的思想，并把产品已推向市场，那么机会之窗也就关闭了；

第四，你必须有相应的资源（人、财、物、信息、时间）和技能。

如果你认为自己发现了创业机会，用以上原则斟酌一下吧。

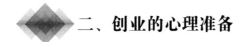

二、创业的心理准备

1. 创业者的心理素质

若想成为创业者，还需从多角度思考，做好创业的心理准备。从执行力、勇气、果断、抗压能力、远见、周全的规划能力、刻苦和预见性方面考虑衡量自己。同时，创业者在创业之初，要有以下几种心理准备：

（1）胆识　创业之前要有一定的胆识，善于捕捉新生事物。要勇于尝试新生事物，紧紧把握新生市场脉搏。即使没有十足的把握，也要敢于去冒险尝试。

（2）自信　自信是一个人成就事业的基础。对于初创业者来说，要坚信"人定胜天"，相信自己能够利用合理因素，能够战胜不利因素，最终获得成功。

（3）清晰、睿智的头脑　对自己的创业目标要有一个科学规划，自己的每一步行动都要经过仔细慎重的考虑。洞悉自己的长处与不足，清楚自己能做什么，能做到什么程度。自身的长处要善于发挥，着眼点要立足于未来，对未来要有科学的预测和准确的判断。

（4）主见　要善于和其他人合作，要学会接纳别人的不同意见。自己的正确意见要坚持，不为他人的引诱所动摇。

（5）树立远大目标　要善于将人力、物力及心血投入实现更远大的目标中去，以求创造奇迹。

（6）热情积极地对待创业　将浓厚的兴趣和热情投入创业中去，不能被困难和挫折吓怕。用恒心和毅力作为精神支撑，很好地发挥自己的能力。

（7）有爱心、同情心　要将一颗博大真诚的爱心投入创业中去，待人以善，让每个人都感到阳光般的温暖。

（8）永不言弃　要有坚强的毅力，从不惧怕失败。即使经过多次失败的打击，也要坚强地站起身来。要坚信"风雨过后一定会有彩虹"，人生没有永远的失败，也没有战胜不了的困难。个人只要有信心、勇气和不屈不挠的精神，以积极的态度去迎接挑战，就能渡过创业的难关最终取得辉煌。

创业伊始，创业者需要有一种良好的心态。既不能被创业过程中取得的种种荣誉冲昏头脑，也不能被创业道路中的艰难险阻吓得萎靡不振。"不管风吹浪打，胜似闲庭信步"，拥有良好的心态，就能迈上成功创业的阶梯。

2. 你是否适合创业

从创业者应有执行力、勇气、果断、抗压能力、远见、周全的规划能力、刻苦和预见性方面考量。美国创业协会设计了一份测试题，假如你正想着自己创业，不妨做做下面的题。

创业心理测试

以下每道题都有4个选项：A.经常；B.有时；C.很少；D.从不。

1.在急需决策时，你是否在想"再让我考虑一下吧"？

2.你是否为自己的优柔寡断找借口说"得慎重，怎能轻易下结论呢"？

3.你是否为避免冒犯某个有实力的客户而有意回避一些关键性的问题，甚至有意迎合客户呢？

4.你是否无论遇到什么紧急任务都先处理日常的琐碎事务呢？

5.你是否非得在巨大压力下才肯承担重任？

6.你是否无力抵御妨碍你完成重要任务的干扰和危机？

7.你在决策重要的行动和计划时，常忽视其后果吗？

8.当你需要做出很可能不得人心的决策时，是否找借口逃避而不敢面对？

9.你是否总是在晚上才发现有要紧的事没办？

10.你是否因不愿承担艰巨任务而寻找各种借口？

11.你是否常来不及躲避或预防困难情形的发生？

12.你总是拐弯抹角地宣布可能得罪他人的决定吗？

13.你喜欢让别人替你做你自己不愿做而又不得不做的事吗？

计分：选A得4分，选B得3分，选C得2分，选D得1分。

分析：得分50分以上，说明你的个人素质与创业者相去甚远；

40～49分，说明你不算勤勉，应彻底改变拖沓、低效率的缺点，否则创业只是一句空话；

30～39分，说明你在大多数情况下充满自信，但有时犹豫不决，不过没关系，这也是稳重和深思熟虑的表现；

15～29分，说明你是一个高效率的决策者和管理者，有望成为成功的创业者，你还等什么？

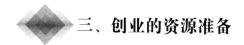

三、创业的资源准备

创业的资源准备最重要的是筹集创业资金，我们重点看如何筹集创业资金。筹集创业资金的途径通常有四个，且优先顺序为：

①向银行贷款，要有能提供的担保和抵押。②向私人筹资（包括清点个人资产，吸纳合伙人，向亲戚、朋友、同学借款等）。③向风险投资公司筹资。④向有关企业筹资。

如果向风险投资公司筹资，还要提供创业计划书。通常一份好的创业计划书，一定是从投资者需求出发，着重把投资者最关注的焦点问题写清楚。如写明市场规模有多大，消费者需求什么以及投资回报与投资风险，等等。并清楚回答三个关键问题，即第一个问题是：我为何要创业？我的创业目标是什么？第二个问题是：我要采取什

么样的创业策略才能实现上述目标？如何显示这是一个好的创业策略？第三个问题是：推动创业策略需要具备什么样的资源能力？我要如何获得这些资源能力？

创业计划书撰写示例：

创业计划书

创业项目：布花设计会所

创业策划人：高任琼

指导教师：佚名

1．项目简介

色彩点亮布艺，布艺点亮生活，布花设计会所为您的生活增色添彩。从丝绸之路到唐人街，从米兰到东京，人们已经把服装看做是布艺品，而且现在布艺品已经广泛应用于家居的装饰，成为我们生活的必需品。布艺品设计的需求越来越大已是不争的事实，那么，如何让我们的服饰、家居用品等其他装饰布艺品（十字绣、刺绣、针织饰品）更舒服更具有个性呢？

基础服务：布花设计会所为您提供创作发挥的空间，提供创作布艺品所需的一切材料、缝纫器械，使您在舒适的工作室内完成自己服装、家居用品（窗帘、沙发套、被罩、桌布等）、十字绣、刺绣、针织饰品的设计制作或改造。我们将进行专业的指导培训和您一起花样大翻新，保证您快速、愉悦地完成制作。如果您没时间自己完成布艺品制作，可以由我们的技术人员按您的意愿在最短时间内帮您完成布艺品。

特色服务：

（1）我们为儿童设有特殊服务区——"儿童布艺乐园"，使家长可以和孩子一同感受创作乐趣，培养孩子的耐心和创新能力。为有天赋的孩子提供广阔的平台，也让家长有更多的时间和孩子在一起。

（2）布花设计会所为旧衣物的再次利用、多次利用提供技术支持，实现人们的环保梦。旧衣物改造打折收费鼓励变废为宝。

在这里能实现您对布艺品的所有设计制作的愿望。

2．市场机遇

（1）市场需求

① 很多人家里有许多布料很好的衣裳，只是或样式过时，或短小了，不想就这样丢掉，所以希望修一下将旧衣裳变成自己喜欢的模样。尤其是一些年轻妈妈希望能把一些旧衣服裁剪了给孩子穿，但目前修衣摊修改衣服的效果并不好。

② 市场上购买的衣饰不符合自己的心意，满足不了对个性时尚的追求，再加上市场上的服饰总是或多或少的存在一定不足之处，所以有些人想自己设计，但又没有材料和工具。

③ 每个有家的人都希望自己的家居布艺品符合自己的个性，更舒适、更有品位。但市场上的家居布艺品大同小异，没有多少差异，尤其不能满足年轻人对个性时尚的追求。

④ 当前市场很流行十字绣、刺绣、针织品这些布艺品，但很多人只是懂一点操作的知识，做得不是很好，期待着有人能提供帮助把布艺品完成得更好。

⑤ 在勤俭环保的理念下很多人想把旧衣物改造成有用的东西，个人不愿为此投资购买缝纫设备。

所以，如果能有一家店能帮助他们按自己的意愿随意的设计服饰、布艺品那就好了！

（2）市场前景

随着物质生活的提高，大家对服饰、家居用品等布艺品的要求也不断提高，追求个性时尚的心理越来越强烈。目前市场上能满足消费者对服饰修改、修饰、设计的场所和对家居布艺品的加工设计的场所很少，而且这些场所不能提供给顾客按照自己的意愿亲自去修改、修饰、设计自己的服饰和布艺品的服务。只是提供简单的修改或加工，未必能让顾客满意。

布花设计会所不仅有专业的而且经验丰富的设计、剪裁、缝纫等工种技术人员为消费者修改、修饰、加工衣服和家居布艺品等，还给消费者提供自由修改、设计的空间。不仅满足了消费者对物质的需要，也更符合大多数消费者对时尚个性的心理追求。

3. 企业综述

（1）法律构架：个人独资企业

有关法律规定

个人独资企业投资人为一个自然人，有合法的企业名称，有投资人申报的出资，有固定的生产经营场所和必要的生产经营条件，有必要的从业人员。

（2）经营行业：服务业

① 企业理念。培养员工的价值观和道德准则作为第一要务。

布艺设计会所将价值观和道德准则浓缩为一则信条：我们的服务标准是让每一位顾客都露出满意的微笑。

我们追求的目标是：和您共走时尚前沿。

② 企业目标。

短期目标：

和附近大专院校学生会联系，和会所附近居委会联系。开始是免费为人们改制旧衣服，进一步利用微博、QQ等媒体组织"变废为宝"的旧衣物改造竞赛，使人们认识会所。再借助报纸、杂志、网络等媒体大力宣传会所，提高知名度，吸引更多消费者关注布花设计会所，了解会所的服务。

长期目标：

建立全国连锁机构，收取加盟连锁费或建立子公司，使各地消费者均享受到布花设计会所的服务。

扩大产业链同时与尽可能多的服装公司合作，将个人设计作品投入生产，进入市场。

4. 资金来源

具体资金来源：贷款和个人投资

5．市场营销

（1）目标市场

目标客户

第一客户：追求时尚个性的年轻人；

第二客户：年轻妈妈一族（帮孩子修改、制作服饰，陪孩子一起制作布艺品）；

第三客户：维修衣物、帮孩子制作家居用品的中年妈妈。

（2）市场计划

具体服务：为顾客提供自由维修、改制、设计衣物和其他布艺品的场所和设施。对于儿童设有布艺乐园。

另外，布花设计会所有专业且经验丰富的剪裁设计技术人员为顾客提供维修、改制、制作衣物和家居布艺品等其他布艺品。

布花设计会所针对学生、情侣及家庭，提供了更多的情侣套件和家庭套件，让顾客可以亲自手绘并创作自己的情侣装和家庭装。

附加服务：凡是本店会员，在活动日期间享受赠礼物活动。会所根据顾客的要求定购有关服装和布艺品设计的报纸杂志等，供会员免费阅读。

（3）定价策略　凡是在本店消费的顾客均可免费获赠会员卡。自助进行消费的会员一小时收费30元人民币，会员设计服装所需的布料由会所专门定制，价格合理。

由布花设计会所技术人员维修、改制、制作的衣物和家居布艺品等，按照同行业标准收取费用。

（4）营销策略

① 准备名片：名片上印有会所的名称、服务项目、地址、电话、员工的名字和职务。要求每一位员工无论走到哪里都要带上一些名片，随时向消费者宣传介绍会所服务。

② 打折优惠：在节假日和会所周年纪念日推出服务打八折活动。会员在生日当天消费的可获得折上折优惠并赠精美礼物一份。

建立企业网站。采用微博、博客等低廉的宣传方式降低广告成本，也可与其他网站建立网络关系，允许他们产品的广告显示在我们会所网站的页面上，以此作为交换，在别的网站粘贴我们的广告，增加广告的浏览次数，进而提升会所知名度。还要尽可能利用赶集网等免费媒体低成本宣传。

③ 促销产品：旧物改造打折收费，倡导环保理念，制作印有会所名称的T恤衫、精美布艺品（收纳布兜、购物袋等）赠送给顾客和身边的亲戚朋友。

6．经营管理

（1）经营地点　普通居民住宅区和大专院校集中区。

经营场所及设备。店面在普通居民住宅集中区附近，服务半径（1000m）内能够覆盖的有效客户不低于1000户。

固定设备：裁剪设备（两台），缝纫设备（10台），锁眼设备（1台），包缝设备（1台），黏合设备（1台），熨烫设备（2台），钉扣设备（1台）以及其他小型配套设备。

材料：各种布料、装饰品。

（2）服务人员情况及要求

职员	人数	服务内容	要求
网站管理兼财务核算	1	向顾客介绍会所服务，引导顾客到会所相应区域消费。负责会所的宣传工作，网站建设和维护及财务工作	相貌端正，有一定的缝纫知识。交际沟通能力强，具备必需的网络管理和财务知识
缝纫技术指导师	2	向自助裁剪、设计的顾客提供技术指导，保证顾客安全、有效地完成服饰或其他布艺品的制作。兼布料和饰品的管理	有一定的工作经验和创新意识，热爱缝纫工作
裁剪技术人员	3	维修、改制、制作服饰和家居布艺品等	有一定的工作能力，热爱缝纫工作

服务人员来源：学服装设计专业的实习学生和有一定技术的下岗女工。

7.市场调研

（1）竞争对手

竞争对手	产品/服务	价格	质量
商场和小区附近裁缝店	个体经营	单件计费	服务单一
街边非正式的缝补工	非正常经营	单件计费	设备简陋 服务单一

（2）竞争优势　主要竞争优势在于我们可以提供给顾客自由发挥的创作空间，让每一位消费者切身感受创作过程的快乐和拥有创作成果的喜悦。不仅满足了物质需要而且更是丰富了精神生活。另外，我们拥有专业且经验丰富的剪裁设计技术人员为顾客维修、修饰、加工服饰和其他布艺品。让您享受到更优质的服务，不用再为服务质量而担心。

布花设计会所紧跟流行趋势，满足不同人群的需要。如今，情侣装、母婴装、家庭装备受追捧，我店将有针对性满足顾客需要。为顾客提供布料、纽扣、画笔等设计服饰所需的用品。帮助顾客设计改造自己的作品，设计沙发套、窗帘、杯垫、儿童布贴画、十字绣及各类服装。同时，根据顾客自身情况，改造服装，旧物利用，节约成本，让每一位顾客感受创造和节约的乐趣。

经过调查，热爱服装和布艺品设计制作的人数众多。与那些服装设计培训机构相比较，我们的优势在于提供更好的服务，价格低廉。在时间安排上不会与会员的工作学习发生冲突，只要您有时间我们随时为您服务。保证让广大设计爱好者更方便快捷的享受服务。同时让对此感兴趣的顾客，尤其是年轻人掌握一门新的技能，挖掘出另一条就业途径，从而拓宽就业渠道。对于那些有设计梦想的有志青年更好的通过实践锻炼自己，提高能力，积累实际经验。在设计的路上走得更远。

同时为一部分有技术的下岗女工和此专业的学生提供就业实习岗位，对减轻就业压力起到积极作用。

8.财务规划

（1）财务预算　会所共投资4万元，资金主要用于购建必需的固定资产以及服务过程中所需的直接原材料、直接人工、制造费用及其他各类费用等，明细如下：

店面租金：1万元/年。

购置固定设备（10000元）：裁剪设备（两台），缝纫设备（10台）。

租赁设备（5000元/年）：锁眼设备（1台），包缝设备（1台），黏合设备（1台），熨烫设备（2台），钉扣设备（1台）以及其他小型配套设备。

材料（2000元）：各种布料、装饰品。

水电费：1000元/月。

人员工资：基本工资1000元/月加提成（按件数和完成质量提成）

不可预算费用：1000元/月。

（2）损益表

（单位：万元）

项目	第一季度	第二季度	第三季度	第四季度
销售收入	16.2	19.44	23.33	27.99
减：运营成本	4	3	3	3
产品销售利润	12.2	16.44	20.33	24.99
减：税金5%	0.61	0.82	1.01	1.25
净利润	11.59	15.62	19.32	23.74

注：1.销售收入包括自助消费（30元/小时）和裁剪技术人员完成营业额。预计每天营业10小时，平均每小时有5人自助消费，每人30元/小时；裁剪技术人员营业额为300元/天。每天销售收入=10×5×30+300=1800元。第一季度销售收入=1800×30×3=162000元，第二、三、四季度随着会所知名度提高销售收入将会逐渐提高，预计每一季度提高8%。

2. 运营成本：包括房租（1万/年）、机器材料（17000元）及办公设备折旧费（1000元）、办公用品（2000元）、管理人员工资（预计2000元/月）、通信费（2000元）、水电费（1000元/月）、广告费及其他不可估计费用（1000元）。

3. 盈亏平衡点。一年运营成本/12个月/30=（40000+3000×3）/12/30=137元，即每天营业额为137元达到盈亏平衡点。

9.风险分析

（1）可能存在的风险　短期内会员量上不去，会员对服务不满意，要求退出会所，投资资金在预期内收不回。

（2）风险降低方法　会员量上不去可能因为宣传力度不够，会所的业务不够完善。所以我们会在实际经营中预想可能出现的问题，提前制订解决方案。采用边经营边发展的策略，尽可能利用赶集网等免费媒体低成本宣传。

对于资金收回问题，会所再投入前期尽量降低成本，缝纫设备采用租赁方式。

10.企业展望

（1）公益计划

① 定期免费为孤寡老人和孤儿制作衣物，让他们在党和人民群众的关怀下生活的更幸福。另外我们在设计服装时加入环保元素，宣传环保，同时提高大家的环保意识。

② 布花设计会所本身就有公益性，这些作品给大家带来美感，激发人的创造力，提高人们的创新意识。

③ 用博客的形式组织草根服装设计者的星光大道——"变废为宝"服饰设计大赛。一方面提高企业知名度，另一方面为草根服装设计爱好者提供展示平台。

（2）产业链延伸

① 根据顾客的要求，布花设计会所对于顾客的原创作品，将为您做宣传销售，为顾客带来经济效益。原创设计人只需支付给布花社适当的宣传费用。

② 在市区店面基础上，另开辟网上购物空间。为顾客采购布料及用品提供方便快捷的途径，并进行免邮费销售。

③ 针对如今市面鞋垫的使用性差的问题，布花社将推出手工鞋垫，不易变形、防臭。同时，我店将致力于与国内运动品牌的合作，打开我们的传统鞋垫的市场，并得到各大品牌的经营合作和宣传，拓展我店的经营规模更能使农村的剩余劳动力得到利用，不仅为下岗女工和勤工俭学的大学生带来经济收益，也为我们广大的农村女性带来经济收益。

④ 聘请服装设计师为顾客量身设计制作衣服，让顾客不仅穿着舒服而且与众不同，为顾客打造不同的形象气质。

四、创办新企业的一般过程

1.首先一个有前景的创业想法
2.选择经营方式
3.制订商业计划
4.企业登记注册

 基本训练

1.课堂报告

小组合作，查阅有关文献资料，老师随机抽签选出同学用ppt向全体同学汇报。

（1）利用网络寻找创业成功案例，分析创业者在识别创业机会、整合资源、经营管理等方面的创新之处，按以下要求完成案例分析报告。

1）案例基本内容：

要求用6W2H的叙事结构有条理书写创业者的作为：

① Which　　创业的目标是什么？

②　Why　　　　创业的原因是什么？

③　What　　　　创新的对象是什么？

④　Where　　　从什么地方着手？

⑤　Who　　　　创业者情况？

⑥　When　　　　如何进行时间管理？

⑦　How　　　　怎样实施的？

⑧　How Much　达到怎样的水平？

2）创新点：

①发现什么样的创业机会？

②动用哪些资源？

3）产生的价值：

①对创业者的人生价值。

②对社会进步带来了哪些影响？

4）你受到的启发：

案例中如何运用创新思维、创新方法，你的创业准备中还缺少什么？

5）你的创业设想：

①可否移植这一商业想法，用于你的创业实践？

②针对案例中揭示的商业机会提出你独到的设想。

（2）利用网络寻找创业失败案例，分析创业者在识别创业机会、整合资源、创业团队组建等方面的失误之处，按以下要求完成案例分析报告。

1）案例基本内容：

要求用6W2H的叙事结构有条理书写创业者的作为：

①　Which　　　创业的目标是什么？

②　Why　　　　创业的原因是什么？

③　What　　　　创新的对象是什么？

④　Where　　　从什么地方着手？

⑤　Who　　　　创业者情况？

⑥　When　　　　如何进行时间管理？

⑦　How　　　　怎样实施的？

⑧　How Much　达到怎样的水平？

2）失误之处：

从识别创业机会、整合资源、创业团队组建三个维度分析

3）你受到那些启发？

4）完善你的创业设想。

2.学习寻找创业机会

背景资料（1）：有人对手机被细菌污染状况进行调查，调查采集部位为手机的各

按键及接听处。结果显示，108部手机检出10种240株细菌，有39株为致病性金黄色葡萄球菌。手机每平方厘米"驻扎"的细菌竟有约12万个，超过一个门把手、一只鞋，甚至一个卫生间马桶坐垫上的细菌数量。主要被污染部位为手机按键部。

随机调查发现，多数市民不知手机中暗藏有如此多的致病细菌，其中65%以上的被访者从不给手机消毒。在35名被访者中，有26名表示根本不知道手机上有如此多的细菌。有20人表示，只要有需要，不管是在卫生间还是在睡觉或者吃饭，都会使用手机，从不顾忌。在给手机消毒的问题上，有5人表示会经常给手机消毒，但仅仅限于手机外壳，只有一人称每月都会用杀菌液给手机消毒。有23人从使用手机第一天开始就未曾对手机进行任何形式的清洁，这种比例高达65%以上。

调查者咨询多个手机经销商，问有没有针对手机消毒的相关产品，得到的答复均为"没有听说过这类东西，只有一些用于擦拭的无纺布"。

背景资料（2）：研究人员监测了多个人们经常接触到的物体上附着的细菌数，发现附着细菌最多的是超市购物车把手，网吧用鼠标在相同面积上附着的菌落数，位居"细菌榜"第二名。该榜的第三名和第四名分别为公交车拉手和公共浴室门把手。此外，电梯的按钮和地铁车厢的拉手也榜上有名。

问题：①角色扮演，假如你是手机制造商、通信运营商、手机零售商或者普通消费者，从第一则新闻中你能发现哪些创业机会。

② 假如你正在寻找创业机会，试从这两则新闻中发现哪些社会需求，提出开发新产品或新服务的创业设想。

3.家乡资源开发

同学们每个都熟悉自己家乡的特产资源，来到异乡求学、接触天南海北的同学，学习创业，你是否可想过你的家乡特产就是你宝贵的创业资源，试着用思维魔球法进行开发吧，也许你能找到属于你自己的创业新天地。

体验创业

1.训练目的

学习创业知识，学习商业社会中的各种游戏规则，学习如何适应团队的合作运行方式，学习解决商业市场难题的方式，学习开发自身商业潜能的途径，学习财务、管理、营销等基本知识。通过学习，使自己的商业知识得到丰富，人际关系处理能力得到发展，自我修养水平得到提高。有了体验创业对你的磨砺，会激励自己刻苦学习，提高综合素质，增强社会适应能力。

2.训练要求

（1）组成团队。

（2）选定商业项目。

（3）制订创业计划书。

（4）筹集创业资金。

（5）实际经营。

视项目特点，自主决定经营规模和经营时间，尽可能取得学校、老师的支持和帮助，尽可能利用国家的优惠政策。

（6）总结与感悟。

写出你的经营得失，个人受到的启发，今后的打算。

3.注意事项

体验创业，不是实质意义上的创业，而是我们借鉴创业者成功的经验，结合自身实际的一种创业尝试，是在实践活动中接受创业教育的过程。真正创业还要跨越社会经验和必要的商业学习过程。

有了老师的帮助以及创业的优惠政策支持，创业虽然充满了风险，但只要你认真学习，增强实践能力和对社会的认知，在体验创业过程中就能最大限度地规避风险，取得成功。你不想试试吗？！

参阅资料

『资料1』打工妹把黄泥巴变精美花泥画

在大多数人的眼里，取之不尽、用之不竭的泥巴可能是世界上最不值钱的东西了。然而，常德市打工妹小英却通过她的巧手，化腐朽为神奇，把一堆堆黄泥巴，变成了精美的花泥画。

今年28岁的小英是常德市鼎城区草坪乡人。24岁那年的一天，刚刚下岗的她，来到附近的一家书报亭，顺手拿起一本杂志翻阅了起来。她发现，杂志上介绍了很多下岗女工和打工妹，白手起家创业当老板的故事。"既然别人能成功，为什么我就不能呢？"

不久，她在一所小学门口摆了一个小摊位，经营起了文具及其他学生用品。一次，小英在进货时，老板给她推荐了一种流动山水画和沙画。没想到这批画一亮相，竟然受到学生们的欢迎。尤其是沙画，更让他们爱不释手，甚至有好些没有买到的同学还埋怨她为什么不多进一点。

看到这一情形，突然一个新奇的念头跳进了小英的脑海：既然沙子能作画，那么用泥巴是否也能作出画来呢？

2001年3月，小英开始了认真的准备工作。她决定，利用泥巴制作一种寓教于乐的趣味性玩具。

经过反复试制，小英用白色膏泥，调配出了黑色、橙色、红色、蓝色、咖啡色等30余种颜色的彩色泥巴，并发挥小时候擅长捏泥人的特长，第一幅泥巴画很快制作完成了。之后，她又陆续解决了泥巴画脱落、褪色的问题。

小英把这种新颖独特的彩色泥巴起名为——花泥，并且把用花泥制作出来的画叫做花泥画。

很快，小英制作出了十几幅精美的花泥画，并把这些花泥画和一大堆花花绿绿的花泥，拿到了附近的一所小学展出。

没想到花泥画一亮相，就被好奇的学生围了个严严实实。这一次，几乎没费任何周折，小英就销售了近600套花泥。

为了将花泥画做得更好，做得更专业，小英干脆转让了那家经营学生用品的小摊位，一心一意扑在了花泥画上。

制作花泥画需要制作者具备一定的美术基础，这样，它的推广受到了一定的限制。经过反复试验和摸索，小英找到了一个简便易行的好办法。她先到市场上买来三合板，裁成同样规格的小木板，再用铅笔把各种漂亮的动物、人物、风景、文字等造型和图案，描到三合板上，或者直接将自己喜欢的图案复印下来贴在上面，做成绘画所需要的画板。这样，没有绘画基础的人，只需按照画板上的图案，随心所欲地贴上花泥就行了。

一天，小英的一位朋友告诉她，一些大中城市目前正流行陶吧之类的休闲场所，因为回归自然，怡情自乐，很受年轻人的欢迎。小英听后深受启发，觉得自己的花泥画跟陶艺差不多，如果开个泥画吧说不定也会受欢迎。2002年3月，小英的花泥画廊也正式开张了。

画廊开张后，附近的学生和青年果然纷纷涌了进来。一对年轻情侣指着墙上精美的花泥画，问道："这么漂亮的花泥画，我们也能做出来吗？"小英笑笑，说："怎么不行？要不你们当场试试。"

小英当即拿来一幅古代仕女图的画板，让他们按照线条用花泥填上。不出20分钟，一幅色彩鲜艳、层次分明且极具立体感的花泥画就在他们手里诞生了。看到这幅与墙上的样板画并无差别的花泥画，这对情侣高兴得不得了，伸出沾满泥巴的手直往对方脸上擦……

后来，小英对花泥又进行了重新包装。在每组花泥里，除赠送描有图案的一张画板和一套制作工具外，另外附上了详细的使用说明书。这么一改，她的花泥更受小朋友的欢迎了。

与此同时，花泥画也引起了家长的注意。他们发现制作花泥画，既培养了孩子们的动手、动脑能力及想象力，还可以让他们远离网吧和游戏机，称得上"儿童的健康乐园"。

目前，小英的花泥画廊成了都市人休闲的好去处。小英说："有时候，我们常常对身边的东西视而不见，但往往就是这些最让人看不入眼的东西，却让我们找到了打开成功之门的金钥匙。"

『资料2』仅凭10天内赚到8万元

最近我有一个厂房要拆迁，和拆迁办谈好补偿的金额后，剩下的事情就是如何把房子拆下来，把能够卖掉的东西卖掉。这个厂房是我2007年买的，一直用于出租，每

年的租金收入大概25万元左右，拆迁补偿的费用大概是当年买价的两倍，初步估算，拆迁人工费大概1万元，旧行车大概值3万元，厂房能拆下20吨左右的废铁，大概能卖个5万元。

这时候，一个小伙子打电话给我，说愿意帮我拆厂房，因为他自己有台吊车，经常帮我们厂吊东西，所以听到消息就和我联系，人工费1万元，和我预算一样，成交。第二天到了现场，带来了6个人，开始干活的时候，他又跟我说，不如6万元全部打包给他算了，这样我也不用守在现场，也不用担心他的工人把废铁偷出去卖掉。我自己估计了一下，虽然少收入1万元，但是可以省下我最少一个星期的时间，勉强能够接受，成交。

因为每天还是要到现场检查一下进度，他的动向所以我基本了解，几天下来，不得不佩服这个22岁，只读过高中的小伙子的精明之处。首先他大概花了一天的时间，跑了一下周边的建设工地，就把所有的东西都倒腾了出去。行车，他不是简单地把行车转让给客户，而是答应按客户的要求，把行车作必要的改造，并负责安装和验收，要价58000元，一台这样的新行车总价在8万元左右，这是对双方都有利的交易。然后是钢结构厂房，小伙子找到一个正准备建厂房的买主，对方愿意出钢材的价格把厂房买过去，这样20吨钢材，4000元/吨的钢材价格，总价在8万元以上。至于其他的砖，门窗什么的玩意，他都找人把收了去，估计抵工人的工资绰绰有余。总体估算下，小伙子在10天至少赚了8万元。而且这里面谁都没有损失，我得到了我想要的价钱，他的客户比市场价更低的价格得到了设备。小伙子通过他的智慧与运作能力在几天内就赚到了他的同龄人需要2～3年才能赚到的收入。

或许，有人会觉得是我损失了这8万元，事实上这钱我是很难赚到的，因为在这之前，我也在网上打广告，想转让这些东西，结果无人问津。最后只好决定全部按废铁处理。况且，我自己还有一大堆事情要做，也没有时间和精力去折腾这些事情，估计也折腾不好。

『资料3』超市新秀花罐头

在超级市场里，各种罐头应有尽有：肉罐头、水果罐头、宠物食用罐头。现在又新出现一种"花罐头"。发明花罐头的人，是日本的一个家庭妇女，名叫富田惠子。

有一天，她的一位邻居去西欧度假，临走时，把家中的几盆花托她代养。由于没有养花经验，浇水施肥又不得法，可惜这盆花竟落得枝枯花零的下场。

"怎样才使外行也能养好花呢？"这个想法一直在富田脑海萦绕。

当她在超市选购罐头时，忽然想到了一个奇怪的念头："能否把花草和罐头结合在一起呢？如果能像吃罐头一样，只要打开里面放有花籽、泥土和肥料的罐头，每天只要往里浇点水，外行也会种出艳丽的花朵来该有多好啊！"

她高兴极了，顾不上仔细挑选商品，就急急忙忙回家研究"花罐头"了。老天不负苦心人，富田惠子在家人和朋友的帮助下，终于研制出可培养各种花卉的"花罐头"。并且，她还投资兴办了一家"花罐头"工厂。"花罐头"一上市就成了热门货，当年就获利2000万日元。富田惠子由一名家庭妇女一跃成为令人羡慕的新兴业主。请思考：这种花罐头在中国有没有市场，你得到什么新启发？

『资料4』抗击新冠疫情中的中国智慧

新冠疫情肆虐，白衣战士在前线忘我奋战，常规的医疗装备，在新的情境下暴露出诸多缺点，在逐一解决问题中彰显抗击新冠疫情中的中国智慧。

情境1：穿着防护服不方便为患者听诊怎么办？

属性改变——蓝牙无线听诊器诞生！

抗"疫"一线医务人员穿上防护服后，常规的"入耳式"机械听诊器无法在临床使用。海军军医大学特色医学中心自主研制了一款隔离式无线电子听诊器，采用蓝牙发射技术，采用悬浮膜技术设计诊器探头，由听诊器探头采集患者心肺音信号经滤波放大处理后传到医生防护服内的耳机上，并且同一部位有效采集两种不同频率生物电信号，使病情分析更为明确。

情境2：医务人员就餐时摘下口罩存有"暴露"风险怎么办？

突破结构僵化——一次性医用防护鼻罩诞生！

复旦大学附属中山医院蒋医生发现，新冠肺炎抗疫一线的医务人员一日三餐都在医院解决，进餐和饮水时摘下口罩，其呼吸道无法得到有效防护。如何消除这个隐患？

蒋医生迅速组织上海研发团队进行研究，很快设计一种结构简单、成本低廉、使用方便、用后即抛的一次性医用防护鼻罩：这款一次性医用防护鼻罩，能够遮住整个鼻子，只露出嘴部，解决了医务人员就餐时，因摘下口罩而鼻子部位存有的"暴露"风险。此款供进餐饮水时防护"医用防护鼻罩"，目前已获国家知识产权局实用新型专利授权，并落地转化生产，投入抗疫一线使用。

情境3：疫情中实时管理随时变化的巨量人员健康信息怎么办？

属性改变功能增加——健康码诞生！

在疫情防控和复产复工中需要大量登记人员的状态信息，手工登记复杂繁琐，2020年2月5日，杭州市余杭区区委办公室工作人员在连续奋战几十小时后上线了全国第一版健康码。

随后健康码在全国推广，无接触登记，查看、出示健康信息，实现高效率的人员流动管理。

情境4：戴上口罩，无法人脸识别怎么办？

改变属性从算法模型上突围——口罩人脸识别术诞生！

原来的人脸识别算法，是根据面部特征关键点来进行识别的，算法纳入的关键点越多，识别的结果也就越精确。但佩戴口罩后，可供识别的"关键点"大幅减少，主要集中在了眼睛和眉毛两个部位。研究人员从算法模型上突围，采用眼部、眉毛等局部特征与整体人脸特征的融合，并结合注意力机制增强眼部特征，通过训练眼部关键点的模型识别，来提升模型在口罩遮挡下的人脸识别率。

再进一步改进，人脸识别同时还检测体温。

属性的改变就是创造，弥补缺点的过程就是创新的过程。

『资料5』"光伏+"的拓展

随着光伏发电事业的发展，可用于建设光伏电站的土地越来越紧张，而装在地面上的光伏发电太阳能电池板又受到地面杂草的困扰，要定期雇工清理。

怎么办？羊能吃草！我国农民在光伏发电区域养起羊，"光伏羊"除草显著。

人们的思路一下大开，干脆将太阳能电池板架高，地面全部种植牧草养羊，一举三得：清洁能源发展、生态环境改善、经济价值提升。受此启发，有人养"光伏鸡"、有人养"光伏牛"、有人养"光伏兔"；还有人建光伏大棚养避光生长蘑菇、蔬菜；又有人将光伏发电太阳能电池板从地面转移到水塘，原来的养鱼塘上面高架光伏太阳能电池板，既为鱼遮阴，又能贡献电能；更有人将光伏发电太阳能板固定于到各种建筑的屋顶或外墙；"光伏+"的拓展，不仅让阳光能照到的地方变成清洁能源发电厂，还附加创造出更多价值。

参 考 文 献

[1] 刘仲林. 中国创造学概论 [M]. 天津：天津人民出版社，2001.

[2] 庄寿强. 普通创造学 [M]. 2 版. 江苏：中国矿业大学出版社，2001.

[3] 肖云龙. 创造学基础 [M]. 湖南：中南大学出版社，2001.

[4] 蔡惠京，等. 创造力开发实用教程 [M]. 湖南：湖南大学出版社，1997.

[5] 李嘉曾. 创造学与创造力开发 [M]. 2 版. 江苏：江苏人民出版社，2002.

[6] 李嘉曾. 创造的魅力 [M]. 江苏：江苏科学技术出版社，2000.

[7] 彭耀荣，等. 创造学教程 [M]. 湖南：中南大学出版社，2001.

[8] 罗庆生. 大学生创造学·技法训练篇 [M]. 北京：中国建材工业出版社，2001.

[9] 傅世侠，等. 科学创造方法论 [M]. 2 版. 北京：中国经济出版社，2000.

[10] 甘子恒. 创造学原理和方法 [M]. 2 版. 北京：科学出版社，2010.

[11] 张武成. 技术创新方法论 [M]. 北京：科学出版社，2009.

[12] [美] 亚历斯·奥斯本. 我是最懂创造力的人物 [M]. 福建：鹭江出版社，1989.

[13] 罗玲玲. 创新能力开发与训练教程 [M]. 沈阳：东北大学出版社 2006.

[14] 罗玲玲. 创新思维训练 [M]. 2 版. 沈阳：东北大学出版社，2006.

[15] 罗玲玲. 创意思维训练 [M]. 北京：首都经济贸易大学出版社，2008.

[16] 刘道玉. 创造性思维方法训练 [M]. 2 版. 北京：首都经济贸易大学出版社，2012.

[17] [美] 霍华德·加德纳. 多元智能 [M]. 2 版. 北京：新华出版社，1999.

致 谢
（后记）

本书是河北省教育厅人文社科研究项目（SZ060333，SZ2010438)和河北省教育厅教育科学规划项目(JYGH2011046) 及河北省职业教育教学重点研究项目（0213）的有关研究成果，是作者从1998年到2023年25年间在河北化工医药职业技术学院进行创新素质教育的实践总结。衷心感谢河北省教育厅高教处、职教处、科技处对作者教学研究工作的大力支持，感谢河北化工医药职业技术学院领导的远见卓识，为作者能较早地从事大学生创新潜能开发的研究与教学实践提供平台，并给予长久的信任、支持、帮助与鼓励。

作者2002年在参加东南大学李嘉曾教授主持并讲授的"教育部青年教师创造学师资培训班"时，明确了本书的教学理念；2009年师承中国科技大学刘仲林教授做访问学者时，确立了本书的教学观；2010年于浙江大学拜陈劲教授为师做访问学者期间，研习大学生创造力开发，构建了本书的结构内容框架。浙江大学宁波理工学院李兴森教授细心审阅全稿，提出了有价值的建议，书中部分拓展训练项目的设计得到浙江大学朱凌教授、郑刚教授的指导。作者在教学研究中，还得到中国创造学会冷护基副理事长、张志胜副理事长、唐殿强副秘书长、罗玲玲常务理事、陈键常务理事等多位专家学者的指导与帮助，在此谨致诚挚的谢意！

编　者